U0184637

复旦国际关系评论

FUDAN INTERNATIONAL STUDIES REVIEW
Vol.29/2021

《复旦国际关系评论》第二十九辑 ／ 2021 年

FUDAN INTERNATIONAL STUDIES REVIEW Vol.29 / 2021

主办单位：复旦大学国际关系与公共事务学院

主 编： 黄以天

学术委员会（以姓氏拼音或字母排序）

Callahan, William   伦敦政治经济学院
　　　　　　　　（London School of Economics and Political Science）

樊勇明   复旦大学

冯绍雷   华东师范大学

黄仁伟   上海社科院

金灿荣   中国人民大学

Lampton, David   美国约翰霍普金斯大学（Johns Hopkins University）

秦亚青   外交学院

沈丁立   复旦大学

石之瑜   台湾大学

Telò, Mario   比利时布鲁塞尔自由大学（ULB）

王正毅   北京大学

杨洁勉   上海国际问题研究院

郑永年   香港中文大学（深圳）

郑在浩   韩国首尔国立大学

Zweig, David   香港科技大学

编辑委员会（以姓氏拼音排序）

包霞琴　薄　燕　陈玉聃　陈玉刚　陈　拯　陈志敏　贺嘉洁　何佩群
黄　河　黄以天　蒋昌建　李安风　潘忠岐　秦　倩　沈　逸　苏长和
孙芳露　唐世平　吴澄秋　肖佳灵　徐以骅　余博闻　俞沂暄　张楚楚
张　骥　张建新　郑　宇　朱杰进　朱小略

气候谈判与国际政治

复旦国际关系评论

第二十九辑

上海人民出版社

目　录

人类命运共同体和全球气候治理的互动关系探究[*]

韩德睿^{**}

【内容提要】 中国在全球气候治理中的桥梁角色决定了人类命运共同体理念与全球气候治理的契合并非偶然。两者的契合有内在关系逻辑的支撑。以实践为导向和对新理念的需求催生了人类命运共同体和全球气候治理的互动关系。未来,中国应在运用人类命运共同体理念去解决气候谈判中的现实议题基础上,积极利用气候治理平台,不断总结经验,形成一套以人类命运共同体理念为指导的应对国家间冲突与合作的有效协调机制,使人类命运共同体理念被国际社会更广泛的接受。

【关键词】 人类命运共同体;全球气候治理;互动关系;中国

【Abstract】 China's role as a bridge in global climate governance determines that there is a connection between the Community of Shared Future for Mankind and global climate governance. This connection has a support of internal logic. Practice-oriented and the demand of new philosophy hastened the interaction between the Community of Shared Future for Mankind and global climate governance. In the future, China should use the concept of Community of Shared Future for Mankind to solve realistic problems in climate negotiations, actively use the climate governance platform, constantly sum up experience, build an effective coordination mechanism to deal with conflicts and cooperation between countries guided by the Community of Shared Future for Mankind and make the Community of Shared Future for Mankind more widely accepted by the international society.

【Key Words】 Community of Shared Future for Mankind, Global Climate Governance, Interactive Relationship, China

* 本文系国家社科一般项目"气候治理机制复杂化和对策研究"(项目编号:20BGJ018)的阶段性研究成果。

** 韩德睿,大连外国语大学国际关系学院讲师,大连外国语大学东北亚研究中心研究员。

一、导　论

　　继美国小布什政府 2001 年退出《联合国气候变化框架公约的京都议定书》后,特朗普政府于 2017 年再次宣布退出应对气候变化的《巴黎协定》。①作为全球气候治理的重要参与者,美国的退出导致全球气候治理体系的扰动。这一扰动既为全球气候治理的多边主义原则提出了挑战,同时也为参与到全球气候治理中的其他行为体提供了新的契机。全球气候治理不仅是简单的环境气候议题,也为国际政治中的各国博弈提供了新场所。参与各方的绝对收益与相对收益分配难题,使气候变化全球治理举步维艰。②这种现实困境使得人类命运共同体理念与当今全球气候治理体系联系在了一起。

　　《巴黎协定》中"共同但有区别的责任","承认气候变化是人类共同关心的问题"以及"共同时间框架"③等表述,体现了人类命运共同体和全球气候治理的共通之处。中国应秉持人类命运共同体理念,抓住历史机遇,战略性地融入全球气候治理体系变革。中国应着力于使人类命运共同体理念在全球气候治理实践中展现价值并得到国际社会认可,进而促进人类命运共同体理念在全球事务中的其他方面发挥作用。

　　那么,人类命运共同体和全球气候治理存在着什么样的关系逻辑?这是本文试图探索的问题。基于此,文章共分为四部分:在导论部分提出本文的研究问题后,第二部分首先对全球气候治理的研究现状以及人类命运共同体视域下的全球气候治理研究现状进行分析和总结,随后的第三部分在文献梳理的基础上尝试探究人类命运共同体和全球气候治理的互动关系,这将是本文的核心部分。第四部分则是本文的结论。

---

　　① 《巴黎协定》规定,自协定对一缔约方生效之日起三年后,该缔约方可随时向保存人发出书面通知退出本协定。因此美国在 2019 年 11 月 3 日之前无法开启退出流程,且三年规定时间结束后仍有一年的通知公告期。所以美国真正启动退出《巴黎协定》的程序最早要等到 2020 年 11 月 3 日。

　　② 康晓、许丹:《绝对收益与相对收益视角下的气候变化全球治理》,《外交评论》(外交学院学报)2011 年第 1 期。

　　③ 参见《巴黎协定》第 1、4 页等。

二、对既有研究的综述和探讨

本节分三部分对已有的研究进行综述和探讨:第一部分是国际政治视野下的全球气候治理。国际政治中国家的理性行为体属性使当今全球气候治理出现了诸多难以逾越的问题和挑战。这也成为人类命运共同体理念和全球气候治理构成联系的现实前提。第二部分是中国参与全球气候治理的背景和策略。从被动的参与者到积极的协调者,中国积累了大量经验,为全球气候治理做出了巨大的贡献,成为全球气候治理体系中不可或缺的一环。这些成就为中国提出用人类命运共同体理念纾解全球气候治理困境奠定了基础。第三部分是人类命运共同体视域下的全球气候治理。中国学者已经开始尝试将人类命运共同体理念与全球气候治理联系在一起,并取得了一定的研究成果。通过对以上三部分的文献进行梳理,有利于对人类命运共同体理念和全球气候治理的关系逻辑提供更多理论支撑。

首先,国际政治视野下的全球气候治理。学者运用国际政治的理论和方法对全球气候治理进行研究,将全球气候问题上升到高政治层面,取得丰富且极具价值的成果。从现实主义角度看,全球气候治理已成为推动国际秩序转型的重要力量[1],并对当今世界的地缘经济和政治产生了显著影响。[2]学者们探讨了全球气候治理对国际体系结构的影响并对影响气候治理的主要国家进行系统分析[3],认为权力政治在全球气候治理的大国

---

[1] 相关探讨可参见李慧明:《全球气候治理与国际秩序转型》,《世界经济与政治》2017年第3期;Terhalle, Maximilian, and Joanna Depledge, "Great-power politics, order transition, and climate governance: insights from international relations theory," *Climate policy*, Vol.13, No.5 2013, pp.572—588。

[2] 相关研究可参见安东尼·吉登斯:《气候变化的政治》,曹荣湘译,社会科学文献出版社2009年版;张海滨:《气候变化正在塑造21世纪的国际政治》,《外交评论》(外交学院学报)2009年第6期;范菊华:《全球气候治理的地缘政治博弈》,《欧洲研究》2010年第6期。

[3] Eduardo Viola, Matias Franchini and Thais Lemos Ribeiro, "Climate Governance in an International System Under Conservative Hegemony: The Role of Major Powers," *Brazilian Journal of International Politics*, Vol.55, 2012, pp.9—29.

博弈中显露无遗,碳排放衍生出的"排放权力"亦可被视作一种新的国家权力来源。[1]从制度自由主义角度看,全球气候治理机制作为一项动态的国际机制和国际制度,其自身也在实践中不断更新和调整。[2]在困境、挑战和分歧并存的情形下,气候领域国际合作在国家间博弈中艰难展开。[3]正因如此,学者开始探讨国际社会中国际组织[4]以及城市[5]等非国家行为体作为推动全球气候治理体系更加完善的辅助因素的可能,这表明全球气

① 谢来辉:《碳排放:一种新的权力来源——全球气候治理中的排放权力》,《世界经济与政治》2016 年第 9 期。

② 参见 Mintzer, Irving Leonard, J. Amber and Stockholm Environment Institute, *Negotiating Climate Change: the Inside Story of the Rio Convention*, New York, Cambridge University Press, 1994;Matthew Paterson, *Global warming and global politics*. London: Routledge, 1996;Robert Keohane and David Victor, "The Regime Complex for Climate Change,"*Perspectives on Politics*, Vol.9, No.1, 2011, pp.7—23;薄燕、高翔:《原则与规则:全球气候变化治理机制的变迁》,《世界经济与政治》2014 年第 2 期;田慧芳:《国际气候治理机制的演变趋势与中国责任》,《经济纵横》2015 年第 12 期;何建坤:《巴黎协定新机制及其影响》,《世界环境》2016 年第 1 期;袁倩:《巴黎协定与全球气候治理机制的转型》,《国外理论动态》2017 年第 2 期;李昕蕾:《治理嵌构:全球气候治理机制复合体的演进逻辑》,《欧洲研究》2018 年第 2 期。

③ 参见 Robert Keohane, Peter Haas, and Marc Levy, *Institutions for the earth: sources of effective international environmental protection*, Cambridge: MIT Press, 1993;薄燕:《合作意愿与合作能力——一种分析中国参与全球气候变化治理的新框架》,《世界经济与政治》2013 年第 1 期;薄燕:《中美在全球气候变化治理中的合作与分歧》,《上海交通大学学报》(哲学社会科学版)2016 年第 1 期;曹慧:《全球气候治理中的中国与欧盟:理念、行动、分歧与合作》,《欧洲研究》2015 年第 5 期;宋亦明、于宏源:《全球气候治理的中美合作领导结构:源起、搁浅与重铸》,《国际关系研究》2018 年第 2 期。

④ 参见 Mukul Sanwal, "Trends in Global Environ mental Governance: The Emergence of a Mutual Supportiveness Approach to Achieve Sustainable Development," *Global Environmental Politics*, Vol.4, No.4, 2004, pp.19—20;Frank Biermann, "Reforming Global Environ mental Governance: The Case for a United Nations Environment Organization," *SDG 2012—Stakeholder Forum's Programme on Sustainable Development Governance towards the UN Conference on Sustainable Development in 2012*, pp.6—7;石晨霞:《联合国与全球气候变化治理:问题与应对》,《社会主义研究》2014 年第 3 期;吴志成、徐芳宇:《联合国与全球气候治理》,《南开学报》(哲学社会科学版)2015 年第 6 期;董亮:《欧盟在巴黎气候进程中的领导力:局限性与不确定性》,《欧洲研究》2017 年第 3 期;李昕蕾、王彬彬:《国际非政府组织与全球气候治理》,《国际展望》2018 年第 5 期。

⑤ 参见 Craig Johnson, "Understanding the Power of Cities in Global Climate Politics: A Framework for Analysis," in *The Power of Cities in Global Climate Politics*. London: Palgrave Macmillan, 2018, pp.25—48;Harriet Bulkeley, "Cities and the(转下页)

候治理进入"碎片化"时代。①这些全球气候治理的背景研究为学者研究中国参与全球气候治理提供了方向性和理论性的指导。

其次,中国参与全球气候治理的背景和策略。在意识到全球气候治理已经成为国家间博弈的重要平台后,国内学者对中国参与全球气候治理进行了深入的研究,提出了许多策略主张。第一,中国参与全球气候治理的动因遵循了一定的社会发展规律,是经济社会发展到一定阶段的必然产物。②中国的温室气体排放总量位居世界前列,相同排放水平国家已经开始的减排行动使中国认识到减排的重要性,民众环境保护意识的增强也使得中国对环保政策进行了重大的调整。③第二,中国参与全球气候治理必定面临着困难和挑战,这些挑战既有共性也有特殊性。身份困境④,新能源技术的自主创新能力困境⑤,环保资金融资困境⑥,地方政府

(接上页)governing of climate change," *Annual Review of Environment and Resources*, Vol.35, 2010, pp.229—253; Heike Schroeder and Harriet Bulkeley, "Global cities and the governance of climate change: what is the role of law in cities," *Fordham Urb. LJ*, Vol.36, 2009, pp.313—358; Heike Schroeder and Harriet Bulkeley, "Governing Climate Change Post-2012: The Role of Global Cities Case-Study: Los Angeles," *Tyndall Centre for Climate Change Research Working Paper*, 2008, p.122; Michele M. Betsill and Harriet Bulkeley, "Cities and the multilevel governance of global climate change," *Global Governance: A Review of Multilateralism and International Organizations*, Vol.12, No.2, 2006, pp.141—159;于宏源:《城市在全球气候治理中的作用》,《国际观察》2017 年第 1 期;李昕蕾、任向荣:《全球气候治理中的跨国城市气候网络——以 C40 为例》,《社会科学》2011 年第 6 期;庄贵阳、周伟铎:《行为体参与和全球气候治理体系转型——城市与城市网络的角色》,《外交评论》2016 年第 3 期;张丽华、韩德睿:《城市介入全球气候治理的内外动因分析——全球城市的视角》,《社会科学战线》2019 年第 7 期。

① 参见于宏源、王文涛:《制度碎片和领导力缺失:全球环境治理双赤字研究》,《国际政治研究》2013 年第 3 期;李慧明:《全球气候治理制度碎片化时代的国际领导及中国的战略选择》,《当代亚太》2015 年第 4 期。

② 王文涛、滕飞、朱松丽、南雁、刘燕华:《中国应对全球气候治理的绿色发展战略新思考》,《中国人口·资源与环境》2018 年第 7 期。

③ 郇庆治:《中国的全球气候治理参与及其演进:一种理论阐释》,《河南师范大学学报》(哲学社会科学版)2017 年第 4 期。

④ 参见田慧芳:《中国参与全球气候治理的三重困境》,《东北师大学报》(哲学社会科学版)2014 年第 6 期;李慧明:《全球气候治理新变化及中国的气候外交战略》,《唯实》2015 年第 11 期;刘雪莲、晏娇:《中国参与全球气候治理面临的挑战及应对》,《社会科学战线》2016 年第 9 期。

⑤ 何建坤:《全球气候治理新机制与中国经济的低碳转型》,《武汉大学学报》(哲学社会科学版)2016 年第 4 期。

⑥ 许琳、陈迎:《全球气候治理与中国的战略选择》,《世界经济与政治》2013 年第 1 期。

困境①等不仅仅是中国必须要面对和处理的问题,同时也是世界各国要面对的问题。因此,学者提出了一系列策略和主张。在国内层面,中国应强化绿色发展理念,走低碳经济和可持续发展的道路②,提升自身环保能力建设,扶持低碳技术的开发和引进,创新多元化融资平台,从根本上推动国内经济转型。③第三,还应加大力度完善在环境治理、清洁能源等方面法律法规的制定,以适应国际气候合作中的制度安排。④在国际层面,中国应承担相应的全球气候治理领导责任;坚持气候公约谈判在全球气候治理中的核心地位,坚持发展中国家立场,积极扩展气候谈判之外的治理领域,增强气候治理权力⑤,讲好全球气候治理的中国故事⑥,坚持气候谈判多边主义⑦,保证气候政策的稳定性和连续性。⑧另外,中国还应重新定位其在国际能源市场中的角色,利用自身资金成本和产品价格等优势,与广大发展中国家进行更紧密的绿色能源项目合作。⑨

最后,人类命运共同体视域下的全球气候治理。中国学者开始尝试寻找将人类命运共同体理念与全球气候治理联系在一起的路径,并取得一定的研究成果。学者普遍认为人类命运共同体理念蕴含丰富的全球化思维和整体主义思想,完全有能力为全球气候治理的未来指明方向。全球气候治理是当今世界能体现人类共同命运的全球性问题之一,积极推动并深度融入全球气候治理体系可以成为中国丰富人类命运共同体理念的重要实践。学者指出,作为全球气候治理体系变革的中国智慧和

---

① 马丽:《全球气候治理中的中国地方政府:困境、现状与展望》,《马克思主义与现实》2015年第5期。

② 参见汪万发、于宏源:《环境外交:全球环境治理的中国角色》,《环境与可持续发展》2018年第6期;何建坤:《新时代应对气候变化和低碳发展长期战略的新思考》,《武汉大学学报》(哲学社会科学版)2018年第4期。

③ 田慧芳:《中国参与全球气候治理的三重困境》,《东北师大学报》(哲学社会科学版)2014年第6期。

④ 张丽华、韩德睿:《中国在气候合作中的政策选择》,《学术交流》2017年第6期。

⑤ 许琳、陈迎:《全球气候治理与中国的战略选择》,《世界经济与政治》2013年第1期。

⑥ 何建坤:《巴黎协定后全球气候治理的形势与中国的引领作用》,《中国环境管理》2018年第1期。

⑦ 庄贵阳、薄凡、张靖:《中国在全球气候治理中的角色定位与战略选择》,《世界经济与政治》2018年第4期。

⑧ 刘元玲:《新形势下的全球气候治理与中国的角色》,《当代世界》2018年第4期。

⑨ 张丽华、韩德睿:《中国在气候合作中的政策选择》,《学术交流》2017年第6期。

中国方案①,人类命运共同体理念有利于推进《巴黎协定》细则的谈判进程和联合国 2030 年可持续发展目标的早日实现。②还有学者认为,用人类命运共同体视角审视当今的全球气候政治,有助于我们深刻认知全球气候治理的现实阻力和理论困境,有利于更好处理气候谈判各方的竞争合作关系并在非对称博弈中真正实现合作共赢。③

通过上述三部分的文献梳理可以发现,人类命运共同体理念和全球气候治理的结合并非偶然,而是中国在全球气候治理中的重要角色与全球气候治理困境相遇时的必然规律。国内外学者对当今全球气候治理的国际政治背景有着全面而深刻的认知,都意识到当今全球气候治理体系面临着严重困境,并尝试探寻各种解决困境的办法。由此可见,国内外学者的研究理念是相同的,这证明了气候治理问题的全球性特质。可以看到,国内外学者对全球气候治理行为体的研究正在从注重国家参与向提倡多行为体共同参与转变,这种转变与人类命运共同体理念高度契合,这证明人类命运共同体理念在全球气候治理中的运用是完全可行的。综上所述,探究人类命运共同体理念与全球气候治理的关系逻辑具有重要的应用价值和学术价值。

三、基于实践和需求的关系探究

人类命运共同体理念是在全球气候治理体系出现困境的背景下被引入的,所以在探究两者的关系逻辑之前,首先需要对当今全球气候治理面临的困境和对策有全面清晰的认识,其次要对人类命运共同体的内涵有

---

① 参见李慧明:《构建人类命运共同体背景下的全球气候治理新形势及中国的战略选择》,《国际关系研究》2018 年第 4 期;何建坤:《新时代应对气候变化和低碳发展长期战略的新思考》,《武汉大学学报》(哲学社会科学版)2018 年第 4 期;彭本利:《习近平共同体理念下的环境治理和全球气候治理》,《广西社会科学》2018 年第 1 期;杨永清、李志:《"人类命运共同体"理念下全球气候治理的国家责任》,《哈尔滨师范大学社会科学学报》2018 年第 4 期。

② 王瑜贺:《命运共同体视角下全球气候治理机制创新》,《中国地质大学学报》(社会科学版)2018 年第 3 期。

③ 赵斌:《全球气候治理困境及其化解之道——新时代中国外交理念视角》,《北京理工大学学报》(社会科学版)2018 年第 4 期。

准确的把握。只有对两者有足够认知，才可能构建出一个合理有效的关系逻辑。

（一）全球气候治理的现实困境和对策

当今全球气候治理体系面临着严重困境。自从世界各国意识到气候问题的紧迫性并开始进行定期的气候谈判后，每一步进程都困难重重。虽然各个阶段气候谈判出现的困难各异，但是这些困难基本上可以归纳为以下三个方面。

第一，责任和费用。在气候治理的现实中，一个国家的气候责任大小决定了这个国家应当承担的气候援助费用的多少，所以气候责任大国不断致力于尽可能淡化本国在全球气候变化中的责任。考虑到发达工业国家应担负的历史性责任，1992年确立的《联合国气候变化框架公约》和1997年达成的《京都议定书》所遵循的基本原则皆是发达国家须为发展中国家提供应对气候变化的资金支持。这被认为是保障气候正义的基本准则。但是包括美国和日本在内的反对该原则的发达国家指出，目前世界上最大的温室气体排放国是中国和印度这两个发展中国家，他们同样应该承担相应的责任和费用，因此，2015年达成的气候变化《巴黎协定》对发达国家和发展中国家之间的"区别对待原则"作了模糊化的表述。[①]2023年开始，全球气候治理参与各方将启动一种新的全球盘点机制以确定各参与方是否坚持执行《巴黎协定》，届时"无区别对待原则"将取代"区别对待原则"，而相应的费用承担比例也将发生变化。这种变化成为当今气候谈判争论的焦点之一。

第二，融资的回报。相较于倡议和传播，气候融资对气候治理行动的有效实施更加关键，而吸引融资的关键是要让资金提供者相信其融资会得到回报。虽然全球每年有2.4万亿美元的气候投资且资金的筹措取得不断进展[②]，但获得这些资金的大多是具有一定工业和制造业基础的具有

[①] Joydeep Gupta, COP23: *Countries tussle over climate finance for poor nations*, https://www.thethirdpole.net/en/2017/11/11/little-money-in-sight-at-climate-summit/. 11. 11, 2017.

[②] 例如世界银行宣布，2021年起对气候治理行动的投资将增加一倍至2000亿美元，并承诺通过最不发达国家基金和绿色气候基金向发展中国家提供资金支持，帮助其应对气候变化。

投资潜力的大型发展中国家,那些小型发展中国家和不发达国家由于融资项目的回报少,所以很难获得融资。①许多发展中国家表示,只有明确知悉发达国家资金援助数额后,才会开始本国的气候治理行动。②由于大多数发达国家没有正式通过 2012 年的《京都议定书》修正案,因此议定书框架下发达国家作出的资金承诺不具有法律效力,所以发达国家至今没有提出具体的气候融资数额,于是僵局仍没有被打破。

第三,细则的制定。2015 年签署的《巴黎协定》被视为全球气候治理的又一里程碑,但《巴黎协定》的文本表述将各谈判方的实质性矛盾掩藏了起来,这些矛盾需要在协定签署后进行协调并制定一份规则手册,如果没有具体的规则手册,《巴黎协定》将无法在 2020 年正式生效。规则手册将为《巴黎协定》的实施提供操作性指导且必须适用于所有国家。一是规则手册会制定一套通用的衡量标准,以横向比较各国的气候承诺;二是规则手册应包含一套监督机制,以确保各国政府言行一致;三是规则手册应建立一个盘点机制,在各国气候治理行动基础上对现有机制进行更新。由于细则的制定直接关系到各国国家利益,所以参与气候谈判的国家政府谈判代表至今仍未就规则手册达成一致。

在当前阶段,国际社会尚未寻找出一个全面有效的对策来纾解全球气候治理困境,绝大多数的努力是在《联合国气候变化框架公约》之下进行且多以国家行为体为主导。当然,也有一些努力在两者之外进行,最具代表性的是城市通过规划实施一系列气候治理政策开始应对气候变化。在 20 世纪 90 年代以前,世界上只有个别的主要城市提出了气候治理的方案。而到了 21 世纪,跨国城市网络③已经成为全球气候变化应对的主要

---

① *Climate talks scrape through difficult round of negotiations*. https://www.chinadialogue.net/article/show/single/ch/10983-Climate-talks-scrape-through-difficult-round-of-negotiations. 17.12, 2018.

② Joydeep Gupta, Soumya Sarkar and Fermín Koop *Consensus*, *eludes climate talks over finance and transparency*. https://www.chinadialogue.net/article/show/single/ch/10976-Consensus-eludes-climate-talks-over-finance-and-transparency. 10.12, 2018.

③ 有学者以 C40 城市气候领导联盟为例,着重分析了全球气候治理中的跨国城市气候网络。参见李昕蕾、任向荣:《全球气候治理中的跨国城市气候网络——以 C40 为例》,《社会科学》2011 年第 6 期。

参与者。①这些城市的气候治理行动超越固有的国界,形成一个更加微观和实用的跨国气候治理网络。与国家政府相比,跨国气候治理网络有着不同的特点和优势,其更加着眼于每一个地方政府政策的相互作用,更加关注气候变化对社区居民活动的影响。这种不同的着眼点展现出和国家参与全球气候治理明显的差异。②同时,城市对气候变化问题采取了更公开的政治立场。③积极承办气候变化大会、构建"跨国城市气候治理网络对话和共同行动平台"以及培育城市主导的"自下而上的碳市场"都展现出城市在全球气候治理体系中的特有作用。基于社区居民利益考量的城市气候治理政策通过跨国城市网络的散播,为全球气候治理体系提供了不同的视角,成为"试验性全球气候治理"的先锋。④有学者进而指出,气候治理的跨国城市网络通过跨越"传统的垂直型全球多层治理"障碍,促进了气候谈判从以往零和博弈的模式向合作共赢的模式转变。⑤

从全球气候治理的三个困境我们可以看出,参与各方出于对自身利益的维护,往往无法纾解关乎共同命运的治理困境;从城市更多地参与全球气候治理可以看出,世界已经认识到气候变化最终影响的是人类命运。因此,一个切实有效且符合全人类利益的理念需要被纳入全球气候治理体系,这也为人类命运共同体理念和全球气候治理的相融奠定了基础。

(二)人类命运共同体的内涵

首先,学术界对共同体的解读颇为丰富。齐格蒙特·鲍曼指出共同体是一个让人感觉非常愉悦的词语,人们总是认为共同体是个好事物,如果有人没有置于共同体当中,人们就会觉得他偏离了正确轨道。但鲍曼同时又指出,共同体不是一个获得和享受的世界,而是一个我们希望重新

---

① Craig Johnson, "Understanding the Power of Cities in Global Climate Politics: A Framework for Analysis," in *The Power of Cities in Global Climate Politics*, London: Palgrave Macmillan, 2018, pp.25—48.

② Lee Taedong, *Global Cities and Climate Change: The Translocal Relations of Environmental Governance*, Routledge, 2014.

③ Harriet Bulkeley, "Cities and the Governing of Climate Change," *Annual Review of Environment and Resources*, Vol.35, 2010, pp. 229—253.

④ 于宏源:《城市在全球气候治理中的作用》,《国际观察》2017 年第 1 期。

⑤ 庄贵阳、周伟铎:《行为体参与和全球气候治理体系转型——城市与城市网络的角色》,《外交评论》2016 年第 3 期。

拥有的世界，或者说是一个未来。①多伊奇等人创建了安全共同体的概念，他们将其定义为由"共同体意识"整合的"一群人"，且这群人秉持共同的社会问题必须通过和平变革进程来解决的信念。②安德森认为民族就是一个想象的政治共同体，民族之内个体间虽不识彼此，但是他们相互连接的意象却存在于每个个体中。③马克思认为在一个消灭了分工、私有制和阶级的世界中，一种新型的非对立社会关系将在人和人之间形成，共同体的作用和功能更多是伦理性的，而不再是政治性的。④高奇琦认为真正意义上的人类命运共同体是"合作共赢，平等协商，互联互通，包容共鉴以及公正合理"，与其对立的是传统国际关系的"对抗独占，武力强制，封闭狭隘，排斥独享和霸权统治"。⑤

其次，人类命运共同体的英译"Community of Shared Future for Mankind"有着深层次的世界主义⑥考量。英文"Community"一词来源于希腊语"Communitas"，意为共同的，一般的，普遍的，公共的。⑦在牛津英文词典中，"Community"意为一群人生活在同一个地方或具有共同的特殊特征；共享或具有某种共同的态度和利益；一群相互依存的植物或动物，在自然条件下生长或生活在一起或占据特定的栖息地。⑧在现实生活中，"Community"大多指人们每天活动的社区，而为自己的社区做出力所能及

---

① 齐格蒙特·鲍曼：《共同体》，欧阳景根译，江苏人民出版社 2007 年版，"序言"，第 3 页。

② Karl Deutsch, et al., *Political Community and the North Atlantic Area: International Organization in the Light of Historical Experience*, Princeton, NJ: Princeton University Press.1957. in Andrej Tusicisny, "Security Communities and Their Values: Taking Masses Seriously," *International Political Science Review*, Vol.28, No.4, 2007, pp.425—449.

③ Benedict Anderson, *Imagined Communities: Reflections on the Origin and Spread of Nationalism*, Rev. ed. London: Verso. Print, 2006.

④ 《马克思恩格斯全集》第 3 卷，人民出版社 2002 年版。

⑤ 高奇琦：《全球治理、人的流动与人类命运共同体》，《世界经济与政治》2017 年第 1 期。

⑥ 世界主义可以被定义为一种在全球所有人类之间投射一种共同政治参与的社会性，这种社会性应该在伦理上或组织上优于其他形式的社会性。参见 Paul James, "Political philosophies of the global: A critical overview," *Globalization and Politics: Political Philosophies of the Global*, Vol.4, 2014, pp.vii—xxx。

⑦ Charlton Lewis, *An Elementary Latin Dictionary*, New York, Cincinnati and Chicago: American Book Company, 1890.

⑧ "Community," 2014, In *Oxford English dictionary online*. https://en.oxforddictionaries.com/definition/community.

的贡献已成为中西方社会公共价值精神的重要组成。可见,"Community"一词无论在中西方都有着共通的积极含义。所以人类命运共同体反映了中国人民真切希望建造一个人类共同社区的美好愿望。

何谓人类命运共同体?习近平主席指出,人类命运共同体的内涵,就是要建设一个"持久和平、普遍安全、共同繁荣、开放包容、清洁美丽的世界。"①如何构建人类命运共同体?习近平认为,要相互尊重、平等协商,坚决摒弃冷战思维和强权政治;要坚持以对话解决争端、以协商化解分歧;要同舟共济,促进贸易和投资自由化便利化;要尊重世界文明多样性;要保护好人类赖以生存的地球家园。②由此可见,人类命运共同体的内涵要义和建构路径是十分明确的。可以说,人类命运共同体思想是对中华优秀传统文化的继承,是对马克思主义中国化的发展,是对新中国成立70年以来我国参与全球事务经验的提炼,蕴含了深厚的东方智慧。③在当前世界政治经济秩序面临转型的关键时期,人类命运共同体思想摒弃国际政治零和博弈,认识到人类利益高于国家利益,为构建一个公平正义的世界新秩序贡献了中国智慧和中国方案,为世界各国和国际组织提供了新的解决争端分歧的机制选择。

(三)互动关系:人类命运共同体与全球气候治理的关系逻辑

经过多年的深度参与,中国完全具备了将人类命运共同体理念引入全球气候治理机制中的时机和条件。首先,在气候谈判中,中国是发达国家和发展中国家之间沟通联系的桥梁。作为世界最大的发展中国家,中国努力协调发达工业国家提出的各种细则诉求,同时也积极推动其他发展中国家承担更多的气候责任。中国已经成为气候谈判中不可或缺的重要角色。这种角色的承担不仅仅需要国家力量的积累,还需要秉持一种摒弃零和博弈、敢为天下先的理念。人类命运共同体所蕴含的思想既完

---

① 习近平:《决胜全面建成小康社会 夺取新时代中国特色社会主义伟大胜利——在中国共产党第十九次全国代表大会上的报告》,新华网:http://www.xinhuanet.com//politics/19cpcnc/2017-10/27/c_1121867529.htm。

② 《习近平提出,坚持和平发展道路,推动构建人类命运共同体》,新华网:http://www.xinhuanet.com//politics/19cpcnc/2017-10/18/c_1121821003.htm。

③ 李文:《构建人类命运共同体思想引领时代潮流》,《人民日报》2018年3月13日,第7版。

成了对传统冷战思维的超越,也符合中国在全球气候治理机制中独特的角色定位。其次,在当今世界反多边主义抬头的背景下,中国将人类命运共同体理念嵌入全球气候治理体系,向世界展示出中国致力于维护国际机制和国际规则的决心,对推动一个公正合理、合作共赢的多级化世界具有极其重要的意义。此外,人类命运共同体理念的内涵"建设清洁美丽的世界"也与全球气候治理有着直接的联系。可见,人类命运共同体理念与全球气候治理是契合的,而这种契合也需要内在关系逻辑的支撑。本文认为,人类命运共同体理念和全球气候治理存在着双向的互动关系。①

第一,以实践为导向催生出的互动关系。全球气候治理机制为人类命运共同体理念提供了实践平台。自党的十八大提出构建人类命运共同体以来,人类命运共同体的内涵不断丰富和深入。人类命运共同体理念已经变成全球性共识,多次载入联合国相关决议。②全球气候治理中包含的权力政治,秩序转型,以及制度竞争等国际政治现实都是人类命运共同体理念所需要面对的重要议题,直面和尝试解决这些重要议题的互动过程就是将人类命运共同体理念用于实践的过程。这一互动过程也能为人类命运共同体理念在今后面对其他全球事务时提供借鉴。所以,全球气候治理有助于发挥人类命运共同体理念的实践性作用,相关的机制是将其进行具体应用的良好平台之一。

第二,对新理念的需求催生出的互动关系。在全球气候治理体系中,国家行为体和气候治理机制是最重要的两个因素。国家是气候治理机制

---

① "互动"(interaction)是指一种行为体之间发生变化或作用的过程,是国际关系的重要概念。巴里·布赞指出,互动是一个体系的最基本的概念。互动的缺失会导致体系中各部分的分离或各单位的独立。参见李明月:《国内规则与国际规则互动论析》,《国际观察》2018年第4期;巴里·布赞、理查德·利特尔:《世界历史中的国际体系:国际关系研究的再构建》,刘德斌等译,高等教育出版社2004年版,第80页。

② 2017年2月10日,联合国社会发展委员会第55届会议通过《非洲发展新伙伴关系的社会层面》决议,呼吁国际社会基于合作共赢和构建人类命运共同体的精神,加大支持非洲的经济和社会发展。这是联合国首次在其决议中体现构建人类命运共同体理念。此后的2017年11月1日,第72届联合国大会裁军和国际安全事务第一委员会会议通过《防止外空军备竞赛进一步切实措施》和《不首先在外空放置武器》两份安全决议,两份决议再次将构建人类命运共同体理念载入其中,这是联合国安全决议第一次引入人类命运共同体理念相关内容。

的制定者,国家的行为决定了气候治理机制能否有效运转[1],气候治理机制则反过来约束国家履行气候责任,为国家提供合作协调的平台。尽管两者缺一不可,但是国家行为体在全球气候治理中依然持有不可替代的权力。[2]气候协定充分保留了国家对气候机制进行更正、创新或是退出的权利[3],使得国家掌握了与气候治理机制博弈的更多筹码。所以,当一个国家或国家集团认为当前的气候治理机制有损国家利益时,他们会寻求作出改变。但是由于旧机制的破除和新机制的创立会付出高昂的成本[4],在现有气候机制的基础上进行更新往往是更好的选择,而机制的更新更加需要的是理念的创新,这就将气候治理机制认可度和新理念需求度联系在了一起。如图1所示,当气候治理机制认可度高时,国家对气候治理收益现状较为满意,无意作出改变,所以新理念的需求度就低(见图1中A2)。当气候治理机制认可度低时,国家对气候治理收益现状较为不满,有意作出改变,

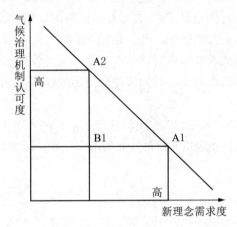

图1 气候治理机制认可度与新理念需求度

图片来源:作者自制。

---

① Oran Young, ed., *The Effectiveness of International Environmental Regimes: Causal Connections and Behavioral Mechanisms*, The MIT Press, 1999.

② 葛汉文:《全球气候治理中的国际机制与主权国家》,《世界经济与政治论坛》2005年第3期。

③ 参见《巴黎协定》第二十五条、第二十八条等。

④ 罗伯特·基欧汉:《霸权之后——世界政治经济中的合作与纷争》,苏长和等译,上海人民出版社2001年版。

所以新理念的需求度就高(图1中A1)。如果国家对现行气候机制认可度和对新理念的需求度同样低,(图1中B1)则此时全球气候治理体系就面临整体重塑的边缘,但是从现实情况来看,这种可能发生的概率比较小。

如果将人类命运共同体理念带入上述分析框架,则当图1中A2情况发生时,人类命运共同体不利于被引入全球气候治理机制中;当图1中A1情况发生时,人类命运共同体有利于被引入全球气候治理机制中。(见表1)而当今频频出现的领导力缺失、资金匮乏、细则制定争议不断以及缺少共同指导方针等现象,证明当今全球气候治理体系正处于A1的情形之下。也就是说,当困境中的全球气候治理体系急需一个新理念被引入时,中国为全球气候治理体系提供了一个持久、普遍、共同、开放以及包容的人类命运共同体理念。所以,人类命运共同体满足了全球气候治理对新理念的需求,有助于全球气候治理机制的完善。正如习近平主席在气候变化巴黎大会开幕式上的讲话中指出,各国如果抱着功利主义思维应对全球气候变化,希望多占便宜少承担责任,最终将损人不利己。巴黎大会应放弃零和博弈思维,推动各参与方尤其是发达国家多一点共享和担当,最终实现互惠共赢。[1]这一表述向各国阐明了全球气候治理需要哪种类型的指导理念。人类命运共同体所提倡的"共同繁荣、开放包容"理念正是当下各自为营、狭隘封闭的全球气候治理所需要的。在面对气候责任和气候费用无法得到认领、气候融资得不到相应回报或者气候行动细则的制定遇到阻碍,人类命运共同体理念都将为解决这些议题发挥积极的推动作用。

表1　气候治理机制认可度与人类命运共同体理念的需求度

现行机制认可度 新理念需求度	对现行气候 机制认可度高	对现行气候 机制认可度低
对新理念的需求度高	有利于人类命运共同体理念	有利于人类命运共同体理念(A1)
对新理念的需求度低	不利于人类命运共同体理念(A2)	不利于人类命运共同体理念

资料来源:作者自制。

---

① 《习近平在气候变化巴黎大会开幕式上的讲话(全文)》,新华网:http://www.xinhuanet.com/world/2015-12/01/c_1117309642.htm,2015年12月1日登录。

综上所述,人类命运共同体理念与全球气候治理体系的互动关系是现实而非虚幻的,是为了解决实际问题而催生出来的。当双方互动时,人类命运共同体增加了全球气候治理实践的理念选择,反过来全球气候治理丰富了人类命运共同体的实践范畴,如此双方得以相辅相成,实现双赢。

四、结　语

2018年末,在波兰卡托维兹举行的第24届联合国气候变化框架公约缔约方大会虽然取得了一定的成果,但仍然在坎坷中结束。究其原因,缔约各方的国家利益考量仍是最重要因素。传统经济发展方式的转型会对发展中国家的工业生产、财政收支甚至政治体制造成结构性影响,这些影响可以上升到国家间实力对比、国际制度的重塑甚至国际体系的重构,所以全球气候治理已经成为影响当今国际秩序转型方向的重要砝码之一:发展中国家不愿以牺牲国家利益的方式过快完成低碳经济转型,而发达国家又希望通过气候治理机制迫使发展中国家加速转型,利用其转型期阵痛继续维护以发达国家为主导的业已建立起来的国际秩序。中国如何运用人类命运共同体理念这一东方智慧参与在全球气候治理体系中进行的互动,决定了全球气候治理未来的发展路径和方向。

当前,气候治理机制的碎片化有利于中国的桥梁角色在气候谈判中发挥更大的作用,中国应抓住这一契机,尝试探寻如何运用人类命运共同体理念去解决气候谈判的更多现实难题。例如,人类命运共同体理念如何使谈判各方获得气候治理收益;如何化解发达国家和发展中国家在碳排放等问题上的矛盾分歧;如何解决各方关注的谈判透明度问题和气候融资规模问题;如何促成各国在《巴黎协定》实施细则上达成最大一致;如何扩大各国新能源技术的合作和能力建设;以及如何制定更加有力的集体气候行动目标等。对这些现实难题的处理和解决将是实践人类命运共同体理念价值的最好方法。

未来,随着中国在国际事务中的影响不断扩大,人类命运共同体理念注定将被国际社会更广泛接受。全球气候治理为中国提供了一个向国际社会展示人类命运共同体理念实用性的巨大平台,中国应该积极利用这一平台,不断总结经验,形成一套以人类命运共同体为指导理念的应对国家间冲突与合作的有效协调机制,并逐步尝试在诸如难民,毒品,卫生等全球性议题中发挥作用,最终成为一项被国际社会普遍接受的协调机制办法。这一制度性权力的形成,是中国作为负责任大国的现实需要,对今后中国的外交战略有着极其重要的现实意义。

多层次全球气候治理中的领导与跟从 *
——兼论中国在全球气候治理新形势下的身份定位与作用发挥

李慧明**

【内容提要】 全球气候治理中的国际领导是指特定行为体在特定情况下和特定时期内引导、推动和促进其他行为体为实现治理目标而采取集体行动的政治现象。本文从"领导—跟从"相互作用的视角,全面分析了全球气候治理中的领导现象。全球气候治理中的领导可以分为结构型、工具型、方向型和理念型,相应地,跟从也可以分为胁迫型、逐利型、模仿型和感召型。鉴于当前中国的经济实力、碳排放量、政治意愿和国际期望,中国已经成为全球气候治理新形势下的国际领导者。中国要关注跟从者的特质和现实需求,从构建人类命运共同体的理念出发,适当但审慎使用结构型和工具型外交资源,坚定做好榜样与示范,更多依赖方向型和理念型领导,吸引更多模仿型和感召型跟从者。

【关键词】 全球气候治理;领导者;跟从者;中国;《巴黎协定》

【Abstract】 Leadership in global climate governance refers to the political phenomenon that specific actor or actors who can guide, push and facilitate the other actors to take collective actions to achieve the goal of global climate governance under specific circumstances and in specific periods. From the perspective of the interaction between leaders and followers, this paper comprehensively analyzes the leadership phenomenon in global climate governance. Leadership in global climate governance can be divided into four types: structural, instrumental, directional and ideal. Accordingly, followership can also be divided into four types: coercive, profit-seeking, imitative and inspirational. In view of China's current economic strength, carbon emissions, political will and international expectations, China has objectively become an international leader under the new situation of global climate governance. China must always pay attention to the followers' traits and realistic needs. Starting from the concept of a community of shared future for mankind, China should appropriately but prudently use its structural and instrumental leadership resources, firmly set leadership by example. In relationship of leader-follower, China should attract more imitative and inspirational followers through more directional and ideal leadership.

【Key Words】 Global Climate Governance, Leaders, Followers, China, Paris Agreement

---

* 本文系国家社科基金一般项目"构建人类命运共同体背景下中国推动全球气候治理体系改革和建设的战略研究"(项目编号:18BGJ081)的阶段性成果。

** 李慧明,山东大学政治学与公共管理学院教授,法学博士。

一、引　言

　　全球气候变化作为一个"全人类共同关切"的全球性问题越来越受到国际社会的高度关注与重视,俨然已经成为国际政治议程中的一个"高级政治"问题。作为一个典型的全球集体行动问题,全球气候治理从一开始就面临着集体行动的困境,国际领导成为破解这种困境的重要因素。一般而言,全球气候治理中的政治领导是指一些行为体在特定情况下和特定时期内能够引导、推动和促进其他行为体为实现全球气候治理目标而采取集体行动的政治现象,那些发挥领导作用的行为体就是全球气候治理的领导者。自20世纪80年代末90年代初气候治理议题纳入国际政治议程以来,全球气候治理的目标界定、责任分担、制度建设及其实施等已经取得重要进展,这无疑与某些国家或国际组织积极发挥领导作用是分不开的。鉴于此,全球气候治理中的国际领导问题一直是全球气候治理研究中的一个重要问题,学者致力于分析发挥领导作用的行为体类型、领导类型、领导风格、领导方式与具体国家(或国际组织)的气候领导实践等,已经取得重要进展和丰硕的成果。①但从国内外的研究现状来看,上述领导研究文献绝大多数集中于对国际领导者和领导现象的单方面研究,而且主要集中于对欧盟(及其某些成员国)在全球气候治理中发挥领导作用的研究②,而对与领导(者)相对的跟从(者)的关注相对较少,相对而言没

----

　　① Joyeeta Gupta and Michael Grubb, eds., *Climate Change and European Leadership. A Sustainable Role for Europe?* Dordrecht: Kluwer, 2000; Rüdiger Wurzel and James Connelly, eds., *The European Union as a Leader in International Climate Change Politics*, London: Routledge, 2011;李昕蕾:《全球气候治理领导权格局的变迁与中国的战略选择》,《山东大学学报》(哲学社会科学版)2017年第1期,第68—78页;Duncan Liefferink and Rüdiger K.W. Wurzel, "Environmental leaders and pioneers: agents of change?" *Journal of European Public Policy*, Vol.24, No.7, 2017, pp.951—968; Rüdiger K.W. Wurzel, Duncan Liefferink and Diarmuid Torney, "Pioneers, leaders and followers in multilevel and polycentric climate governance," *Environmental Politics*, Vol.28, No.1, 2019, pp.1—21.

　　② 比如,除上一注释列出的文献外,还有 Miranda Schreurs and Yves Tiberghien, "Multi-level reinforcement: Explaining European Union leadership in climate change mitigation," *Global Environmental Politics*, Vol.7, No.4, 2007, pp.19—46; John (转下页)

有足够的重视。众所周知,国际领导从来就不是一个单向度的政治行动。本质而言,领导是一个关系性概念,领导必定同时意味着有被领导者,也就是有跟从者(跟随者/追随者),而且要得到跟从者的认可和支持,否则也就无所谓领导了。对于像全球气候治理这样的全球性集体行动,任何试图发挥领导作用的政治行为体都必须能够吸引跟从者,才能使得其政策理念在更大范围内贯彻和实施,从而才能最终有助于行动目标的实现。正如有的学者指出:"领导被认可尤其重要,因为领导是一个关系性概念,如果一个渴望成为领导者的行为体未能被认可,任何对领导力的追求都将受到严重削弱。"[1]那么,领导与跟从两者的逻辑关系是什么? 我们如何从理论和实践上把握两者的关系? 不同类型的领导者导致的跟从者有什么不同? 如何从跟从者的视角来看待和理解全球气候治理的领导现象? 跟从者自身的特质和需求对于领导者所追求的气候问题解决目标和效果的取得有什么影响? 所有上述问题都应该是全球气候治理,甚至更进一步而言应该是国际关系(international relations)和比较政治(comparative politics)研究中关于政治领导现象研究文献所关注的核心问题。然而,虽然近年来有的研究人员已经注意到目前研究的这种缺陷而开始尝试探讨"领导—跟从"(leadership-followership)关系并进行了深入的理论化分析。比如有的研究人员从政策扩散的视角分析了欧盟与中国和印度之间的气候合作,分析了欧盟作为气候领导者,中国和印度作为气候跟从者的实际状况,从中国和印度国内政治的视角回答了不同跟从状况的原因以及对气候政策扩散的影响。[2]也有研究人员通过对《联合国气候变化框架公约》

(接上页)Vogler, "Climate change and EU foreign policy," *International Politics*, Vol.46, No.4, 2009, pp.469—490; Karin Bäckstrand and Ole Elgström, "The EU's role in climate change negotiations: from leader to 'leadiator'," *Journal of European Public Policy*, Vol.20, No.10, 2013, pp.1369—1386; Charles Parker and Christer Karlsson, "The European Union as a global climate leader: confronting aspiration with evidence," *International Environmental Agreements*, Vol.17, No.4, 2017, pp.445—461; Sebastian Oberthür and Lisanne Groen, "Explaining goal achievement in international negotiations: the EU and the Paris Agreement on climate change," *Journal of European Public Policy*, Vol.25, No.5, 2018, pp.708—727.

① Charles Parker and Christer Karlsson, "The UN climate change negotiations and the role of the United States: assessing American leadership from Copenhagen to Paris," *Environmental Politics*, Vol.27, No.3, 2018, p.521.

② Diarmuid Torney, "Bilateral Climate Cooperation: The EU's Relations with China and India," *International Environmental Politics*, Vol.15, No.1, 2015, pp.105—122.

(以下简称《公约》)多次缔约方会议参加人员的实地调查并运用比较分析的方法,分析了美国在联合国气候谈判中的作用以及作为领导者得到认可的变化。①还有研究人员直接从理论上探讨了"领导—跟从"之间的关系,系统分析了气候跟从者的类型、跟从发生的路径和促进跟从的条件等问题。②但这种探讨仍然是初步的,而且主要基于欧美国家的气候领导实践经验。因而,有必要进一步扩展和细化这种研究,更多从跟从者的视角和发展中国家(既可能是跟从者也可能是领导者)的视角来更加深入探讨和研究一下"领导—跟从"之间的关系。

与此同时,在全球气候治理领域出现的三个重要变化进一步加剧了对领导与跟从关系深入探究的紧迫性和重要性。第一,全球气候治理自2015年《巴黎协定》达成以来日益向一种多层次、多中心的治理模式转型,多层次气候治理为国际领导作用的发挥和气候跟从带来了新的影响。全球气候治理经过三十多年的发展演变,由《巴黎协定》开创的自下而上治理模式进一步突出了非国家行为体(包括次国家行为体)的作用。理论上讲,根据本文对全球气候治理国际领导的界定,非国家行为体也可以发挥领导和引领作用,在气候治理机制创新、技术创新、自愿承担减排义务、气候信息传播和教育、碳排放交易体系建设、气候适应等方面都可以承担和发挥领导作用。而同样重要的是,大量的非国家行为体可以成为积极的跟从者,推动和协助国家更有效完成其国家自主贡献(NDCs),成为全球气候治理行动的重要生力军。这种治理模式的转型到底是为全球气候治理有关行为体发挥领导作用并积极吸引跟从者带来了积极影响,还是进一步加剧了领导竞争,从而对有关行为体发挥领导作用产生了消极影响?这需要进一步研究和厘清,也是上述领导研究文献没有深入探讨的。第二,2017年6月美国总统特朗普宣布退出《巴黎协定》进一步加剧了全球气候治理的领导赤字,也给全球气候治理的领导—跟从关系带来新的重大影响。美国退出全球气候治理是给其他国家(或国际组织)更好发挥领

① Charles Parker and Christer Karlsson, "The UN climate change negotiations and the role of the United States: assessing American leadership from Copenhagen to Paris," *Environmental Politics*, Vol.27, No.3, 2018, pp.519—540.

② Diarmuid Torney, "Follow the leader? Conceptualising the relationship between leaders and followers in polycentric climate governance," *Environmental Politics*, Vol.28, No.1, 2019, pp.167—186.

导作用带来了机遇？还是增加了它们发挥领导作用的难度？是倒逼和激发了其他行为体的更多跟从行动？还是削弱了其他行为体的参与积极性？这些都是亟须解决的全球气候治理面临的新形势和新情况。第三，随着新兴经济体经济的快速发展和温室气体排放量的增加，新兴经济体在全球气候治理格局中的地位和影响急剧上升，尤其是中国实力地位的上升已经成为全球气候治理新变化的一个重要因素。中国实力地位的上升一方面增强了国际社会对中国承担国际领导的期望，但另一方面，中国的客观国家实力还不具备发挥全球性领导的条件，而且中国也缺乏发挥领导作用的经验。但当前全球气候治理的客观形势已经把中国推向了前台，中国必须正视这种情势，准备承担起相应的领导责任。而且，中国自身的主观政治意愿也在向积极方向转变，中国共产党十九大报告强调中国已经"引导应对气候变化国际合作"，并在当前推动构建人类命运共同体的外交实践中要"坚持环境友好，合作应对气候变化"。①那么，中国在当前及未来的全球气候治理中如何进一步发挥"引导"作用，为全球气候治理作出应有的贡献？当中国真正能够发挥领导作用的时候，中国应该发挥什么样的领导力？如何处理与跟从者的关系？这些都是应该得以进一步深入探究的问题。为此，本文在吸收现有研究重要理论成果的基础上，着重从领导—跟从互动的视角出发，结合全球气候治理的新变化，从理论上进一步阐明领导与跟从的逻辑关系，并深入探讨中国在全球气候治理新形势下的身份定位及其相应的行动方略。

二、多层次全球气候治理中的领导与跟从及其逻辑关系

（一）多层次全球气候治理中的国际领导

1. 全球气候治理国际领导的概念与特点

"领导"是本文所要阐明的核心概念和研究基础，对这一概念的理解和界定不同，可能直接导致对整个研究问题理解的差异。但是，正如众多

① 习近平：《决胜全面建成小康社会　夺取新时代中国特色社会主义伟大胜利——在中国共产党第十九次全国代表大会上的报告》，人民出版社2017年版，第6、59页。

研究人员已经认识到,"领导是一个众所周知的难以捉摸和有争议的概念"①,美国学者奥兰扬指出,"领导也是一种复杂的现象,定义不清,理解贫乏,并且不断受到争议"。②因此,可以说,到目前为止,全球治理(或国际事务)中的国际领导仍然是一个争论中的概念,不同的学者出于不同的研究偏好和研究目的来理解和界定这一概念。本文认为,不同的问题领域和问题所涵盖的地理范围不同,对领导的条件和要求也不同。如果我们不去特别关注发挥领导作用的行为体自身的动机,也不去特别关注跟从者的行为动机,从一个结果导向的视角来看,只要有行为体在特定问题领域能够引导、带动、促进其他行为体就解决该问题达成共识、明确目标、创设协议、动员参加并最终为实现协议所提出的目标而努力,那该行为体就是该问题领域的领导者(leader),而这个过程就是一个政治领导(leadership)过程。本文集中探讨全球气候治理领域的国际领导问题,无论对这一概念的内涵和外延如何理解,大概所有人都会认可以下几点:第一,全球气候治理就是一个提供全球公共产品(global public goods)的过程,对这一过程施加积极影响,促进这一公共产品实现的行为体,无论其自身行为动机如何,其行动本身就带有全球公益性质;第二,鉴于全球气候治理涉及非常复杂的问题领域,有减缓、适应、资金、技术、能力建设、碳汇、碳交易等等,在任何一个领域,只要有行为体率先行动且有助于该问题解决,并在随后的进程中吸引其他行为体紧跟其行动,这种行为就是一种领导行为;第三,全球气候治理涉及世界几乎所有国家,有 196 个缔约方,面对如此复杂的利益群体,任何行动都具有特别的复杂性和挑战性,任何行动都是一个汇聚各方共识,凝结全球公意的过程。基于此种分析,本文把全球气候治理中的国际领导界定为特定的行为体依赖特定资源在特定的问题领域引导和推动其他成员协调各自利益、明确治理目标、创设治理制度,最终为实现气候治理目标而努力的行为,这个(些)特定行为体就是全球气候治理的领导者。

---

① Ludger Helms, ed., *Comparative Political Leadership*, Basingstoke: Palgrave, 2012, p.2.

② Oran R. Young, "Political leadership and regime formation: on the development of institutions in international society," *International Organization*, Vol.45, No.3, 1991, p.281.

顺应《巴黎协定》所确立的多行为体参与、多层次全球气候治理新模式,与其他研究人员对国际领导的界定略有不同,上述定义在某种程度上适当"降低"了领导的标准,具有如下四个特点:(1)降低了领导门槛,从理论上讲,参与全球气候治理的所有行为体都可以发挥领导作用,超越了对领导的传统界定。而传统上一般认为只有国家(以及欧盟这样的超国家组织),而且是有较强权力的国家才可能是国际问题领域的领导者。(2)扩展了发挥领导作用的行为体依赖的资源。除了权力资源以外,还包括行为体拥有的知识、理念、自我成功所具有的示范和榜样效应等,都可以成为领导者借助的资源。(3)打破了全球气候治理内外进程的界限,扩大了行为体发挥领导作用的范围。如果我们把《联合国气候变化框架公约》框架下的气候治理进程称作全球气候治理的内部进程,其最主要的表现就是《框架公约》缔约方的历年国际气候谈判,通过缔约方会议的形式给国家规定"法定"义务和承诺,由国家履行。而这一进程之外的所有其他行为体采取的应对气候变化的行动和合作,都可以称为全球气候治理的外部进程。上述领导定义强调,行为体在《框架公约》内外进程都可以发挥领导作用,而且不光是组织和推动其他行为体进行气候谈判,达成气候协议和制度,在全球气候治理外部进程的其他领域和范围也可以发挥领导作用。(4)突出强调了全球气候治理领导的相对公益性质(从领导的结果来看)与公意合法性来源(从"领导—跟从"的关系来看)。①

很显然,全球气候治理领域的国际领导不同于其他全球性问题(国际问题)领域的国际领导。虽然对于全球气候治理的国际领导而言,跟其他问题领域的国际领导一样,权力仍然是重要的领导资源,但这种权力的来源可能更加多样化,而不再仅限于物质性硬权力。对于全球气候治理这样的问题领域,理念性和话语性等软权力似乎更加重要。②这是分析全球气候治理领域国际领导的一个重要因素。

2. 全球气候治理国际领导的分类

全球气候治理中的领导者通过各种各样的方式发挥自己的领导作

---

① 第4点参考了笔者的另一篇论文关于国际领导的定义,参见李慧明:《全球气候治理制度碎片化时代的国际领导及中国的战略选择》,《当代亚太》2015年第4期,第128—156页。

② Joseph Nye, *The Powers to Lead*, Oxford: Oxford University Press, 2008.

用,而每一种方式所依赖的资源也各不相同。依据发挥领导作用所依赖的不同资源以及相应的不同领导方式,研究人员根据自己的研究偏好对国际领导进行了不同的分类。如表1所示,学者给出了不同的分类,但这些分类的标准相对而言还是比较一致的,都是根据领导者所依赖的权力资源以及领导方式来划分的。本文在这些研究的基础上,结合全球气候治理的实践,把全球气候治理的国际领导分为结构型(structural)、方向型(directional)、理念型(ideal)和工具型(instrumental)四类(见表2)。

表1　目前学术界对国际领导类型的划分

研究人员	国际领导的类型			
[美]奥兰·扬(1991)	结构型	企业家型	智力型	
[美]安德达尔(1994)	强制型	工具型		单边型
[挪]马恩斯(1995)	胡萝卜加大棒型	问题解决型		方向型
[英]格鲁布和[荷]古普塔(2000)	结构型	工具型		方向型
[英]沃泽尔和康纳利(2011)	结构型	企业家型	认知型	
[英]列斐林克和沃泽尔(2017)	结构型	企业家型	认知型	榜样型

资料来源:作者根据现有研究整理。

表2　国际领导的分类

领导类型	结构型领导	方向型领导	理念型领导	工具型领导
依赖资源	强大的政治经济权力 较高的碳排放 较强的气候减缓技术	自我的先驱行动和成功经验	科学知识、解决问题的理念或理论	外交资源和技巧
领导方式	强制或利诱 胡萝卜加大棒	单边行动、榜样示范、国际扩散	提供理解和界定问题的概念、解决问题的方案	外交技巧、问题联结、结盟或破坏其他联盟

领导类型	结构型领导	方向型领导	理念型领导	工具型领导
领导特征	依赖自身的政治经济权力胁迫或利诱其他行为体改变政策或行为以实现气候治理目标	通过自身的先驱性成功行动为其他行为体提供榜样和示范,促使其他行为体学习或模仿以实现气候治理目标	为气候变化问题及其解决提供科学知识或理念,重塑问题和规范,以此来改变其他行为体对自身利益的认知和界定,从而为气候行动及政策提供科学依据、理论解释和行为规范	通过高超的外交策略和外交技巧,协调各方利益,促成气候协议的达成,以实现气候治理目标
施加影响的方式	直接 + 间接	间接	间接	直接 + 间接

资料来源:作者自制。

第一,结构型领导。上述所有研究人员都注意到领导者的结构型权力资源,因为传统意义上的领导本质而言就是一种权力关系,拥有权力的行为体能够让其他行为体做其不愿意做但却有利于该行为体的事,或者通过许诺给其他行为体好处而让它们做其要求做的事。结构型领导利用其拥有的强大政治和经济资源通过强制(威胁)或利诱其他行为体改变行为,遵守国际协约,采取集体行动以实现气候治理目标(比如减少温室气体排放)。在全球气候治理中,结构型领导也跟特定国家对气候变化问题本身的贡献度(问题的形成原因方面)和对解决问题的重要程度以及能力的大小(问题的解决方面)有关,温室气体排放量所占份额越大的国家和减缓气候变化技术与经济实力越强的国家拥有的结构型权力越大。

第二,方向型领导。兼具上述研究人员所界定的企业家型和榜样型领导的特征。此种领导利用自我在应对气候变化领域的成功和先行者的优势,采取单边行动,通过榜样和示范进行领导(leadership by example),给其他行为体提供最好的实践(best practice)和可吸取的教训(lesson-drawing),给其他行为体提供学习的榜样,有意识地经过政策扩散和转移,促使其他行为体进行学习和政策改变来实现气候治理目标。方向型领导意在给其他行为体提供解决问题的成功路径和方向,把在其内部赢得的成功经验努力向外扩散,向其他行为体展示其气候政策的可行性,从而促使其他行为体也采取类似行动。

第三,理念型领导。也就是上述研究人员所界定的智力型(intellectual)和认知型(cognitive)领导的混合,指发挥领导作用的行为体通过给其他行为体提供界定和认识气候变化问题的科学知识以及应对和解决气候变化的理念与方案,或者,因全球气候变化问题涉及复杂的社会经济发展方式的转型等问题,领导者也可以贡献社会发展的重要理念或理论等,从而成为气候变化问题的"知识生产者",进而主导气候治理话语、理念和制度建设等。本文之所以特别强调"理念"对于气候变化问题的重要性并以此来界定这一类国际领导,一方面由于气候变化问题本身的复杂性和不确定性,对气候变化问题本身的认知和理解(归因方面)以及对气候变化问题解决路径与方案的知识性贡献(问题解决方面)具有源头性和元治理性质的重要价值,另一方面在于,应对全球气候变化需要一场深刻的经济社会发展革命,涉及经济社会发展的方方面面,甚至普通民众的消费和衣食住行最终都会影响到全球气候治理的效果,这越发需要科学理论和理念的引导和塑造。此外,相比其他全球性问题,全球气候变化问题的解决更需要规范性和理念性权力,正如有的学者指出,在全球气候治理中理念往往比结构性硬权力更加重要。[1]

第四,工具型领导。类似于其他研究人员所界定的企业家型领导。这种领导类型需要的是领导者所拥有的外交资源和外交技巧,利用精心安排的外交斡旋和外交协调,通过把气候问题与其他相关问题联结、组建气候外交联盟以及阻止或破坏其他气候联盟等方式来推动全球气候治理。工具型领导涉及外交、谈判和讨价还价的技巧,通过这些技巧促进一个折中方案或国际协议的达成以推动气候变化问题的解决。一个工具型领导通常是"一个议程的设定者和利用谈判技巧设计出有吸引力的协议并协调各方利益的鼓动家(popularizer)"。[2]工具型领导的一项重要领导技能

---

① Manjana Milkoreit, "What is Power in the Global Climate Negotiations?" Waterloo Institute for Complexity & Innovation, *Negotiator Briefs on Cognition and Climate Change*, CCC Briefs No.5, 2014, http://wici.ca/new/resources/negotiator-briefs/, accessed on 29 May 2014,访问时间:2018 年 12 月 10 日。

② Oran R. Young, "Political leadership and regime formation: on the deveiopment of institutions in international society," *International Organization*, Vol.45, No.3, 1991, p.300.

就是,能够设计复杂的一揽子气候协议,顾及所有相关方的利益,这需要领导者高超的外交策略和外交能力。

从全球气候治理的理论和实践来看,某一领导者可以同时属于上述四类或几类,也可以只具有其中一类的特点。就这四种领导类型而言,它们之间也并非相互排他性的,也可能互为基础和条件,有时候相互增强,有时候也可能相互抵消。比如,结构型领导的效果可能是快捷和迅速的,但可能并不持久,需要方向型和理念型领导的补充和支持;方向型领导在很大程度上会促进理念型领导,因为先行者的成功政策行动往往有科学理念的先导(比如生态现代化理念指导下西欧一些国家气候政策的成功),而这些政策和行动的成功反过来也会进一步增强这些政策理念的影响力;同样,工具型领导虽然主要依赖外交技巧,但开展气候外交的基础是领导者要有影响力和合法性,空头说教一时之间可能会蛊惑一些行为体,但终究无法持续,所以工具型领导也需要方向型和理念型领导资源,甚至也需要结构型领导资源的支撑和补充。

(二)多层次全球气候治理中的跟从和跟从者

全球气候治理的领导者发挥领导作用的目的在一定程度上就是吸引跟从者(follower),就是要其他相关行为体(跟从者)按照其要求或为实现气候治理目标而需要其他行为体(跟从者)履行气候承诺、遵守气候协议或者改变政策行动,或者希望自身的政策、理念得到更多行为体的学习模仿,使自己的成功政策推广(扩散)到更多国家和地区。正是基于行为体有无吸引跟从者的主观意图和目的性,有研究人员区分了领导者与先驱者(pioneer),认为先驱者没有吸引跟从者的主观意图,甚至不愿意有跟从者,"真正的先驱者可能感觉被较慢的伙伴和/或跟从者束缚,而设法因此试图通过选择跳出可能扼杀其国内雄心的欧盟共同政策和/或国际条约来'单独行动'",也就是说先驱者并不关心跟从者。虽然先驱者也可能会吸引跟从者模仿其行动,但这是跟从者的主动行为,而不是先驱者的主动吸引,通常是先驱者内部行动的非意图性外部结果。①而领导者必定关注跟从者,而且希望跟从者越多越好。鉴于此,本文在界定跟从者这一概念

---

① Duncan Liefferink and Rüdiger K.W. Wurzel, "Environmental leaders and pio-neers: agents of change?" *Journal of European Public Policy*, Vol.24, No.7, 2017, p.954.

的时候并不特别关注这些跟从者跟从(follow)的到底是先驱者还是领导者,但在分析跟从者与其相关者关系的时候,本文着重分析跟从者与领导者的相互关系,而不去关注跟从者与先驱者的相互关系。

跟从(followership)可以说是国际关系中的普遍现象,在某种意义上讲,国际政治就是某些行为体(领导者)动员和吸引跟从者的过程(所谓抢夺民心的斗争)。对全球气候治理而言,气候跟从现象主要发生在政策扩散、转移和学习等过程。本文把气候跟从界定为一个行为体通过参考、学习和模仿另一个行为体先前采用的应对气候变化的政策、理念、制度、方法或技术的行为,该政策、理念、制度、方法或技术的采用和实施一定存在时间上的先后和行为上的接续(尽管不必是直接的接续),后来采用这些政策理念的行为体就是跟从者,而且就其采用这些政策理念的主观意图而言必须存在主观上的意图性和明确的目的性。[1]

(三)多层次全球气候治理中领导与跟从的逻辑关系

那么,一个被特定行为体已经采用应对气候变化的政策、理念、制度等为什么会随后被其他行为体参考和模仿,也就是跟从?从理论上讲,这里至少有三个方面的原因。第一,是先前采用这些政策理念的行为体(也就是上文所界定的领导者)主动要求或劝说其他行为体采用和学习,这就是我们上文所说的领导者主动吸引跟从者的结果;第二,由于气候变化问题的普遍性和同质性,后来的行为体为了解决类似问题而主观上要求参考、学习和模仿这些政策理念,也就是跟从者本身有需求;第三,这些政策、理念、制度等对于应对气候变化问题的有效性,也就是这些政策自身必须是具有可行性和可模仿性,而且可以被有效应用到其他国家或地区。

进一步而言,这种跟从现象是如何发生的呢? 也就是,跟从现象是通过什么路径产生的呢? 从理论上讲,这仍然取决于上述三方面的因素,也就是取决于领导者吸引跟从者的手段与方式及其结果,取决于跟从者面临的气候问题的严重程度和自身学习意愿的强烈程度,也取决于这些政策理念的有效程度。就此而言,跟从现象也是各种因素复合作用下的结

---

① Diarmuid Torney, "Follow the leader? Conceptualising the relationship between leaders and followers in polycentric climate governance," *Environmental Politics*, Vol.28, No.1, 2019, p.169.

果。鉴于本文的研究目的,着重从"领导者—跟从者"两者的逻辑关系来进理解和把握跟从现象。就此而言,如果我们暂且不论领导者为了吸引跟从者而使用的手段与方式,只依据跟从者的态度和政治心理,我们可以把积极回应、心甘情愿的跟从界定为一种追随(positive followership)行为,而消极被动、迫不得已的跟从界定为一种跟随(negative followership)行为(如图1)。正如笔者在另一篇论文强调指出的,本质而言,只有跟从者心悦诚服地追随领导者的行为所对应的那种领导才是真正意义上的领导者。①虽然从政策扩散和转移的结果来看,跟随行为与追随行为所产生的结果似乎是一样的,都是领导者采取的某种政策得到了跟从者的模仿和学习,但这种结果的执行和实施效果至少应该是有所区别的,追随行为所产生的效果通常在很大程度上会好于跟随行为,虽然一项政策或某个理念在跟从者所在的国家或地区实施的效果会受到多种因素的影响,执行者(跟从者)本身的态度和意志并非决定性因素,但执行者主观上的积极贯彻与推动无疑会产生比被动消极执行这些政策更加高效和更加快捷的结果。

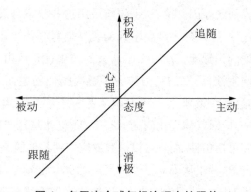

图 1 多层次全球气候治理中的跟从

资料来源:作者自制。

从跟从者的视角来看,跟从者之所以跟随或追随领导者,可能出于各种各样的原因和动机,这既跟领导者施加给跟从者的影响力有关,也与跟

---

① 李慧明:《全球气候治理制度碎片化时代的国际领导及中国的战略选择》,《当代亚太》2015 年第 4 期,第 138 页。

从者回应领导者的方式有关，是两者相互作用的结果。有研究人员根据马奇和奥尔森的研究①，区分了基于后果逻辑的跟从（followership based on a logic of consequences）和基于适当性逻辑的跟从（followership based on a logic of appropriateness）。②基于后果逻辑的跟从就是领导者使用结构性权力资源迫使或诱导跟从者，跟从者或者为避免因受到惩罚或制裁而带来的损失，被迫采取跟从行动；或者为了获得因遵从领导者意愿而受到的物质性奖励，主动采取跟从行动。基于适当性逻辑的跟从是跟从者通过学习或受到领导者劝说而采取领导者需要其采取的行动，这种情况下，跟从者跟从领导者并不是它们受到了威胁或利诱，而是它们受到领导者成功榜样的驱动，而相信领导者提供的政策理念和示范对于解决它们自身面临的问题是有价值的，相信采取相同或类似政策理念的行为就是一种适当或正确的行为，更多表现为跟从者自己主动学习和模仿的行为。依据这两种行为逻辑，本文根据"领导—跟从"两者的相互作用关系（见表3），把跟从者分为如下四类：胁迫型、逐利型、模仿型和感召型。

表3 "领导—跟从"的逻辑关系

领导 跟从	结构型	方向型	理念型	工具型
基于后果逻辑	威逼利诱	领导型市场的竞争	政策理念对解决问题的效用	劝说联盟
基于适当性逻辑	—	榜样的力量 成功的经验 领导者的合法性和信用	政策理念的科学性 政策理念的规范性 认同的改变	做适当的事 行为的正确性

资料来源：作者自制。

第一，胁迫型跟从。为了实现气候治理目标，领导者经常动用自身拥有的政治经济资源在减排目标的设定、气候制度的构建和治理目标的实

① James G. March and Johan P. Olsen, "The institutional dynamics of international political orders," *International Organization*, Vol.52, No.4, 1998, pp.943—969.
② Diarmuid Torney, "Follow the leader? Conceptualising the relationship between leaders and followers in polycentric climate governance," *Environmental Politics*, Vol.28, No.1, 2019, pp.172—176.

现等方面发挥重要作用。如果其他行为体拒不接受领导者的要求,领导者就动用这些资源威胁和强迫其他行为体,通过惩罚或让其他行为体付出代价的方式,迫使其他行为体改变行为或采取相应的行动。理论上,领导者可以动用的权力资源包括军事、政治和经济方面,但鉴于全球气候治理的特殊性,许多集体行动并不能凭借领导者的强迫就能实现,尤其是无法通过军事权力来达到目的。因此,领导者更多利用政治和经济权力,通过政治胁迫或经济惩罚与制裁等强迫跟从者。这种情况下,领导者与跟从者之间的权力越不对称,也就是领导者的权力越大,领导者的目的越容易达到。

第二,逐利型跟从。拥有较强结构型权力资源的领导者为了吸引其他行为体,可以给其他行为体利益许诺,奖励其跟从行为。跟从者为了获得相应的经济利益而主动改变自身的行为或采取领导者所要求的政策,以迎合领导者,采取领导者青睐的政策目标。这种情况下,领导者所拥有的经济(技术)资源的强弱和政策承诺信用度的高低直接决定了其吸引跟从者的程度。反过来,从跟从者的角度来看,它们获得物质性奖励的多少和对领导者许诺的相信程度直接决定了它们跟从意愿的强烈程度和主动程度。

第三,模仿型跟从。源于领导者自身政策、理念与制度等的成功实践,在领导者主动扩散或转移其政策理念的情况下,跟从者通过学习或领导者的传授,模仿领导者已经采取并相对成功的政策理念。在这种情况下,领导者在全球气候治理领域的合法性至关重要。领导者所输出的政策理念如何才能更容易被跟从者认为具有创新性或示范性?这既取决于领导者自身的成功程度也取决于领导者所具有的被普遍认可的合法性。与此同时,领导者所采纳的政策理念越适合于跟从者的特征与国情(跟从者是国家的情况下),模仿型跟从越容易产生。

第四,感召型跟从。全球气候变化问题始终是复杂的,对某一领域有利的政策选项可能同时对其他领域不利,而且更为重要的是,一项着眼长远的政策可能不利于短期利益,这就越发需要理念型领导的知识、理念或者理论来重塑对某些相关问题的认知和理解,进而重塑其他行为体的身份与利益认知。或者,某一方向型领导因其政策理念的成功而极大地鼓舞了跟从者。这种情况下,领导者的政策理念越具有公益性并且越能反映全球公意,其气候治理行动也就越具有感召力,从而越能吸引跟从者的承认与学习,这种学习和模仿就是感召型跟从。如果领导者能够在新的政策理念或对气候变化问题的重新界定与其他行为体先前拥有的规范与信念之间越一致,领导者通过劝说吸引跟从者的可能性就越大。[①]感召型跟从是跟从者把领导者倡导的政策理念完全内化,最终变成自己的行为原则,它是跟从者积极主动采取的一种对内或对外气候政策调整行动,以最终符合有助于实现全球气候治理目标的行为规范。

综合以上分析,我们看到,领导与跟从两者有着非常复杂的关系。每一类型的领导所导致的跟从也并非单一类型,这些领导类型与跟从类型之间既有直接联系也有间接联系,综合二者的关系如图 2 所示。

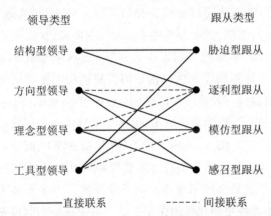

图 2　多层次全球气候治理中"领导—跟从"的逻辑关系
资料来源:作者自制。

三、全球气候治理新变化
与新形势下的领导与跟从

自 2015 年全球气候治理进程中的新里程碑《巴黎协定》达成以来,全

---

① Diarmuid Torney, "Follow the leader? Conceptualising the relationship between leaders and followers in polycentric climate governance," *Environmental Politics*, Vol.28, No.1, 2019, p.175.

球气候治理的治理模式以及各缔约方的身份定位与国际义务等都发生了重大变化。而且，作为世界最大经济体的美国自 2016 年特朗普上台以来开始采取日益消极的气候政策，直至 2017 年 6 月宣布退出《巴黎协定》，无论是对全球气候治理的国际领导格局、全球气候治理进程，还是对国际气候谈判集团以及全球气候治理的广大跟从者都产生了冲击和影响。

（一）多层次治理日益强化背景下全球气候治理的领导与跟从

《巴黎协定》对所有缔约方不再区分，各缔约方承担具有相同法律责任的国家自主贡献，全球气候治理日益走向了一种"自下而上"的国家驱动型治理模式。正如有的研究人员指出，《巴黎协定》重新调整了联合国多边进程的作用，只为全球去碳化提供总体方向，而将具体实施的情况留给了其他国际组织、国家和各种非国家行为体和倡议。①《巴黎协定》给予非国家行为体"非缔约方利害相关方"（non-party stakeholder）法律地位，非国家行为体开始在全球气候治理巴黎进程中发挥更大的作用，全球气候治理日益向一种多层次治理（multi-level governance）转型，形成了从全球、区域、国家、次国家到城市、地方自治机构等多层次治理结构，并且形成超国家组织、国家、非国家行为体（包括 NGOs、商业机构、城市乃至个人）和次国家行为体等多行为体参与的治理形态。在这种多层次治理结构下，由于巴黎气候治理进程给予非国家行为体更加重要的地位，为这些行为体发挥更加积极的作用提供了法律保障和制度平台，这就更加激发了非国家行为体的气候行动，包括自愿减排承诺、资金支持、技术研发、教育和培训公众、监督政府、跨国气候合作等，从而为这些行为体在某些领域发挥领导作用提供了更大的法律和制度支撑，也为更多的行为体充当更加积极的跟从者提供了制度性激励。但与此同时，这种多层次治理结构的形成，也在某种程度上进一步弱化了国家（包括超国家组织欧盟）在全球气候治理中发挥领导作用的影响力，也使全球气候治理中的领导有泛化的趋势，从而使全球气候治理的碎片化状态更加突出。

---

① Sebastian Oberthür, "Reflections on global climate politics post Paris: power, interests and polycentricity," *The International Spectator*, Vol.51, No.4, 2016, p.81.

（二）美国退出《巴黎协定》冲击下全球气候治理的领导与跟从

2017 年特朗普上台执政以来，美国在全球气候治理问题上的态度和政策发生了重大变化。出于自身国内政治的考虑以及在国际上与其他国家的商业竞争等现实需要，特朗普上台伊始就采取了一些不利于气候治理的政策，最终在 2017 年 6 月 1 日宣布退出《巴黎协定》，并于 8 月向联合国递交文书，正式表达退出《巴黎协定》的意愿。美国宣布退出《巴黎协定》给正处于关键时期的全球气候治理带来了多重影响。

第一，作为世界上最大的经济体和全球气候治理最重要的资金技术来源地之一，美国的退出给全球气候治理无疑带来了较大的负面冲击，比如使全球减排缺口更加扩大，使一些气候基金的资金受到影响，也在政治上削弱了《巴黎协定》的普遍性和完整性，对一些相关国家气候行动的积极性产生连带负面影响。

第二，美国退出《巴黎协定》既给其他国家发挥领导作用增加了难度（比如要承担更多的减排义务和资金援助等），也为其他国家发挥领导作用提供了机遇。由于美国在国际事务中的强大影响力，奥巴马时期的美国在推动《巴黎协定》的达成和生效确实发挥了积极的领导作用，而特朗普政府的退出使美国在巴黎进程中的作用大大减弱，为欧盟和中国等国家主导后续国际气候谈判创造了机会。

第三，美国退出《巴黎协定》进一步激发了美国非国家行为体的气候行动积极性，包括美国有关州在内的地方政府和非政府组织开始更加积极行动[1]，既积极参与国际气候谈判，发挥没有美国联邦政府的气候领导（American climate leadership without American government）作用[2]，兑现美国的气候承诺，也积极推动全球气候治理进程，比如召开 2018 年的旧金山气候行动峰会，积极参与国际气候合作等，也大大激发了世界其他国

---

[1]　美国特朗普政府宣布退出《巴黎协定》当天，加州、纽约和华盛顿 3 州的州长联合宣布成立"美国气候联盟"（United States Climate Alliance），紧接着其他非国家行为体联盟"我们仍然坚守"（We Are Still In）和"美国的承诺"（America's Pledge）等也纷纷成立，抵制特朗普政府的退出行动，坚持气候行动。

[2]　John R. Allen, "American climate leadership without American government," https：//www.brookings.edu/blog/planetpolicy/2018/12/14/american-climate-leadership-without-american-government/, accessed on January 10, 2019.

家和地区有关国家和非国家行为体的气候治理信心和行动力度。这些非国家行为体参与积极性的增加和作用的上升,促使非国家行为体能够在诸多领域发挥一定的领导作用,同时,也促使其他国家和地区的非国家行为体积极推动全球气候治理,或者成为某些领域的积极领导者,或者成为特定领域的积极追随者。[1]

四、中国在全球气候治理新形势下的身份定位与作用发挥

上述全球气候治理这些重大变化一方面给中国参与全球气候治理带来新的环境,另一方面也使中国在这种新的气候治理环境中的身份定位和责任义务发生重要变化。在这种新的形势下,一方面需要中国认真审视全球气候治理的现实状况和未来发展趋势,另一方面也需要中国认真审视国内发展面临的现实问题与挑战,着眼于长远利益和战略考虑,积极统筹国际国内两个大局,从构建人类命运共同体的战略高度出发,积极参与全球气候治理,作出中国应有的贡献。

(一)全球气候治理新形势下中国的身份定位

鉴于当前中国在世界经济中的地位和温室气体排放量(2017 年中国温室气体排放量占世界排放总量的 26.6%),客观上中国已经成了全球气候治理中举足轻重的博弈者,拥有日益增加的结构型领导资源。但中国无论从人均国内生产总值(GDP)还是从发展指数来看,仍然处于发展中国家水平,而且中国内部发展也极不平衡,城乡之间、东西部地区之间的发展差距较大。有研究人员甚至认为中国在气候变化问题上存在"两个中国"问题:繁荣的东部和正在发展中的西部[2],也有研究人员分析了中国

---

① UNEP, "Bridging the Emissions Gap—The Role of Non-state and Subnational Actors", Pre-release version of a chapter of the forthcoming UN Environment Emissions Gap Report 2018; United Nations Climate Change Secretariat, *Yearbook of Global Climate Action 2018*: *Marrakech Partnership*, 2018.

② Daniel Abebe and Jonathan S. Masur, "International Agreements, Internal Heterogeneity, and Climate Change: The 'Two Chinas' Problem," *Virginia Journal of International Law*, Vol.50, No.2, 2010, pp.325—389.

在应对气候变化问题上面临的经济发展与环境保护的"两难"(dilemma)局面。①在这种复杂的发展图景下,中国事实上越来越面临着一个在全球气候治理中如何确定自己身份与发挥何种相应责任的难题。一方面,随着中国整体经济实力和政治外交等影响力的日益增强,中国已经无法继续在国际舞台上采取低姿态外交,中国的客观实力已经使中国无法回避自身在应对诸如全球气候变化这样关乎整个人类命运的全球性问题上的国际责任。而且国际社会希望中国在全球气候变化问题上发挥更加积极的引领作用,肯定了中国在全球气候治理中日益关键的作用②,尤其是在美国特朗普政府宣布退出《巴黎协定》之后,期望中国发挥领导作用的呼声也有所高涨。③而且,如前文已经指出,中国官方确认中国在全球气候治理中已经成为重要的引领者(torchbearer)④,并要引导应对气候变化国际合作。⑤同时,中国积极倡导构建人类命运共同体理念,在全球气候治理中积极履行国际承诺,加强与欧盟的合作,已经成为影响全球气候治理进程的重要行为体。但另一方面,中国依然不能发挥全面的领导作用。因为:第一,客观上,中国的国家力量还不足以承担全面的领导责任,因为中国内部发展还面临相当大的挑战。全球气候治理的领导者不仅能够带领众多跟从者完成气候协议的建构和实施,还需要带头承担更多的减排和资金援助的义务,这可能会超出中国的发展阶段和经济实力。中国当前内部面临的发展经济和满足人民对美好生活的向往等还有艰巨的任务,需要兼顾国内发展和国际或全球责任。第二,中国在全球性事务中发挥领导作用的经验和能力还不足。全球气候治理是一场深刻的全球性革命,

① Stephen Minas, "China's Climate Change Dilemma: Policy and Management for Conditions of Complexity," *Emergence: Complexity and Organization*, Vol.14, No.2, 2012, pp.40—53.

② Ross Garnaut, "China's Role in Global Climate Change Mitigation," *China & World Economy*, Vol.22, No.5, 2014, pp.2—18.

③ Zhang Chao, "Why China Should Take the Lead on Climate Change," *The Diplomat*, December 14, 2017.

④ 中国官方发布的中国共产党十九大报告英文版把引领者翻译为"torchbearer"。参见新华网,http://www.xinhuanet.com/english/download/Xi_Jinping's_report_at_19th_CPC_National_Congress.pdf。

⑤ 习近平:《推动我国生态文明建设迈上新台阶》,《求是》2019年第3期。

不光需要领导者提供物质性的减排、资金和技术等,更需要领导者提供经济社会发展转型的理念和方向,需要在复杂的国际谈判中精心筹划,设定议程,吸引和说服众多的跟从者。显然,在这方面中国还有很多欠缺和不足,需要一个积累和学习的过程。但另一方面,从本文所界定的全球气候治理国际领导概念出发,中国在某些领域无疑已经发挥重要的领导作用,并且在当下的全球气候治理中,中国也具备发挥领导作用的各种领导资源。基于上述内外因素,中国在当前全球气候治理新形势下的身份定位应该是,中国首先是全球气候治理的一个积极推动者和合作者,而与此同时,在全球气候治理的新形势下和新挑战中,中国也应该承担必要的领导责任,成为某些领域的引领者,做一个选择性的领导者。一方面,在国际气候谈判进程中成为一个建设性的协调者和贡献者,在特定的领域适当发挥积极的领导作用;另一方面,在自身内部发展道路和方向上成为一个绿色发展的积极践行者和推动者,最终成为全球低碳发展的引领者,从而可以成为全球气候治理的方向型和理念型领导者。

(二)全球气候治理新形势下中国的国际责任与作用发挥

在当前的全球气候治理新形势下,中国已经被推向前台,中国必须义不容辞地承担起自身的国际领导责任,发挥积极的选择性领导作用。这既是中国内部发展转型的内在要求,也是中国"为人类作出新的更大贡献的使命"使然。鉴于中国自身的发展状况以及中国在全球气候治理中拥有的实际领导资源(见表4),从上文所论述的"领导—跟从"两者的逻辑关系来看,中国在施加领导力发挥领导作用的过程中,必须始终关注跟从者的特质和现实需求,从构建人类命运共同体的理念出发,适当但要审慎使

表4　中国在多层次全球气候治理的领导资源

领导类型	结构型领导	方向型领导	理念型领导	工具型领导
依赖资源	强大的政治经济权力 较高的碳排放 较强的气候减缓技术	自我的成功经验 榜样与示范	科学知识、解决问题的理念或理论、解决问题的成功方案	外交资源和技巧 坚定的盟友
中国的资源	较强	中	低→中	中

资料来源:作者自制。

用中国所拥有的结构型领导资源和工具型外交资源,坚定做好榜样与示范,在低碳发展理念和低碳经济技术方面加大创新力度,真正更多依赖方向型和理念型领导,吸引更多模仿型和感召型跟从者的追随。

第一,在四种领导资源的综合运用中,中国适当但要审慎使用结构型和工具型领导资源,而大力强化方向型和理念型领导资源。上文的分析表明,多层次全球气候治理中的领导与跟从有着非常复杂的互动关系,既取决于领导者领导资源的运用,也取决于跟从者自身的特质和需要,二者相互影响,相互作用。中国在全球气候治理拥有的领导资源中,只有结构型领导资源较强,其他领导资源相对一般。但无论是从全球气候治理的特殊性出发,还是从中国的国家形象和国家实力出发,还是从中国所秉持的全球气候治理理念出发,中国不能只依赖这种较强的结构型领导资源,而应该在综合运用各种领导资源的同时,着重突出方向型和理念型领导资源的利用。要吸引更多的追随者,中国在发挥选择性领导作用的过程中必须特别关注跟从者的实际特征和气候治理需求,真正从它们的实际需要出发,从全球气候治理的公益和公意出发,提升自身的理念型和方向型领导资源。只有这样,中国才能吸引更多模仿型和感召型跟从者,而使中国在全球气候治理中的国际领导更具有持久性和合法性。

第二,坚定内部绿色发展和生态文明建设的方向,大力强化低碳发展,引领全球低碳转型的潮流。中国内部发展正面临前所未有的生态环境挑战,正如习近平总书记强调指出:"我国生态文明建设挑战重重、压力巨大、矛盾突出,推进生态文明建设还有不少难关要过,还有不少硬骨头要啃,还有不少顽瘴痼疾要治,形势仍然十分严峻。"①绿色发展和低碳转型是推进生态文明建设的关键举措和时代潮流,也是中国增强自身方向型领导资源的重要基础。全球气候治理的历史进程表明,真正在全球气候治理中发挥积极领导作用的国家(或超国家组织)都是自身生态环境保护和低碳发展比较成功的国家(或超国家组织),榜样与示范尽管是一种软性领导资源,但其是一种可持续和持久的领导资源,也是自身积累理念型领导资源的实践源泉。因此,中国在全球气候治理中要想真正发挥领导力,必须大力强化生态文明建设,着眼于长远国家利益,推动国家经济

---

① 习近平:《推动我国生态文明建设迈上新台阶》,《求是》2019 年第 3 期。

社会发展的真正低碳转型。一方面,鉴于中国庞大的人口数量和巨大的经济规模,中国的成功低碳转型就是为全球气候治理作出的重大贡献;另一方面,中国的成功也为其他发展中国家提供了可资借鉴的经验,树立了榜样,增强了中国的影响力和感召力,从而也为全球气候治理作出了贡献。

第三,坚定贯彻构建人类命运共同体理念,强化气候外交中的国际道义色彩,处理好应对全球气候变化问题上的义与利,增强中国的理念型领导资源。正如习近平主席在 2015 年巴黎气候大会开幕式的讲话中强调指出的,"作为全球治理的一个重要领域,应对气候变化的全球努力是一面镜子,给我们思考和探索未来全球治理模式、推动建设人类命运共同体带来宝贵启示","中国坚持正确义利观,积极参与气候变化国际合作"①。构建人类命运共同体绝不是空洞的,而是需要中国在实际气候治理行动中真正从人类面临的共同命运出发,在发展方式和资源选择方面真正跳出狭隘的国家利益,在维护自身国家利益的同时,要从全人类利益和其他国家的实际需要出发,切实做到"将从世界和平与发展的大义出发,为人类社会应对 21 世纪的各种挑战作出自己的贡献。"②只有这样才能真正积累坚实的理念型领导资源,吸引更多的感召型追随者。

第四,积极加强气候外交,在加强与欧盟等发达国家气候合作的同时,强化气候领域的南南合作。中国在全球气候治理中发挥选择性领导作用的一个重要前提和基础就是全球气候治理已经取得重要进展,即便是在美国宣布退出《巴黎协定》的情况下,国际社会依然坚定推进《巴黎协定》实施细则的谈判并取得了成功,这反映了国际社会坚定维护全球气候治理的决心和意志。在这一进程中欧盟、中国和小岛屿发展中国家等发挥了积极的建设性作用,中国已经与欧盟在气候合作方面取得重要成果,2018 年中欧第二十次领导人会晤共同发布《中欧领导人气候变化和清洁能源联合声明》③,并通过中欧加气候行动部长级会议、二十国集团峰会

---

① 习近平:《携手构建合作共赢、公平合理的气候变化治理机制——在气候变化巴黎大会开幕式上的讲话》,新华网,http://www.xinhuanet.com/world/2015-12/01/c_1117309642.htm。

② 《习近平主席 2014 年 3 月 28 日在德国科尔伯基金会的演讲》,新华网,http://news.xinhuanet.com/world/2014-03/29/c_1110007614.htm。

③ 《第二十次中国欧盟领导人会晤联合声明》,新华网,http://www.xinhuanet.com/politics/2018-07/16/c_1123133778.htm。

(G20)等国际机制进行了有效的协调与合作。中国要持续推动国际社会在全球气候治理的巴黎进程中取得更大突破,带头落实《巴黎协定》实施细则,支持和配合欧盟在全球气候治理中发挥更大的领导作用,积极发挥全球气候治理的工具型领导,推动全球气候治理从制度建设真正走向行动落实阶段,推动《巴黎协定》目标的实现。与此同时,中国正在大力推动"一带一路"倡议,强化与中亚、东欧、东南亚等发展中国家的经贸合作,推动与这些国家和地区的政策沟通、设施联通、贸易畅通、资金融通、民心相通("五通")。在这一国际合作重大工程中,鉴于这些国家和地区敏感而脆弱的生态环境状况以及这些国家和地区发展经济面临的巨大减排压力,需要中国在"一带一路"建设中切实强化气候治理南南合作,坚持绿色"一带一路"建设理念,同这些国家一道,"把绿色作为底色,推动绿色基础设施建设、绿色投资、绿色金融,保护好我们赖以生存的共同家园"。①

---

① 习近平:《齐心开创共建"一带一路"美好未来——在第二届"一带一路"国际合作高峰论坛开幕式上的主旨演讲》,新华网,http://www.xinhuanet.com/world/2019-04/26/c_1210119584.htm。

气候变化《巴黎协定》的逻辑及其不足 *

高　翔 **

【内容提要】《巴黎协定》基于《联合国气候变化框架公约》及《京都议定书》二十余年的实践，强化了全球气候治理体系。《巴黎协定》以国家自主贡献为核心，通过透明度机制确保体系运行所需信息，形成两个行动反馈机制：一是以促进履行和遵约机制帮助和督促各方履约，二是以全球盘点机制督促缔约方集体和个体不断提高行动力度，从而最终实现协定目标。然而这一体系在实践中还面临信息滞后、部分必要信息不透明、基于假设推动决策、无法确保发展中国家获得有效的资金和技术支持等严重不足。这表明这一体系对于应对气候变化长远决策和跟踪实施进展有益，但需注意合理利用其机制和结论支撑短期决策。

【关键词】 气候变化；全球气候治理；巴黎协定；国际法

【Abstract】 Based on two-decade practices under the UNFCCC and its Kyoto Protocol, the Paris Agreement established a system which centers on "nationally determined contribution", with a transparency framework ensuring information flow. Two feedback loops have been formulated under the system. One mechanism has been designed to support and facilitate implementation and compliance. The global stocktake mechanism encourages Parties to enhance ambition both at individual level and aggregate level. By doing so, it is logical that the system would lead to the achievement of the goal set by Paris Agreement. However, the system still faces significant deficiency, such as lack of timeliness on information, information needed being partially transparent, some of the decisions to be made based on hypothesis, and lack of assurance for developing countries to get finance and technology support in an efficient manner. It is concluded that the system under the Paris Agreement is beneficial to long-term climate change policy decision and tracking progress of actions, while it should be cautious to make short-term decision based on the mechanisms of and outcomes from the system.

【Key Words】 Climate Change, Global Climate governance, Paris Agreement, International Law

---

* 本文得到"科学技术部国家重点研发计划课题"（项目编号：2017YFA0605301）的支持。

** 高翔，国家应对气候变化战略研究和国际合作中心研究员。

《巴黎协定》是国际社会达成的最新一项应对气候变化国际条约。在2018年底的卡托维兹气候大会就《巴黎协定》一揽子实施细则达成一致后,实施协定所需的各项条件、程序、机构已经基本就绪。《巴黎协定》即将进入全面实施阶段。然而,从协定条款和实施细则规定看,《巴黎协定》是否能按照各方预期有效推进全球气候治理,还存在机制性缺陷,尤其是在如何提高各国行动力度方面,行动与反馈机制存在不足。

一、全球气候治理机制的演变

自1988年世界气象组织和联合国环境署共同组建政府间气候变化专门委员会(IPCC),探讨全球气候变化的原因、影响以及应对以来,IPCC通过历次综合评估报告和特别报告,为全球决策者提供了重要的应对气候变化决策参考。其中IPCC在1990年发布的第一次评估报告第三卷[1],回应了第44届联合国大会决议[2],认为应当达成一个气候变化框架公约,并且这一公约应当参照《保护臭氧层的维也纳公约》模式,包括原则、义务、机构安排、争端解决、条约附件和议定书等。IPCC基于学界的研究,为各国决策者提出了一份"气候变化框架公约可能包括的要素"文件,并识别出每个部分相应的要点和需要谈判解决的问题。基于IPCC的这些建议,1990年12月联合国大会决定组建政府间谈判委员会(Intergovernmental Negotiating Committee,简称INC),开启了关于全球气候变化国际条约的谈判。[3]到1992年,各国通过谈判达成了《联合国气候变化框架公约》(以下简称《公约》),形成国际社会共同应对气候变化的第一次政治共识[4],随

---

[1] IPCC, Climate Change: The IPCC Response Strategies, Geneva: World Meteorological Organization/United Nations Environment Program, 1990, pp.257—268.

[2] UN General Assembly, Protection of global climate for present and future generations of mankind, *UNGA Resolution 44/207*, December 1989.

[3] UN General Assembly, Protection of global climate for present and future generations of mankind, *UNGA Resolution 45/212*, December 1990.

[4] 高翔、高云:《全球气候治理规则体系基于科学和实践的演进》,载谢伏瞻、刘雅鸣主编:《应对气候变化报告(2018)——聚首卡托维兹》,社会科学文献出版社2018年版,第128—141页。

后,国际社会陆续达成《京都议定书》《巴黎协定》等国际气候条约,以及"马拉喀什协定""坎昆协议""卡托维兹一揽子实施细则"等缔约方会议决定,共同构成全球气候治理机制的框架。

（一）全球气候治理主体的演变

《公约》及其《京都议定书》和《巴黎协定》是全球气候治理的主渠道,提供了可操作的国际规范。①作为国际条约,《公约》第22.1条和第22.2条明确规定,其条约主体是主权国家或区域经济一体化组织。

《公约》对缔约方的分类有两种:一种是按照发达国家和发展中国家分类,这种分类广泛存在于《公约》条款,泛指缔约方中存在不同国家类别;另一种是按照《公约》附件,将缔约方分为附件一缔约方②、附件二缔约方和非附件一缔约方,这种分类用于为不同属性的缔约方设定义务。

《公约》的附件一缔约方是20世纪90年代初期的发达经济体,包括经合组织（OECD）成员③、欧洲经济共同体、东中欧和原苏联的部分经济转型国家、列支敦士登和摩纳哥。附件二缔约方则是当时除土耳其外的所有经合组织成员国,以及欧洲经济共同体。在1992年以后,陆续有墨西哥（1994年）、韩国（1996年）、智利（2010年）和以色列（2010年）加入经合组织,但《公约》并未因此调整其附件一。附件一的调整仅出现在一种情况,即因马耳他④和塞浦路斯⑤加入欧盟,被增列入《公约》附件一。

《京都议定书》完全遵照《公约》对于缔约方的分类。《巴黎协定》则完

---

① 巢清尘等:《巴黎协定——全球气候治理的新起点》,《气候变化研究进展》2016年第1期,第61—67页;徐宏:《人类命运共同体与国际法》,《国际法研究》2018年第5期,第5—16页。

② 欧盟（时称欧洲经济共同体）在《公约》中被表述为"附件一中的其他缔约方"、"附件二中的其他发达缔约方"。本文为避免冗长,皆以"国家"或"缔约方"涵盖。

③ 根据成员国加入OECD的时间,1992年《公约》达成时,当时所有的OECD成员国都列入了附件一。OECD,"List of OECD Member countries-Ratification of the Convention on the OECD," July,2019,http://www.oecd.org/about/document/list-oecd-member-countries.htm.

④ UNFCCC, Amendment to Annex I to the Convention, *UNFCCC Decision 3/CP. 15*, December 2009.

⑤ UNFCCC, Amendment to Annex I to the Convention, *UNFCCC Decision 10/CP. 17*, December 2011.

全回避了《公约》附件,仅针对发达国家和发展中国家设定履约义务。[1]

在国际条约外,一方面,主要国家还通过二十国集团、主要经济体能源和气候论坛(MEF)、气候行动部长级论坛(MOCA)等渠道讨论如何更好推进全球应对气候变化合作,凝聚政治共识,为国际条约下的谈判和各国开展务实行动提供政治指导[2];另一方面,地方政府、企业、非政府组织、土著人和社区等非国家行为体[3]也积极参与全球气候治理,既在其所属缔约方范围内开展和推动应对气候变化行动,促进缔约方履约,也越来越多地参与国际条约内外的国际性活动,得到缔约方会议的认可。[4]然而从条约主体的角度来看,非国家行为体不能与主权国家一样参与条约下的谈判和决策。

(二) 全球气候治理规则的演变

在国际条约下,全球气候治理的规则主要分为两类:一类是对缔约方需履行实质性义务的规定,另一类是程序性规则。

从《公约》到《巴黎协定》,无论是针对发达国家还是发展中国家,主要的履约实质性义务包括三项:控制温室气体排放,开展适应气候变化的行动,向发展中国家提供资金、技术和能力建设支持。在控制温室气体排放方面,由于发达国家和发展中国家对全球气候变化负有共同但有区别的责任,也处于不同的发展阶段,应对气候变化的能力差异较大,因此无论是《公约》、《京都议定书》还是《巴黎协定》,都为两者设立了共同但有区别的义务,如《京都议定书》仅针对发达国家设定量化减排目标,《巴黎协定》

---

[1] 薄燕:《〈巴黎协定〉坚持的"共区原则"与国际气候治理机制的变迁》,《气候变化研究进展》2016 年第 3 期,第 243—250 页。

[2] Robert Keohane and David Victor, "The Regime Complex for Climate Change," *Perspectives on Politics*, Vol.9, No.1, 2011, pp.7—23;高翔等:《气候公约外多边机制对气候公约的影响》,《世界经济与政治》2012 年第 4 期,第 59—71 页;雷丹婧等:《中美两国全球气候治理行动模式的对比分析》,《中国能源》2018 年第 2 期,第 27—31 页;李慧明:《全球气候治理碎片化时代:国际领导供给与中国的战略选择》,《社会科学文摘》2016 年第 1 期,第 13—15 页;许琳、陈迎:《全球气候治理与中国的战略选择》,《世界经济与政治》2013 年第 1期,第 116—134、159 页。

[3] 董亮:《跨国气候伙伴关系治理及其对中国的启示》,《中国人口·资源与环境》2017 年第 9 期,第 120—127 页;李昕蕾:《治理嵌构:全球气候治理机制复合体的演进逻辑》,《欧洲研究》2018 年第 2 期,第 91—116、7—8 页。

[4] UNFCCC, Adoption of the Paris Agreement, *UNFCCC Decision 1/CP.21*, December 2015,第 133—136 段。

则要求发达国家提出全球经济范围量化减排目标,而发展中国家可以根据国情提出多元化的排放控制目标。①在适应气候变化方面,三个条约都强调适应的重要性,但是都没有明确开展适应行动的具体内容和提出量化要求,也没有区分发达国家和发展中国家在这方面的义务。②在向发展中国家提供支持方面,《公约》明确规定附件二缔约方承担向发展中国家提供资金的义务,《京都议定书》继承了《公约》的规定,而《巴黎协定》则规定发达国家有向发展中国家提供资金支持的强制性义务,但同时鼓励其他国家也提供支持,与《公约》的规定相比发生了显著演变。

程序性规则主要也包括三项:透明度、全球盘点和争端解决。透明度一般指履约信息的报告、审评和多边审议。《公约》第 12 条规定所有缔约方要提交国家温室气体清单和履约信息报告,第 10.2(b)条规定要对发达国家报告的信息进行审评,这是整个国际气候变化法体系下透明度规则的渊源。后续的《公约》缔约方会议决定逐渐构建和完善了涵盖发达国家和发展中国家的透明度体系。《京都议定书》仅针对发达国家提出了报告和审评要求,《巴黎协定》则在既有规则和实践的基础上,建立了对应于《巴黎协定》缔约方义务的强化透明度规则。从《公约》到《巴黎协定》,国际社会逐渐构建了从"严格二分"到"对称二分"再到"共同增强"的透明度规则体系。③全球盘点虽然是《巴黎协定》建立的新机制,但实际上《公约》在第10.2(a)条就规定要对全球采取的应对气候变化行动及其效果进行评估。在争端解决方面,《公约》第 13 条要求建立机制解决与履约有关的争议,但关于该机制的谈判一直未能达成一致,直到 2001 年《马拉喀什协定》就《京都议定书》遵约机制达成共识,《公约》下就不再讨论该问题;《京都议定书》建立了由促进实施事务组和强制执行事务组组成的遵约委员会,解决与缔约方履行议定书义务相关的问题,尤其是发达国家能否按要求完成《京都议

---

① 高翔:《〈巴黎协定〉与国际减缓气候变化合作模式的变迁》,《气候变化研究进展》2016 年第 2 期,第 83—91 页。

② 陈敏鹏等:《〈巴黎协定〉适应和损失损害内容的解读和对策》,《气候变化研究进展》2016 年第 3 期,第 251—257 页。

③ Tian Wang and Xiang Gao, "Reflection and operationalization of the common but differentiated responsibilities and respective capabilities principle in the transparency framework under the international climate change regime," Advances in Climate Change Research, Vol.9, No.4, 2018, pp.253—263.

定书》附件 B 所规定的量化减排目标;《巴黎协定》建立的促进履行和遵约委员会则未分事务组,职权范围也与《京都议定书》遵约委员会有所不同,尤其是由于《巴黎协定》规定各国"自下而上"提出国家自主贡献,是否完成自主提出的目标并不具有国际法律约束力,因此促进履行和遵约委员会无法对各国是否实现国家自主贡献目标进行审议、裁决,甚至采取强制性措施。

　　总的来说,全球气候治理机制在过去近三十年间发生了显著变迁,但《公约》及其《京都议定书》和《巴黎协定》由于其合法性、普遍性和权威性,始终是这一机制的核心,这一地位在可以预见的未来也不会改变。[①]在国际气候变化法体系下,各国在全球气候治理中承担的实质性义务、条约的程序性规则都在发生着从严格区分发达国家和发展中国家的"严格二分"模式,到发达国家与发展中国家平行强化的"对称二分"模式,再到所有国家向着共同的目标、在通用的规则下提高行动力度和透明度的"共同增强"模式,呈现出明显的趋同态势。发达国家与发展中国家因其对造成全球气候变化的历史责任不同,仍承担共同但有区别的责任,但由于国际经验的积累、发展中国家转变发展模式的意愿、国家治理和应对气候变化能力的提高,两者在全球气候治理中采取的行动有了更多的相似点。不过由于各国,尤其是发展中国家的发展阶段、资源禀赋、治理结构、文化习惯等仍存在很大差异,全球气候治理在共同目标和通用规则的同时,尊重各国自主意愿、为发展中国家提供履约灵活性仍十分必要。

二、《巴黎协定》的逻辑

　　《巴黎协定》是全球所有的 197 个《联合国气候变化框架公约》缔约方一致同意达成的全面、平衡、可持续的国际协议[②],既推动全球气候治理向着共同目标和行动向前迈进了一步,又充分照顾到了各方利益和履约的现实

① 薄燕、高翔:《中国与全球气候治理机制的变迁》,上海人民出版社 2017 年版,第 276 页。

② 解振华:《应对气候变化挑战,促进绿色低碳发展》,《城市与环境研究》2017 年第 1 期,第 3—11 页;刘振民:《全球气候治理中的中国贡献》,《求是》2016 年第 7 期,第 56—58 页;何建坤:《全球气候治理新机制与中国经济的低碳转型》,《武汉大学学报(哲学社会科学版)》2016 年第 4 期,第 5—12 页。

需求,成为历史上生效最快的国际环境条约。《巴黎协定》的预期是建立和运行有效的规则体系,促进各国高质量履行在条约下的实质性义务和程序性义务,并不断提高履约力度,最终实现《公约》第2条和《巴黎协定》第2条所确立的全球应对气候变化共同目标。为此,《巴黎协定》基本可分为四部分:全球目标、缔约方需履行的实质性义务、协定的程序性规则、国际法的其他要件。

(一)《巴黎协定》确立的全球目标

《巴黎协定》设立了三项全球目标。

第一,把全球平均气温升幅控制在工业化前水平以上低于2℃之内,并努力将气温升幅限制在工业化前水平以上1.5℃之内,同时认识到这将大大减少气候变化的风险和影响,并实现温室气体低排放发展。[①]这一目标呼应《公约》第2条提出的"将大气中温室气体的浓度稳定在防止气候系统受到危险的人为干扰的水平上"。自从《公约》达成以来,科学界和各国决策者们一直在讨论什么样的人为温室气体排放水平,会使气候系统受到危险。政府间气候变化专门委员会(IPCC)在历次评估报告中试图就此给出回答。然而从科学上说,对风险的判断既有客观方法和标准,也存在很大的主观性,还存在对承担风险损失和为避免风险需支付成本的权衡,因此IPCC在评估报告中只是识别出重要的风险领域和不同温升情景下可能的后果,并不给出全球需要将风险控制在何种程度,以及相应的温升控制水平的结论。对风险接受程度和全球温升控制目标的选择是一个政治决策。这一决策最早出现在2009年主要经济体能源和气候论坛首脑峰会上,包括中国、美国、欧盟等在内的17个主要经济体认为,全球气候治理的目标,应当是将全球平均气温升幅控制在工业化前水平以上低于2℃之内。随后在不具有法律效力的"哥本哈根协定"[②]和《公约》缔约方会议达成的"坎昆协议"[③]中,2℃被作为全球气候治理的目标。[④]同时,"哥本哈根

---

① 此为《巴黎协定》第2条第1(a)款和1(b)款的部分。

② UNFCCC, Copenhagen Accord, *UNFCCC Decision 2/CP.15*, December 2009,第1段。

③ UNFCCC, The Cancun Agreements: Outcome of the work of the Ad Hoc Working Group on Long-term Cooperative Action under the Convention, *UNFCCC Decision 1/CP.16*, December 2010,第4段。

④ Yun Gao, et al., "The 2℃ Global Temperature Target and the Evolution of the Long-Term Goal of Addressing Climate Change—From the United Nations Framework Convention on Climate Change to the Paris Agreement," *Engineering*, Vol.3, No.2, 2017, pp.272—278.

协定"和"坎昆协议"也都提出需要对将温升控制在 1.5 ℃ 的问题进行评估。IPCC 在 2013—2014 年期间发布的第五次评估报告没有对 1.5 ℃ 的问题给出科学评估,但是对实现全球 2 ℃ 目标所需要控制的温室气体排放量和典型排放路径给出了科学评估结论。①到 2015 年 12 月《巴黎协定》谈判进入最终阶段,各国对 2 ℃ 目标已经形成共识,决定将其写入条约。然而根据当时各国已经提交的"国家自主贡献意向"(INDC)来看,各国 2030 年的集体减排力度并不符合 IPCC 第五次评估报告给出的典型排放路径,不足以将全球温升控制在 2 ℃ 以内。在这种情况下,《巴黎协定》是否还有必要写入"努力将气温升幅限制在工业化前水平以上 1.5 ℃ 之内"的目标,还是应该着眼于缔约方的实质性义务和程序性规则,以确保 2 ℃ 能够实现,鼓励各国做得更好? 最终,为确保《巴黎协定》能够被广泛接受,尤其是小岛屿发展中国家和最不发达国家对此有强烈的意愿,在各方的谈判妥协下,《巴黎协定》将 1.5 ℃ 也纳入了目标,并由《公约》缔约方会议邀请 IPCC 开展科学评估,以便决策者理解实现 1.5 ℃ 目标时的地球气候系统状态、气候变化影响和风险、应对气候变化所需采取的措施。IPCC 这一特别报告在 2018 年发布,初步回答了这些问题,但是并未解答实现 1.5 ℃ 目标是否在技术应用上能得到支撑、技术发展路径和各国决策需要付出的成本有多大等科学决策无法回避的问题。

第二,提高适应气候变化不利影响的能力,并以不威胁粮食生产的方式增强气候复原力。这一条目标呼应《公约》第 2 条提出的"这一水平应当在足以使生态系统能够自然地适应气候变化、确保粮食生产免受威胁并使经济发展能够可持续地进行的时间范围内实现"。相比上一条目标,这一条目标更加抽象,因为适应气候变化的能力既取决于气候变化的强度,也取决于各地的地理、水文、生态系统、人口分布、经济结构等多种因素,没有统一的判断依据,因此很难确定一个与适应相关的具体、可量化的全球目标,更大程度上应是各国在这一目标的思想指导下,自行设定国家适应目标并开展行动。

第三,使资金流动符合温室气体低排放和气候适应型发展的路径。

---

① 傅莎等:《IPCC 第五次评估报告历史排放趋势和未来减缓情景相关核心结论解读分析》,《气候变化研究进展》2014 年第 5 期,第 323—330 页。

这是一条新的目标,《公约》中不存在类似的规定。这一条的主要目的是支持气候友好技术和行动,限制高碳、高排放、破坏生态系统功能、损伤适应能力的生产和生活活动。然而这一条款含义甚广,或者说并未说明这里所指的"资金流动"是国际资金流动,还是国内资金流动。对于国际资金流动而言,在《公约》、《京都议定书》乃至《巴黎协定》本身,其实质性条款中的资金流动只有两类,一是向发展中国家提供的资金支持,二是《京都议定书》下因参与清洁发展机制、联合履约机制和国际排放交易等灵活履约机制而伴随的投资或交易,然而本条款的国际资金流动是否还包括一般性的国际商业投资、国际发展援助等并不清楚。而《巴黎协定》后续条款中,并未涉及各国国内资金流动的内容。

(二)《巴黎协定》为缔约方设立的实质性义务

《巴黎协定》为缔约方设立的实质性义务有两类,六项,涉及协定的第3—12条。

第一类是综合性义务,即各国要实施并通报国家自主贡献(NDC)。这是《巴黎协定》的核心。国家自主贡献有两个方面与《公约》和《京都议定书》设定缔约方实质性义务的显著不同。一是范围不同。《公约》第4条设定缔约方实质性义务虽然也包含减缓、适应、资金、技术等各要素,但并没有一个涵盖各要素的综合性义务;《京都议定书》延续了《公约》的做法,并且侧重于为《公约》附件一缔约方设立量化减排义务。然而《巴黎协定》第3条明确指出国家自主贡献涵盖协定第4、7、9、10、11、13条的内容,也即是全面包括了减缓、适应、资金、技术、能力建设、透明度的所有领域。二是义务设定的模式不同。《公约》虽然要求缔约方在减缓、适应等方面制定目标、开展行动,但并没有明确规定何时、如何制定和通报等具体要求;《京都议定书》则采取了"自上而下"模式,在条约及其附件中为相应缔约方设定减排目标、减排范围、核算规则、灵活履约机制、执行期;《巴黎协定》则是充分尊重缔约方意愿,采取"自下而上"国家自主的模式,只要求各国按期、按规则透明地通报国家自主贡献,至于自主贡献的范围、力度等,都由各国自行决定。

第二类是主题性义务,即减缓、适应、资金、技术、能力建设等五项。减缓即控制温室气体排放,也涵盖第5条对温室气体吸收汇和第6条对国际碳市场机制与非市场机制的规定。由于从属于国家自主贡献,因此各国减缓目标覆盖的排放部门、温室气体种类、执行期、减排力度、是否采用国际灵活履约机制等,都由各国自主决定,也因此,国家自主贡献的信息透明度十分重要。适应气候变化一直是发展中国家的主要利益诉求,也涵盖第 8 条对避免因气候变化造成损失与损害的规定。发展中国家认为其对造成全球气候变化的责任小,但受到气候变化的影响严重,且缺乏适应能力,因此要求全球气候治理体系重视适应问题,尤其是向发展中国家提供适应气候变化的支持。《巴黎协定》虽然强调了各国都要采取措施适应气候变化的重要性,甚至提出了设立全球适应目标,开展全球适应合作,但是在可操作的内容方面,实际上只提出了各国编写并提交"适应信息通报"的要求,而这实际上属于透明度的程序性规则。在资金方面,《巴黎协定》既设定了实质性义务,即发达国家有义务向发展中国家提供资金支持,也设定了程序性义务,即发达国家有义务每两年通报一次计划提供的资金和已经提供的资金信息;同时协定还鼓励其他国家如此做。技术和能力建设领域的缔约方义务有类似之处,都同时强调了各国国内的行动,也强调了加强国际合作,但是如何落实技术开发与转移、提高发展中国家能力,协定则并未给出明确规定。

《巴黎协定》为缔约方设立的综合性义务和主题性义务,从表面上看应该是国家自主贡献涵盖减缓、适应、资金、技术、能力建设、透明度的所有领域的关系,然而各国在解读和履约时存在严重分歧,主要表现在两个方面。

第一,"《巴黎协定》第 4 条下所指的国家自主贡献",其指代范围是什么? 根据 2015 年《公约》缔约方会议决定,作为《巴黎协定》实施细则的一部分,各方在 2016—2018 年间就制定"与《公约》缔约方会议第 1/CP.21 号决定减缓部分相关的细化导则"①开展了谈判。这一谈判的授权来自第 1/CP.21 号决定中的第 26、28 和 31 段,分别要求明确国家自主贡献的特征、国家自主贡献的信息导则、第 4.13 条下国家自主贡献的核算导则。发达国家认为,这一谈判应该只针对减缓的内容开展,因为一方面,上述三段谈判授权在第 1/CP.21 号决定中都从属于"减缓"这一章节标题,另一方面《巴黎协定》第 3 条所指的国家自主贡献确实是包括减缓、适应、资金、技

---

① UNFCCC, Revised provisional agenda, *FCCC/APA/2016/L.1*, May 2016.

术、能力建设、透明度等所有内容的,但由于有专门的第 7、9、10、11、13 条分别规定适应、资金、技术、能力建设、透明度的内容,因此第 4 条应该仅指减缓。以中国为代表的一部分发展中国家则认为,一方面根据《巴黎协定》第 3 条,国家自主贡献是全面的,而第 4 条并未明示该条款只涉及减缓,另一方面谈判授权这三段话也并未明示只包括减缓的内容,因此相应的谈判和成果应该是全要素的。最终在 2018 年达成的《巴黎协定》实施细则中,本议题谈判的成果主要适用于减缓的内容,但也指出如果缔约方在国家自主贡献中包含了适应的内容,也可以报告,且可以把国家自主贡献的信息报告作为"适应信息通报"的一种渠道①,在"《巴黎协定》第 4 条下所指的国家自主贡献"进展的报告中,也可以报告适应等其他内容②。

第二,如何理解《巴黎协定》第 3 段的法律效力? 所有缔约方都不否认,国家自主贡献可以是全要素的,但是发达国家认为《巴黎协定》第 3 段讲的是"作为全球应对气候变化的国家自主贡献,所有缔约方将(are to)采取并通报第 4 条、第 7 条、第 9 条、第 10 条、第 11 条和第 13 条所界定的有力度的努力",这只是对一种客观事实的陈述,并不是为缔约方设定国家自主贡献应(shall)包括全要素的义务。发达国家承认其在相应条款下开展适应行动,向发展中国家提供资金、技术、能力建设支持,强化透明度的义务,但认为这些并不成为其国家自主贡献的组成部分,且如果规定国家自主贡献必须是全要素,就违背了国家自主的性质。发展中国家虽然坚持认为国家自主贡献是全要素的,但最终无法强制发达国家照此执行。实际上,尽管第 3 条下的国家自主贡献包含了第 13 条关于透明度的内容,但是没有缔约方认为强化透明度是国家自主贡献的内容,而只是程序性规则。

(三)《巴黎协定》的程序性规则

在为缔约方设立实质性义务的同时,《巴黎协定》也建立和强化了三项程序性规则。

---

① UNFCCC, Further guidance in relation to the mitigation section of decision 1/CP. 21, *UNFCCC Decision 4/CMA.1*, December 2018.

② UNFCCC, Modalities, procedures and guidelines for the transparency framework for action and support referred to in Article 13 of the Paris Agreement, *UNFCCC Decision 18/CMA.1*, December 2018.

第一,透明度规则。透明度规则既是条约的程序性机制,同时也是给缔约方设定的程序性义务。如前文所述,这一规则并非新设,而是在《公约》下既有规则和经验基础上的强化,但在《巴黎协定》下,这一规则有狭义和广义之分。狭义的透明度规则仅指《巴黎协定》第 13 条所规定的报告、审评和多边审议,包括国家温室气体清单、国家自主贡献进展、适应目标与行动、提供的支持、收到的支持、对支持的需求等各方面,这与《公约》下既有安排一脉相承。广义的透明度规则包括了在《巴黎协定》第 4 条下的国家自主贡献"事前"信息和核算规则的报告、第 7 条下的"适应信息通报"、第 9 条下的拟提供资金支持双年预报,以及第 11 条下的强化能力建设信息报告。

第二,全球盘点。与透明度规则不同,《巴黎协定》建立的全球盘点虽然也是一种程序性机制,但并不是要求单一缔约方履行的义务。全球盘点旨在通过每五年一次收集气候变化科学、目标、政策与行动、实施效果与进展等方面的信息,汇总评估得出全球应对气候变化的概貌,帮助全球气候治理各行为主体了解全球趋势,从而作出应对气候变化的更佳决策,共同推动全球努力向前进展,逐步实现《巴黎协定》确定的目标。

第三,促进履行和遵约规则。这一规则同样也只是条约的程序性机制,而不是缔约方的义务。与全球盘点所不同的是,促进履行和遵约规则分析评估的重点是单一缔约方履行协定的努力。然而由于《巴黎协定》确立的国家自主贡献机制要求各国自己提出行动目标,并且各国的目标并不是国际条约的组成部分,因此是否完成国家自主贡献提出的目标,不能成为促进履行和遵约规则评估的对象。根据缔约方达成的《巴黎协定》实施细则,促进履行和遵约规则评估和处理的主要包括四类问题:第一,缔约方书面提出的关于自身履约的任何问题;第二,缔约方是否履行了《巴黎协定》规定的强制性义务,如提交国家自主贡献;第三,在当事缔约方同意的情况下,就其在《巴黎协定》第 13.7 条和第 13.9 条的报告所出现的严重性、持续性问题进行审议;第四,多个缔约方都出现的系统性履约问题①。其中

① Zihua Gu et al., "Facilitating Implementation and Promoting Compliance with the Paris Agreement Under Article 15: Conceptual Challenges and Pragmatic Choices," *Climate Law*, Vol.9, 2019, pp.65—100.

处理第四类问题是《京都议定书》遵约机制不存在的功能。

（四）《巴黎协定》的其他条款

除了上述内容外，《巴黎协定》还有第 1 条界定相关术语，第 16—19 条确立了缔约方会议、秘书处、附属履行机构、附属科技咨询机构等《巴黎协定》的相应机构，第 20—29 条规定了条约的生效、修订、退出、表决等事宜。美国总统特朗普（Donald Trump）就任后，于 2017 年 6 月 1 日宣布美国将退出《巴黎协定》①，并于 8 月 4 日向联合国递交了照会②。根据《巴黎协定》第 28 条，美国如果不正式改变其立场，则其退出声明将自 2019 年 11 月 4 日《巴黎协定》生效三周年时开始计时，满一年后退出正式生效。

（五）《巴黎协定》的行动与反馈机制

《公约》的逻辑是，为了实现"将大气中温室气体的浓度稳定在防止气候系统受到危险的人为干扰的水平上"的目标，所有缔约方需要控制温室气体排放，当然这些排放控制的行动要在促进各国可持续发展而不是阻碍发展的前提下进行，其中发达国家由于其对造成全球气候变化所担负的巨大历史责任，因此必须率先大幅度减排；然而考虑到控制排放、减缓气候变化是一个漫长的过程，因此所有缔约方也急迫地需要采取适应气候变化的行动；与此同时，由于发展中国家的历史责任小且能力不足，他们无论在减缓还是适应方面，都应得到资金、技术和能力建设支持。对于发达国家和全球整体的履约进展，还应进行评估考虑。

在《公约》的逻辑下，各国一方面构建信息报告、审评等透明度机制，以了解履约进展，另一方面通过谈判达成了《京都议定书》，"自上而下"为发达国家设定了量化减排目标，并规范了测量、报告、核实、遵约体系。然而随着发达国家的人口增长趋缓，基础设施建设进入维系更新和改良阶段，经济全球化导致的产业分工格局变化和已经完成的资本积累促成发达国家实现了经济转型，发达国家的温室气体排放出现显著下降；而与之相对

---

① Donald Trump, "Statement by President Trump on the Paris Climate Accord," Washington D.C.: The White House, June 2017, https://www.whitehouse.gov/the-press-office/2017/06/01/statement-president-trump-paris-climate-accord.

② U.S. Department of State, "Communication Regarding Intent To Withdraw From Paris Agreement," August 2017, https://www.state.gov/r/pa/prs/ps/2017/08/273050.htm.

应的则是发展中国家排放随着经济社会发展迅速提升。《京都议定书》只针对发达国家设定减排目标的做法,其有效性受到质疑。

"坎昆协议"开启了新的尝试。发达国家和发展中国家都"自下而上"地提出温室气体排放控制目标,其中发达国家提出全经济范围量化减排目标,发展中国家根据自己国情实施的国家适当减缓行动则具有多元化的模式,同时通过强化透明度规则建立互信。

《巴黎协定》借鉴了《公约》、《京都议定书》、"坎昆协议"的做法,形成如图1所示的逻辑。

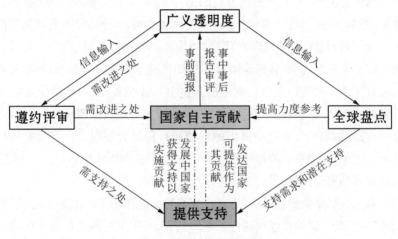

图1 《巴黎协定》的逻辑

第一,《巴黎协定》的核心是国家自主贡献。采取行动是应对气候变化的根本,任何好听的、有力度的目标和口号,如果不能落实到行动,都无助于实现《公约》和巴黎协定》设定的目标。《巴黎协定》继承了"坎昆协议"的"自下而上"由缔约方自行提出行动计划和目标的模式,但又与"坎昆协议"有两点显著区别。一是法律约束力更强。"坎昆协议"作为《公约》缔约方会议决定,并不构成缔约方义务,因此并非所有《公约》的缔约方都按照决定要求报告了拟开展的行动和目标。二是范围更广。相比"坎昆协议"下的行动和目标聚焦减缓排放,《巴黎协定》下的国家自主贡献可以是涵盖减缓、适应、资金、技术、能力建设,甚至透明度的,其贡献的范围可以更广。然而也正因为缔约方之间存在如上文所述的分歧，尤其是承担向发展中国家提供支持义务的发达国家，并不认为这些支持属于其国家自主贡献，因此，如图 1 所示，一方面本研究认为提供支持可以成为国家自主贡献的一部分，但这取决于发达国家自身的意愿，两者是不确定衔接的关系，另一方面，获得支持有助于发展中国家实施其国家自主贡献，支持对发展中国家而言，有部分先决条件的意义。

第二，《巴黎协定》运行的关键是透明度。透明度机制提供了协定运行所需的信息流，并且通过专家审评和多边审议，在尊重国家主权、尊重国家贡献的自主性、不干涉国家内政的前提下，最大可能确保信息的透明、准确、完备、一致、可比，从而为促进履行和遵约机制、全球盘点机制提供信息基础。透明度既包括"事前"信息，如缔约方根据协定要求，每五年通报或更新拟采取的行动、目标等国家自主贡献，也包括"事中"信息，即在实施国家自主贡献的过程中取得的进展和温室气体排放量、所需的资金支持需求等相关信息，还包括"事后"信息，即在国家自主贡献预定的时间结束后，自我评估和报告贡献中提出的行动和目标是否实现。在透明度机制之后，《巴黎协定》建立的程序性规则分为了两支，如图 1 所示，其中一支是促进履行和遵约机制，另一支是全球盘点机制。

第三，《巴黎协定》依托促进履行和遵约机制督促缔约方履约，解决"有没有"的问题。遵约审评通过与当事缔约方、协定下的相关机构和机制对话，共同识别缔约方个体是否履约，以及如果没有很好履约的话，需如何改进，包括关于向当事缔约方提供必要资金、技术和能力建设支持的建议，如图 1 所示；同时还可针对未能履行广义透明度义务的行为发出通告，以督促缔约方履约。根据促进履行和遵约机制的授权，这些改进建议一般针对广义透明度义务的履行和相应规则的实施，不能就缔约方是否能实现国家自主贡献目标进行审议和采取措施；但根据实施细则第 20 段①，在缔约方自愿的情况下，也可以针对如何更好地制定和实施国家自主贡献进行审议，并提出建议。

---

① UNFCCC, Modalities and procedures for the effective operation of the committee to facilitate implementation and promote compliance referred to in Article 15, paragraph 2, of the Paris Agreement, *UNFCCC Decision 20/CMA.1*, December 2018.

第四,《巴黎协定》依托全球盘点机制督促缔约方集体和个体不断提高行动力度,从而最终实现协定目标,解决"好不好"的问题。缔约方通报的信息是全球盘点的当然来源,也是最重要的来源。除此之外,全球盘点还可以广泛收集各类有关信息,共同丰富全球决策者的知识和决策依据,包括科学的要求、技术的进步、商业的潜力、公众的意愿、各国的优良做法等。基于定期盘点这些信息,《巴黎协定》希望各国认真对待应对气候变化形势日益严峻的科学事实,看到技术进步给应对气候变化行动带来的变化,借鉴其他国家好的政策和做法,从而不断提高本国自主贡献的目标和实施力度,如图1所示,形成全球各国相互促进的氛围。与此同时,全球盘点也需要对发展中国家面临的资金、技术和能力建设不足进行盘点,识别潜在的支持来源,这些信息也应当作为发达国家提高支持力度的依据。

如此,《巴黎协定》构成了"双环型"的闭合逻辑:从国家自主贡献出发,通过实施广义透明度规则获得必要的履约信息,并建立缔约方之间的互信;基于这些信息,一边促进缔约方个体履约,提出并努力实现国家自主贡献,另一边识别全球共同努力的进展,为各国提高自主贡献力度提供政治动力。最终,所有国家不断提高并实现国家自主贡献,就有可能实现《巴黎协定》的目标。

三、《巴黎协定》行动与反馈机制的不足

虽然《巴黎协定》建立了上述行动与反馈机制,理论上说可以鼓励、帮助、督促缔约方履约,最终实现协定目标,然而除了与其他国际法类似,面临缔约方可能非善意履行条约义务和可以选择退出条约这两个共同挑战外,《巴黎协定》上述机制本身也存在不足。

第一,透明度机制存在天然的时滞性,难以发挥及时督促缔约方履约的作用。各国的信息统计、报告体系各不相同,其效率有很大差别。作为《巴黎协定》规定的强制性义务,所有缔约方都应提交温室气体清单报告和国家自主贡献进展,其中一个目的是为全球盘点提供信息来源。然而从《公约》下既有的实践看,发达国家自1993年陆续提交国家信息通报和

温室气体清单报告①以来，到 2000 年实现了报告数据年份与提交年份的时间差缩短到 2 年②，即在 2000 年所提交的温室气体清单报告中，包含 1998 年的数据；而发展中国家在《公约》下所遵循的规则仍是时间差不超过 4 年③，直到 2018 年《巴黎协定》实施细则规定，所有缔约方这一时间差为 2 年，对于依能力需要灵活性的发展中国家，可以为 3 年。这主要是因为当前各国编制温室气体清单都根据政府间气候变化专门委员会开发的国家温室气体清单方法学，这是一个基于统计核算的方法学，在很大程度上依赖于各国官方的能源、工业、农业、林业、废弃物处理等统计数据。一般而言，相对全面、准确的统计数据在一个日历年结束后，需要经历半年到一年的时间可以核实、发布，再到编制完成温室气体清单，又需要半年到一年的时间，因此发达国家在每年 4 月 15 日提交时间差为 2 年的数据已经基本做到极致；发展中国家由于国内统计、清单编制等能力不足，因此这一时滞性更长。此外，在《公约》、《京都议定书》和《巴黎协定》下建立了国际专家组审评的制度，审评程序又将持续一年的时间。在这种情况下，等审评报告面世，政策活动所产生的效果已经过去了至少三年，难以对其进行及时分享交流和起到促进作用。

第二，各国在《巴黎协定》下作出的国家自主贡献本身不接受审评，导致一些国家所通报的信息不透明，影响缔约方之间的相互信任。在 2012—2015 年关于《巴黎协定》的谈判时，许多国家认为通报国家自主贡献可以是《巴黎协定》规定的强制性义务，但如何报告则是国家自主行为，尤其是发展中国家认为贡献可能是多元化的，不同意按照固定的模板通报信息，因此 2015 年《公约》缔约方会议在通过《巴黎协定》时，相伴的会议

---

① UN General Assembly, Protection of global climate for present and future generations of mankind, *UNGA Resolution 47/195*, December 1992; UN General Assembly, Report of the Intergovernmental Negotiating Committee for a Framework Convention on Climate Change on the Work of Its Ninth Session Held at Geneva from 7 to 18 February 1994, *UNGA A.AC.237/55*, April 1994.

② UNFCCC, Guidelines for the preparation of national communications by Parties included in Annex I to the Convention, Part I: UNFCCC reporting guidelines on annual inventories, *UNFCCC Decision 3/CP.5*, November 1999.

③ UNFCCC, Outcome of the work of the Ad Hoc Working Group on Long-term Cooperative Action under the Convention, *UNFCCC Decision 2/CP.17*, December 2011, 第 41 段。

决定指出,缔约方应在通报其第二轮和之后的国家自主贡献时,按照后续谈判确定的指南报告信息。①按照相关决定,绝大多数国家将在 2025 年通报第二轮国家自主贡献。在此之前,从各国已经提交的第一轮国家自主贡献来看,许多国家通报的信息存在不透明之处,如没有明确温室气体排放控制所涉及的衡量指标内涵、温室气体种类、排放部门、"照常发展"排放情景、基准年的指标数值,排放控制目标是针对单一年份还是从 2021 年起到这一年的一个时间段,哪些国家自主行动需要以发达国家提供支持为前提等。这些信息的不透明,使得全球学术界和决策者在评估全球可能的应对气候变化行动力度时,必须加上自己的假设,给决策带来了额外的不确定性。

第三,全球盘点的理念十分有益,但实践面临信息滞后和前景不明两大挑战。全球盘点一要盘点各国应对气候变化的进展,了解全球所处的状态,二要盘点科学认知,了解各国共同的目标和距离目标的差距,三要盘点各国优良做法与经验、科技发展的进展和趋势,识别未来达到目标应该遵循的路径。然而一方面,如前文所述,透明度机制的时滞性,使全球盘点的第一项任务同样存在时间滞后。例如在 2023 年开展第一次全球盘点以前,按照现有透明度规则,发达国家应在 2023 年 4 月 15 日提交最新一轮国家温室气体清单,包含 2021 年及以前的温室气体排放信息,发达国家在 2022 年 1 月提交《公约》下的双年报告,一般包含截至 2020 年的应对气候变化行动,以及 2019 年和 2020 年向发展中国家提供的支持;发展中国家则在 2022 年 12 月提交《公约》下的双年更新报告,应当包含 2018 年的温室气体清单信息,应对气候变化的行动和收到的支持则难以一概而论。因此 2023 年的全球盘点只能基于全球 2020 年以前的行动效果,为各国在 2025 年通报新一轮针对 2035 年或 2040 年的国家自主贡献提供信息参考,实际上很牵强。另一方面,科学对未来全球排放量、温升情景的认知主要基于模型计算,本身就存在很大的不确定性,尤其是科学模型无法预知未来科技发展的状态,如果模型假设科技迅猛发展、科技应用的成本快速降低,那么就可能得出各国有望大幅提高应对气候变化行动力度,实现

---

① UNFCCC, Adoption of the Paris Agreement, *UNFCCC Decision 1/CP.21*, December 2015,第 32 段。

《公约》和《巴黎协定》目标的结论；反之，可能得出悲观结论。因此，如果全球盘点因为信息输入的时滞性和对未来预期的偏颇，得出各国行动进展缓慢、可能实现不了既定目标，必须加大行动力度，但又不知道可行的技术和可供调动的资金何在，这种结论只会打击各国应对气候变化的信心，无益于全球气候治理。

第四，当前的反馈机制无法解决向发展中国家提供资金和技术支持的问题。尽管全球盘点、促进履行和遵约机制都有可能得出发展中国家整体或个体因资金和技术不足，难以有效实施和提高国家自主贡献的结论，并且有可能提出发达国家、《巴黎协定》的资金机制需要强化向发展中国家提供支持的建议，但是这些建议并不具有强制力。发展中国家可能仍然难以获得充分可持续的支持，以强化应对气候变化的行动。如果发展中国家因此而无法提高行动力度，可以想象很多发达国家也将不愿意主动提高自己的行动力度，《巴黎协定》建立的"自下而上"机制就将面临无法实现最终目标的风险。

四、结　　论

《巴黎协定》在《公约》及其《京都议定书》履约实践的基础上，创新和强化了《公约》下的全球气候治理体系。这一体系以缔约方"自下而上"提出国家自主贡献为核心，以强化的透明度机制确保体系运行所需的信息，以促进履行和遵约机制帮助和督促各方履约，以全球盘点机制督促缔约方集体和个体不断提高行动力度，从而最终实现协定目标。

这一体系有助于全球各国着眼长远，共同树立应对气候变化的决心与信心，但是由于受到信息滞后和对未来预期不确定性的严重影响，理论上说基于体系产出的结论去改变各国近期的国家自主贡献，其科学性和严谨性不足。如果一些国家或全球气候治理参与主体，在缺乏对全球应对气候变化真实进展的感知，并且缺乏清晰的资金和技术支持路线图的情况下，通过营造紧张气氛来迫使各国提高行动力度，则有可能使体系下各国自主的行动承诺出现虚假繁荣，或者更糟的是导致其他国家对这一体系不信任，从而退出体系。

　　未来《巴黎协定》体系应当继续以促进性、包容性为基础,在所构建的各种机制中便利缔约方相互鼓励、分享经验和启发,共同发现潜在的应对气候变化合作机会,而不是通过指责和责任分担来向缔约方施压。这一体系还应该充分重视技术进步的关键作用。离开技术进步和先进技术的推广应用,应对气候变化的目标将无法实现,而这是目前体系中的重要短板,需要各方创新机制来解决。

论《巴黎协定》技术转让规定的实施[*]

马忠法　赵建福^{**}

【内容提要】《巴黎协定》中尽管有技术转让的规定,但基于以下原因,它们在实施面对巨大挑战:协定本身相关规定过于原则和富乏灵活性,缺乏强有力的实施机制和争端解决处理制度,政府承诺与私人拥有环境友好技术之间的矛盾,以及发达国家在技术转让方面的管制等。为避免气候的进一步恶化及实现协议拟定的目标,在 2018 年底卡托维兹会议通过的《〈巴黎协定〉实施细则》基础上,需以维护人类共同利益、长远利益和整体利益作为解决气候变化问题的根本出发点,强化和突出应对气候变化国际条约制定与实施的主体多元,广泛推广和践行政府和社会资本合作机制。中国应在构建人类命运共同体理念指导之下,借助"一带一路"倡议,本着共商、共建、共享之原则,在公平合理的条款下,与相关国家共享技术进步带来的成果,共同推动《巴黎协定》的有效实施。

【关键词】《巴黎协定》;技术转让;实施;人类命运共同体

【Abstract】 The provisions on technology transfer in the Paris Agreement confront the enormous challenges in terms of implementation for the following reasons: the relevant provisions of the Agreement themselves are very general and flexible; there is a lack of a strong implementation mechanism and dispute settlement regime; there is contradiction between governmental commitment and private ownership of environmental-friendly technologies; and developed countries have special export control policies on technology transfer. In order to avoid the further deterioration of the climate problem and achieve the objectives set out in the Agreement, on the basis of the Implementation Rules of the Agreement adopted at the Katowice Conference at the end of 2018, there are great needs for taking the common, long-term and overall interests of mankind as the fundamental aim of solving the climate problem, and human beings shall strengthen and highlight the pluralism of the main bodies in the formulation and implementation of technology transfer provisions in the Agreement, and widely promote and implement the mechanism of Public-Private Partnership. Guided by the idea of building a human community of shared future, China should, resorting to "the Belt and Road" initiative and in accordance with the principle of "Consultation, Contribution and Shared Benefits", cooperate with relevant countries on technological development and deployment under fair and reasonable terms, and jointly promote the effective implementation of the Agreement.

【Key Words】 Paris Agreement, Technology Transfer, Implementation, Human Community of a Shared Future

---

* 本文系国家社会科学基金重大项目"'构建人类命运共同体'国际法治创新研究"(项目编号:18ZDA153)及国家社科基金重点项目"'人类命运共同体'国际法理论与实践研究"(项目编号:18AFX025)的阶段性研究成果。

** 马忠法,复旦大学法学院教授、国际法学博士生导师;赵建福,安徽师范大学法学院讲师、安徽师范大学法治中国建设研究院研究员、国际法学博士。

2015 年 11 月 30 日至 12 月 11 日在巴黎北郊的布尔歇展览中心举行了"《联合国气候变化框架公约》第 21 次缔约方大会暨《京都议定书》第 11 次缔约方大会"(简称"第 21 届联合国气候变化大会"或 COP21)。150 多个国家元首和政府首脑参加了本次气候大会的开幕式,中国国家主席习近平出席了该次会议。大会的目的是促使当时《联合国气候变化框架公约》(以下简称《框架公约》)197 个缔约方(196 个国家＋欧盟)[①]形成统一意见,达成一项普遍适用的协议即《巴黎协定》[②],并于 2020 年开始付诸实施。后经过努力,最终在 2015 年 12 月 12 日,《框架公约》近 200 个缔约方一致同意并通过《巴黎协定》,它将为 2020 年后全球应对气候变化行动作出安排。该协议的通过是 2009 年 12 月在 COP15 会议上达成的《哥本哈根协定》以来最为重要的应对气候变化的国际协议。按《巴黎协定》的规定,其生效具备的条件是:(1)有不少于 55 个《框架公约》的缔约方交存其批准、接受、核准或加入文书,(2)这些缔约方的温室气体排放量合计共占全球温室气体总排放量至少约 55% 以上,(3)上述条件满足之日后第三十天起生效。[③] 2016 年 10 月 5 日,联合国秘书长潘基文宣布,《巴黎协定》于当月 5 日达到生效所需的两个门槛,其后该协议于 2016 年 11 月 4 日正式生效。至 2019 年 4 月底,该协议共有 185 个成员(《框架公约》共有 197 个成员)。[④]

该协议的通过和很快生效(自通过到生效前后不满一年,在国际条约中是极其罕见的;《京都议定书》从 1997 年通过到 2005 年生效,前后约 8 年时间),表明人类就应对气候变化问题已经形成解决的共识及采取措施的决心,但就其实施而言,将依然是一个十分严峻的挑战。2016 年、2017 年及 2018 年的成员方会议针对其实施均进行了讨论,并对 2018 年 12 月在波兰南部城市卡托维兹召开的第 24 届缔约方大会(COP24)上形成的实

[①] 截至 2019 年 1 月 26 日,《框架公约》成员已达 197 个。参见 List of Parties of UNF-CCC, https://unfccc. int/process/parties-non-party-stakeholders/parties-convention-and-observer-states?,另见 United Nations Framework Convention on Climate Change, https://treaties.un. org/Pages/ViewDetailsIII. aspx? src ＝ IND&mtdsg _ no ＝ XXVII-7&chapter ＝ 27&Temp＝mtdsg3&clang＝_en＃1。2019 年 2 月 26 日访问。

[②] *Paris Agreement*,也译成《巴黎协定》,有学者译成《巴黎气候协议》是不准确的。

[③] 参见 Article 21 of Paris Agreement。

[④] 参见 "Paris Agreement-Status of Ratification," https://unfccc. int/process/the-paris-agreement/status-of-ratification。

施框架形成了初步看法,通过了实施《巴黎协定》的规则手册,为从 2020 年开始实施《巴黎协定》奠定了良好的基础。但是,困难依然是存在的。正如同 COP24 主席兼波兰能源部国务秘书迈克尔·柯蒂卡(Michal Kurtyka)表示:"这不是一项容易的任务,这很艰巨而且令人生畏,但我们仍然坚持不懈。我们都必须付出才能获益,我们都必须勇敢地展望未来,为了人类而再迈出一步。"①尤其是其中的技术转让措施的实施,将是一个莫大的难题。

自 20 世纪 60 年代末以来,国际技术转让和分享一直是国际社会关注的话题,它是当时有关国际经济新秩序建立的讨论中的核心议题之一,以致在联合国贸易发展会议组织之下进行了《联合国技术转让行动守则》(简称《技术转让守则》)的艰难谈判;在当时正在形成的《海洋法公约》中,技术转让也是其中的议题。然而,《技术转让守则》由于苏联的衰弱及发展中国家自身的因素等,最终只是停留在 1985 年的文本草案上,没有任何进展。1989 年,在《关税与贸易总协定》乌拉圭回合谈判中,将知识产权议题纳入其中,并最终于乌拉圭回合谈判达成的一揽子协议中,将《与贸易有关的知识产权协定》(简称 TRIPS 协定)包含其中,有关技术转让的规定以 TRIPS 协定的原则、目标、许可中遵循公平原则及对最不发达国家给予必要的技术援助等为内容结束了当初《技术转让行动守则》有关技术转让的争议。但是,在环境保护、应对气候变化、可持续发展等领域的国际条约中,技术转让的规定仍是各国关注的重要问题,本文将讨论的《巴黎协定》中有关技术转让的规定就是一例。

然而,就条约的约文本身而言,各成员相对容易达成一致意见,但其实施往往面临很大的困境和挑战。本文将就此进行分析并提出可能的完善路径及中国的应对,以期抛砖引玉。

一、《巴黎协定》的性质及其主要内容

2015 年达成的《巴黎协定》是自 2009 年哥本哈根第 15 次 COP 会议以

---

① 《联合国气候大会通过实施巴黎协定的规则手册》,东方资讯网,www.liemawarp.com/xinwen/gundong/201812164249.html.

来国际社会一直想试图形成的在 2012 年《框架公约》下的《京都议定书》规定的第一期减排到期后的新的温室气体减排协议,它也是自《框架公约》生效之后第二个真正有较强法律约束力的应对气候变化方面的协议。①

《巴黎协定》共 29 条,包括目标、减缓、适应、损失损害、资金、技术、能力建设、透明度、全球盘点等内容。它指出,其总目标在于在可持续发展和消除贫困努力之背景下,促进各方实施《框架公约》包括其目标方面,加强对气候变化威胁的全球应对;具体而言,有以下三个分目标:(1)把全球平均气温较工业化前水平升高控制在 2 摄氏度之内,并为把升温控制在 1.5 摄氏度之内而努力。(2)提高适应气候变化不利影响的能力并以不威胁粮食生产的方式促进气候恢复能力和温室气体低排放进程。(3)使资金流动符合温室气体低排放和气候恢复进程的路径。②可以看出,减排温室气体并将增温控制在 2 摄氏度以内是其首要目标,当然如果能够控制在 1.5 摄氏度以内更好;其次是提高气候变化适应能力及恢复气候能力;再次是资金的合理流动。目标的核心是减排,其他目标依赖于该目标的实现。

要实现该目标,须要遵守在按照不同的国情之下所体现出的平等、共同但有区别的责任原则和各自相应的能力③,而具体必要的措施则至关重要。从第三条至第十五条为实体性条款,具体规定了各成员的权利和义务,尤其以义务为根本。与以前的协议或协定相比,其中最大的变化或增加的新内容是各国自主决定的应对气候变化之贡献的规定,国内译成“国家自主贡献”(nationally determined contributions)。④其次是增加了“透明度框架”的内容。⑤至于在损害赔偿、资金、技术开发和转让、能力建设等传统主题方面,没有实质性的变化。⑥如技术开发和转让方面,《巴黎协定》从

---

① 第一个是 1997 年通过且于 2005 年 2 月生效的《京都议定书》,后来形成的《哥本哈根协定》《坎昆协定》等的法律约束力较弱。特朗普在其宣布《巴黎协定》的演讲中称:该协定本来就是一个“没有法律约束力的协议”(Statement by President Trump on the Paris Climate Accord, https://www. whitehouse. gov/the-press-office/2017/06/01/statement-president-trump-paris-climate-accord),要么显示出他对国际法效力的无知,要么故意贬损该协议。

② 参见 Clause 2.1 of Paris Agreement。

③ 参见 Clause 2.2 of Paris Agreement。

④ 参见 Articles 3&4 of Paris Agreement。

⑤ 参见 Article 13 of Paris Agreement。

⑥ 参见 Articles 9—11 of Paris Agreement。

六个角度进行了规定：一是表达了缔约方共有的长期愿景，即必须充分落实技术开发和转让，以提高对气候变化的复原力和减少温室气体排放；二是意识到技术对于实施该协定项下的减缓和适应行动的重大意义，以及认识到现有的技术部署和推广之努力，缔约方应加强技术开发和转让方面的合作行动；三是《框架公约》下设立的技术机制应服务于本协定；四是建立一个技术框架，为技术机制在促进和便利技术开发和转让的强化行动方面的工作提供总体指导，以支持该协定的实施进而实现其所规定的长期愿景；五是加快、鼓励和扶持创新，对有效、长期的全球应对气候变化，以及促进经济增长和可持续发展至关重要。这种努力应该酌情得到包括由技术机制和由《框架公约》资金机制通过资金手段等提供的支持，以便采取协作性方法开展研究和开发，以及便利获得技术，特别是在技术周期的早期阶段便利发展中国家缔约方获得技术；六是应向发展中国家缔约方提供支助，包括提供资金支助，以执行本条，包括在技术周期不同阶段的技术开发和转让方面加强合作行动，从而在支助减缓和适应之间实现平衡。第十四条提及的全球盘点应考虑为发展中国家缔约方在技术开发和转让方面提供可得信息的帮助。①以上内容只不过是把自 2009 年《哥本哈根协定》以来的有关技术开发转让、资金等方面的规定通过更有约束力的《巴黎协定》固定下来；但这些规定多仍是原则性、指导性的，具体如何实施还是要依赖于进一步的详细措施、手段，特别是如何让成员方及其国内的企业来实施，仍是一个未解命题。此外，在能力建设②和资金③方面的规定，也有部分涉及技术转让。

2018 年 12 月 3—14 日在波兰的卡托维兹召开的 COP24 次会议上通过了《巴黎协定》的实施细则，长达 133 页，有实施透明度、帮助发展中国家应对和适应气候变化资金方面的规定等几个方面，其中很重要的一部分就是"对帮助发展中国家在应对气候挑战的技术开发和转让方面进步的评估"；其次，资金方面也有较为明确的实施措施。在实施技术转让方面，它以创新、实施、营造良好环境和加强能力建设、合作与相关主体积极投

---

① 参见 Article 10 of Paris Agreement。
② 参见 Article 11 of Paris Agreement。
③ 参见 Article 9 of Paris Agreement。

入以及支持等为主体,分别就每一部分提出了9项、5项、11项、4项和5项的具体行动和方案。①但这些仍只是一个提倡性的软法规定,因为它没有规定具体的义务和目标,没有明确如果没有履行相应的义务该承担何种法律责任或后果等规定,实际上还是一个倡议性的规定,其实施效果如何,难以预测。不过,有这样一个实施细则,远比没有任何具体措施更有积极意义。

全球将尽快实现温室气体排放达峰,本世纪下半叶实现温室气体净零排放。根据协定,各方将以"自主贡献"的方式参与全球应对气候变化行动。发达国家将继续带头减排,并加强对发展中国家的资金、技术和能力建设支持,帮助后者减缓和适应气候变化。协定提出,从2023年开始,每5年将对全球行动总体进展进行一次盘点,以帮助各国提高力度、加强国际合作,实现长期目标。但以上内容多为倡议性的,如何在实践中加以落实,仍有很长的路。

二、《巴黎协定》技术转让规定实施面对的困难

对于《巴黎协定》的实施,在该协定生效后的第一次成员方会议(CMA②)上,就把"与《巴黎协定》的执行有关事项"作为其核心任务之一。③在卡特维兹会议上,各国通过了实施细则的规定,但具体有效的实施仍然依赖于各国的国内法,它面对的问题仍然十分艰巨。在技术转让规范的实施方面,也不例外,甚至更为艰难。

---

① 关于细节,参见 The Katowice Texts Proposal by the President,pp. 84—88,https://unfccc.int/sites/default/files/resource/Katowice%20text%2C%2014%20Dec2018_1015AM.pdf。2019年2月28日访问。

② 全称是"the Conference of the Parties serving as the meeting of the Parties to the Paris Agreement"。

③ 参见 Report of the Conference of the Parties serving as the meeting of the Parties to the Paris Agreement on the first part of its first session, held in Marrakech from 15 to 18 November 2016,参见 Decision 1/CMA.1, 'Matters Relating to the Implementation of the Paris Agreement'(31 January 2017) UN Doc. FCCC/PA/CMA/2016/3/Add.1 paras 5—7, 22—25. https://unfccc.int/documents/9671, 2019年2月28日访问。

（一）《巴黎协定》相关规定过于原则和概括，软法性质突出

在技术转让方面，从 1992 年的《框架公约》、《京都议定书》到后来的《哥本哈根协定》、《坎昆协定》等条约①及《里约宣言》、《21 世纪议程》、《2030 年可持续发展议程》和几乎每次的 COP 会议，均会涉及，且在相关文件中有详细的规定，但由于用词过于抽象，它们的有效实施困难重重，以致现实中成功的技术转让案例几乎难以寻见。

《巴黎协定》作为国际法中一个重要文件，与其他国际法的渊源相似，在技术转让的强制执行力方面，主要还是依赖各国的遵守和践行。然而，与前述相关的多数国际法文件相似，其提倡性的内容和原则较多，而有强制执行力的具体规范较少。协定的一些用词本身就体现出弱法或软法的性质，如说到技术转让和开发，协议强调成员"充分认识到其重要性（the importance of fully realizing technology development and transfer）"并"共享一个长期愿景（share a long-term vision）"；认识到现存技术运用和扩散努力（recognizing existing technology deployment and dissemination efforts）等之重要性，成员方应该（shall）加强在技术开发和转让方面的合作行动（cooperative action）；②为支持执行本协议，实现其所述的长期远景，特制定一个技术框架，对技术机制在促进和加强技术开发和转让行动方面的工作提供总体指导（overarching guidance）；③涉及发达国家对发展中国家转让技术的义务时，该协议所用之词是"鼓励（encouraging）"、"努力（efforts）"、"支持（support）"、"便利（facilitating）"等法律义务特征十分不明显的词语。④上述表达和用词体现的更多是道德倡议性而非法律义务性的特征，先天性地为其有效实施留下了障碍。

涉及技术转让的资金、能力建设等领域，《巴黎协定》用词同样模糊、概括。如资金方面，它规定"发达国家缔约方应提供财政资源，协助（asist）发展中国家缔约方在减轻和适应方面继续履行其在公约下的现有义务；鼓励（encourage）其他各方自愿（voluntarily）提供或继续提供此类支持（sup-

---

① 本文没有特别说明时，"条约"是在广义上使用，除包括"通常意义上的条约"外，还包括"公约、协议、协定、议定书等"。

② 参见 Clauses 10.1 & 10.2 of Paris Agreement。

③ 参见 Clause 10.3 of Paris Agreement。

④ 参见 Clauses 10.5 and 10.6 of Paris Agreement。

port)";作为全球努力的一部分,发达国家应该带头在资金方面超过先前的努力,来通过各种途径来筹集资金。①发达国家缔约方应每两年就有关融资方面的指示性定量和定性信息,包括可用的、提供给发展中国家缔约方的公共财政资源的预计水平等进行两年一度的交流;鼓励提供资源的其他缔约方自愿每两年交流一次此类信息。②能力建设方面,共有 5 款,也是使用了"便利"、"指导"、"培育(foster)""适当(appropriate)"、"沟通"及"安排"等③无明显法律义务特征的词语。

上述现象表明,《巴黎协定》由于其本身规定的非强制性使其实施面对巨大的挑战,恰如有学者指出的那样,它的许多条款措词松散而又含混不清,往往是因为在通过时在更详细的语言表达方面缺乏共识。这不仅导致《巴黎协定》各要素的不确定性,也有可能因有歧义的解释而威胁到关键权利和义务有效执行的一致意见。④

(二) 协议规定的争端解决机制难以发挥作用

《巴黎协定》规定,关于其实施等方面的争端解决,应比照适用《框架公约》的第十四条的规定。⑤而《框架公约》规定的争端解决的首要内容是:不同成员国之间就公约的解释、适用等有了纠纷之后,须通过谈判或双方或各方约定的其他和平方式解决争端。其次规定,非为区域经济一体化组织的缔约方在批准、接受、核准或加入公约时,或在其后任何时候,可以交给保存人一份文书中声明,关于公约的解释或适用方面的任何争端,承认对于接受同样义务的任何缔约方,下列义务为当然而具有强制性的,无须另订特别协定:(a)将争端提交国际法庭和/或(b)按照将由缔约方会议尽早通过的、载于仲裁附件中的程序进行仲裁。第三,在不影响前一方法运作情形下,成员可以约定通过调解的方式解决,一方可以要求建立调解委员会;但调解委员会应作出的是建议性裁决,各当事方应善意考虑之。⑥可

---

① 参见 Clauses 9.1,9.2 and 9.3 of Paris Agreement。

② 参见 Clause 9.5 of Paris Agreement。

③ 参见 Article 11 of Paris Agreement。

④ Negotiating the Paris Rulebook:Introduction to the Special Issue, CCLR, 3/2018, Harro van Asselt, Kati Kulovesi and Michael Mehling, https://cclr.lexxion.eu/data/article/13303/pdf/cclr_2018_03-004.pdf.

⑤ 参见 Article 24 of Paris Agreement。

⑥ 参见 Article 14 of UNFCCC。

以看出,上述争端解决的规定,较难有强制执行的效果。在《框架公约》生效的 20 多年里,鲜有通过该争端解决方式来解决的争端。

（三）技术转让不畅的结构性原因:政府承诺与私人逐利的冲突

现实中技术转让的不畅,从"经济人"本性上说与其追求私人利益为导向的所谓"理性"有着密切关系;从社会制度角度看,是以"资本"形式构成的资本主义制度所带来的必然恶果。有学者指出西方政府处理气候变化问题方面的无能根源于资本主义的基本特征。竞争使资本家用机器取代工人,提高劳动生产力,进而产生超额利润,赢得竞争优势。这种依赖技术租金(许可费)的竞争,加速了技术发展,强化了高增长(生产)、高消费的倾向;而过度生产和过度消费刺激物质生产的大大增加,反过来对资源(包括能源)的耗费提出更多要求,进而产生更多废物。"去物质化(减少制造过程中的物质资料的投入)"、更为有效的资源利用、废物回收等趋势只能减缓不能阻止气候变化。[1]这些观点可谓直指问题的实质,因此,从理论上说,要有效实施技术转让,控制气候变化,只有从根本上消灭以巧取豪夺"私人利益"为目的的、股份有限公司为主体构成的资本主义制度,将阶级斗争引入气候变化应对中十分重要。[2]但大量的事实证明,在科学技术等作用下,短期内要实现这样的目标,是不现实的;我们需要从现有的条件出发,先从现有国际法律条文本身存在不足的原因去探讨,以发现问题症结,以便在后文提出切实可行的对策。高喊空洞的政治口号及仅仅为了"正义公平"等抽象的概念去努力无济于事,我们真正需要的是切实正确的战略和方法。为此,下文主要还是从与现有国际技术转让法律制度本身密切联系的视角来探析原因。

有人指出,在政府办公室里,忠于公司的政客正在构架减排指标——如到 2020 年减排达 5%—15%——这无异于告诉大家人类和自然在自杀。这个指标和碳交易制度在未来 10 年内是不可能产生预期的减排需求的。[3]尽管碳排放交易制度不是本文探讨的内容,但从此语可以看出"私法行为公法化"[4]在此处的运用:西方国家的所谓法律制度多是由私人公司

---

[1] Lan Angus, *The Global Fight for Climate Change*, Resistance Books, 2009, p.272.

[2] Ibid., p.183.

[3] Ibid., p.220.

[4] 该概念的含义及其特征等参见马忠法:《应对气候变化的国际技术转让法律制度研究》,法律出版社 2014 年版,第 71—81 页。

控制,因为制定人是它们选出的政客。要想从根本上解决气候变化中的技术转让问题,还得必须高度重视私人部门的作用并从它们开始做起。

从形式上看,《框架公约》《巴黎协定》等有关国际环境友好技术转让条款自身存在不足是它们难以得到有效执行的原因;透过这种形式,可以发现,它们无法得到实施的进一步原因是发达国家政府的承诺(以条约规定的义务条款为形式)与其国内企业的利益需求常常存在着冲突;作为技术供应商的企业之商业行为构成了技术转让的根本障碍。①国家有时不愿也无力遵守一些国际规则,因为尽管其国内法中已将这些规则融入进去,但无法在根本上改变无政府的国际社会关系。民主制应该是人民决策好了,选出一个执行者来执行该决策;而非目前的方式:选出代表来作决策。②但在今天所谓的民主国家里,就是由所谓的“民主选举”选出代表来作出决策,它容易出现多数人意志“被代表”的现象:少数利益集团将自己的意志强加给多数人。同样,将这种民主方式延伸至国际社会,也会出现多数国家意志被少数国家所代表的现象。这样形成的所谓国际义务之履行会受到严重影响。

由于历史等原因,发达国家的企业(主要是跨国公司)掌握了全球90%以上的先进技术(含无害环境技术),或可以说 90%以上涉及专有知识的现有环境友好技术通常是由跨国公司研发的。③而且,出于对市场竞争优势确立的考虑及适应本国应对气候变化政策,诸多跨国公司都十分注重依赖新技术的使用来应对气候变化。④而它们在进行技术转让时唯企业利益而非政府履行国际义务为导向,它们常借发展中国家需要技术的迫切性来抬高技术许可使用费,或提出种种附加条件,或在认为无利可图

---

① 徐祥民、孟庆垒等:《国际环境法基本原则研究》,中国环境科学出版社 2008 年版,第310 页。

② 参见 Chomsky on the Obama, Geithner Rescue Plan, March 30, 2009, http://sacsis.org.za/site/article/121.19。

③ 参见 Gaetan Verhoosel, "Beyond the Unsustainable Rhetoric of Sustainable Development: Transferring Environmentally Sound Technologies," 11 *GEO. International ENVTL.L.REV.* 49(1998), p.66.今天,这一情况可能随着金砖国家的研发能力的不断增强有所变化,但总体上发达国家跨国公司掌握了世界上绝大多数的无害环境技术的情况仍无根本改观。

④ 参见安德鲁·霍夫曼等:《碳战略:顶级公司如何减少气候足迹》,李明等译,社会科学文献出版社 2012 年版。

时拒绝转让技术。这是强调私权利神圣不可侵犯的发达国家政府所无能
为力的,因为不仅它们的国内法律规定知识产权是私权利,它们还通过
TRIPS 协定将这一观点上升为国际性的规范,作为知识产权重要组成部
分的无害环境技术无疑也是私权利的范畴。如有学者指出,在鼓励和促
进技术转移的努力方面,发达国家政府通常受两方面因素的制约:(1)政府
自身不拥有大量的环境友好技术;(2)它们不能强迫私人部门转让其拥有
的技术。①因此,发达国家政府在技术转让方面常开空头支票,再加上现有
的国际制度在追究有关国际法主体国际责任方面的无所作为,无以使《框
架公约》等直接规定的技术转让得到真正实施。如果我们再进一步深入
到西方的政治、经济、法律制度层面,就能够找到目前技术转让不畅的根
源是资本主义制度。该制度的基本特征有:政治上的民主选举制度,但其
实质是金钱控制下的选票选出的代理人维护它们的既得的政治优势并延
伸于国际社会;经济上以私有制为基础经济制度及以营利为目的的股份
有限公司(跨国公司是典型代表)为主要载体并由它们主导和控制社会的
现实;以及法律上以维护私人权利为核心的较为成熟制度等。这三者的
结合,是较为健康、利于发展中国家进而利于全人类共同利益维护的国际
技术转让法律制度构建和完善屡遭挫折的根本原因。

　　我们以现有国际技术转让的条约规定缺乏监督机制所带来的结果为
例来说明这一问题。事实表明,如果没有合理、有效的国际技术转让制度,
在缺乏实际有效的监督机制下,在发达国家现有法律框架内,政府不可能
强制其掌握环境友好技术的私人部门(主要是跨国公司)转让技术,私人
部门更不可能以无法实现其商业目标的方式自愿转让技术,这就使发达
国家在有关条约中承诺的技术转让的义务变成一种呼唤式的软性条款,②
由此导致的国际环境保护也就不可能朝着预期的目标前进。尽管《京都
议定书》规定的 CDM 机制首次在主要调整国家间关系的国际条约中给予
私人部门一定的主体地位,目的之一在于促进技术转让,但如前文所论,
效果并不明显。③2006 年 10 月—2010 年 7 月 7 日任《框架公约》秘书处执

　　① 参见 Daniel Gervais: *The TRIPS Agreement Drafting History and Analysis*(3rd Edition), Thomson Sweet and Maxwell, 2008, p.524.
　　② 参见史学瀛:《国际技术转让法新论》,天津人民出版社 2000 年版,第 244 页。
　　③ Nicola Durrant, *Legal responses to climate change*, Federation Press, 2010, pp.62—63.

行秘书的伊沃·德波尔①在 2010 年 5—6 月的波恩《框架公约》附属机构会议上做的演讲中特别强调了私人部门的积极介入,不论在资金还是在技术转让方面,将是 CDM 能否有效运作的重要保障;他预言年底的坎昆会议议题主要是如何让私人部门在技术转让等方面发挥积极作用;如根据《哥本哈根协定》中提到技术转让机制,将成立气候技术中心(其功能是:开发在支持无害环境技术扩散方面国家驱动型计划的工具和政策;便利公—私合作伙伴关系以加速无害环境技术的创新和扩散及鼓励南北合作研究等),而该中心的建立会给政府带来在地区、国家和国际层面与私人部门建立具体伙伴关系明确的机会;②以使气候变化应对能取得效果。事实证明,他的预言在《坎昆协定》中得到一定的体现,它规定了私人部门在技术转让中的主体地位、任务和角色,并强调私人部门积极参与的重要意义。③他的预言后来被坎昆会议的成果所证实,其话语也是切中要害。显然,在经历了气候变化国际合作等重大活动后,德波尔先生对应对气候变化问题的本质认识更为深刻,经验让他抓住了问题的本质,尽管早在 21 世纪初的有关国际会议和文件中已经提到私人参与气候变化应对的重要性,但提到议事日程上并试图建立可行性操作机制的实质行为还是始自 2010 年 12 月的坎昆会议(COP16)。然而,自该会议以来至今近 10 年过去了,监督机制仍未建立,其难以建立的根本原因还是受本国政治经济法律传统影响的发达国家不愿意通过类似的约定或条约而已。因此,尽管我们认为减排最有效、最根本的方法是在公平的国际技术转让法律制度下使发达国家政府的承诺与私人部门的行为一致,从而使环境友好技术在全球能够得到有效、充分地推广和使用,但在现实世界中要实现这一点,颇为艰难。

---

① 德波尔先生 2006 年 10 月—2010 年 7 月任《联合国气候变化框架公约》秘书处执行秘书;其继任者为哥斯达黎加的克里斯蒂安娜·菲格雷斯女士。参见 "Christiana Figueres Takes the Helm at UNFCCC",http://unfccc.int/2860.php/,2019 年 3 月 5 日访问。

② 参见 Yvo de Boer,*Technologies & Targets on the Road to Mexico* (*2010*),http://unfccc.int/files/press/news_room/statements/application/pdf/100602_speech_climate_group.pdf,2019 年 3 月 5 日访问。

③ 参见 paragraphs 7, 116, 119, 121, 123 and Annex IV "Composition and mandate of the Technology Executive Committee" of *Outcome of the work of the Ad Hoc Working Group on long-term Cooperative Action under the Convention*。

(四) 政府角色的不当表现间接阻碍了技术转让

不论是技术供方还是受方的政府在国际技术转让中都应该能起到积极作用,让技术转让关系的各方均受益。政府对技术转让的治理不能理解为某一具体单位孤立管理特定事项的行为,不能像一些机构、公司或组织那样仅出于自身利益而进行干预,它们应当行使自己的权威,出于解决"气候变化"等公共问题之目的而营造良好的技术转让环境。然而现实的情况是发展中国家或发达国家均未能在本地、国际或商业治理中创造一个促进国际技术转让的环境,反而限制了技术转让,特别是发达国家政府。虽然难以找出国际技术转让项目失败的所有关联因素,因为每一个失败项目都有自己独特的原因,但不能否认的是政府的作用无疑与每一个项目都或多或少有点联系。

发达国家或发展中国家政府干预技术转让的角度可能不同。发达国家政府,往往是为了控制技术出口,以长久保持竞争优势;如在美国,特朗普执政以来,对本国技术出口控制及相关知识产权高保护要求的进一步提高,这就对发展中国家在执行《巴黎协定》中的技术转让之实施带来更多不利的因素。美国与欧盟就子虚乌有的中国强制技术转让的指控①意在舆论和道德制高点上对正常的技术转让制造障碍②,为他们进一步的技术贸易管制找到借口。而曾经有段时间,发展中国家,为了救济或平衡技术受方在技术转让方面的弱势地位,常对技术供方通过限制性条款的法律规定进行一定的制约。然而,不论如何,政府都可以透过积极适当的干预增加技术转让成功的机会,降低客观因素对国际技术转让的障碍。③但有时不当的国际协定禁止或限制了技术转让,如世界贸易组织(WTO)框架下的《与贸易有关的投资措施协定》(TRIMs 协定)和《与贸易有关的知

---

① 参见 China-Certain Measures Concerning the Protection of Intellectual Property Rights, DS542, and China-Certain Measures Concerning on the Transfer of Technology, DS549。

② 具体分析参见马忠法:《中国改革开放 40 年技术转让法律制度的反思》,《东方法学》2019 年第 2 期。

③ Timothy Forsyth, *International investment and climate change: Energy technologies for developing countries*, Earthscan and the Royal Institute of International Affairs, 1999, pp.17—19.

识产权协定》(TRIPS 协定)的有关规定。[①]此外,发展中国家(特别是最不发达国家)自身有限的技术能力及水平会导致环境友好技术难以被吸收,它们也难于在引进技术基础上收到预期的效果(如创新出新技术)。如果技术不能吸收,意味着大量的负面结果,影响到未来的国际技术转让,因为在技术阶梯上它们不能更进一步,反倒被拉下了。风险提高交易成本,每一次失败都会为新的国际技术转让创造扩大化了的障碍。因此,技术供方、国际组织或中介机构及政府如何帮助技术受方能够将引进的技术吸收并在此基础上再创新,是十分关键的;否则在技术转让领域也会出现恶性循环。

此外,现有制度没有能够对技术转让的主要提供者——企业等私人主体——作出明确的规定。应对气候变化需要政府、企业、非政府组织和个人的共同努力;这四者中,政府引导,企业是主体,非政府组织起到推动和促进作用,而个人是基础。但在技术转让方面,主要的行动者应该是政府、企业和非政府组织;其中政府和企业之间的合作,尤其是企业自身的主动性和自觉性起主导作用。而现有的法律制度在这方面没有能够充分注意到企业所扮演的角色,政府在有关规制中没有能够对企业的行为给予更多的关注、制约或促进其作用的发挥。

气候变化在改变着竞争环境,特别是那些需要高能源耗费的公司如电气设施、钢铁和铝制品、[②]汽车制造[③]等公司,以及石油、天然气等能源公司[④]及相关产业和部门面临更大风险或威胁。当然与竞争对手相比它们也面临更多机遇。这其中对技术研发和技术转让要求就很高。这些需要政府的恰当引导和企业自身的自觉及它们在立法上的需求。目前在有

---

① 具体分析参见马忠法:《国际技术转让法律制度理论与实务研究》,法律出版社 2007 年版,第 121—122、146—148 页。

② Karmali, A. "Best Practice in Strategies for Managing Carbon," in Kenny Tang (ed.) *The Finance of Climate Change:A Guide for Governments,Corporations and Investors*, Risk Books, 2005, pp.259—270.

③ 参见 John DeCicco, Freda Fung, *Automakers' Corporate Carbon Burdens*, *UPDATE FOR 1990—2003*, New York:Environmental Defense, 2005。

④ Duncan Austin and Amanda Sauer, *Changing Oil:Details of the Methodology*, *Assumptions and Results*, WRI. November 2002, http://pdf.wri.org/changingoil_methodology.pdf.

关的国际条约中,并不能反映出这方面的内容,更多的是在一些软法性文件如环境保护宣言、21 世纪议程等中有所体现。政府的立法需要自身积极主动,也需要企业与非政府组织的推动以及个人的参与。如美国 2005年前后有 34 个州强制推行或鼓励乙醇替代汽油的做法等行为;①虽然决定使用何种能源由私人主体自愿决定,但涉及公共利益时,政府可以通过立法来解决;同理,通过政府立法,也可以让企业强行进行技术转让。在现有的制度中,我们难以发现类似的规定。

因此,国际协定和组织,包括便利国际技术转让的条约规定、知识产权保护、促进贸易和发展等,它们的作用要充分发挥出来。在条约之外,最重要的是《国际技术转让行动守则》,尽管它没有生效,但作用不容小觑。发展中国家关心的是通过一个有约束力的条约,以促使发达国家和跨国公司为技术转让提供公平合理的合同条款。②发达国家关心的是保护自己的企业,不想让国家主权受到国际法的腐蚀(具有超越国内法的能力)。1974 年通过的国际经济新秩序宣言,集中体现了发展中国家的意愿,其主要目标是为发展中国家创造获取现代科技的路径。③但后来的发展证明,发达国家及其国内的跨国公司根本不愿意在技术转让方面付出努力或将本国政府的承诺付诸实施。联合国、WIPO、WTO 及世界银行都曾试图协调与技术转让相关的知识产权协议之间的关系,但无不以发展中国家的愿望落空而告终。就算很多条约涉及技术转让,最终这些条款也变成橡皮图章。如《框架公约》和《京都议定书》等是与气候变化相关的条约,其中关于技术转让的规定最为集中和突出;然而,它们虽有约束力却无承诺实施的具体方式。而任何用语言表达的形式对解释都是开放的,也没有谁能规定何种有约束力的解释方法或措施是适当的,特别是在国际条约领域里更是如此。所以,仅仅想依赖条约规定本身来使条约得到很好的遵守往往是困难的,条约离成功距离很远。

---

① 安德鲁·霍夫曼等:《碳战略顶级公司如何减少气候足迹》,李明等译,社会科学文献出版社 2012 年版,第 4—5 页。

② K. Rissnaen, *International Code of Conduct for technology Transfer*, 1979, p.43, www.cenneth.com/sisl/pdf/27-6.pdf.

③ Adeoye Akinsanya and Arthur Davies, "Third World Quest for a New International Economic Order: An Overview", *International and Comparative Law Quarterly*, Vol.33(1), 1984, pp.208—217.

（五）美国退出《巴黎协定》带来的消极影响

美国作为世界上最大的发达国家，片面强调"美国利益高于一切"或"美国优先"理念，置全球诸多公共利益于不顾，给《巴黎协定》的实施带来了无法预料的消极影响。实际上，"利益"有"长远"和"当下"之分。美国当下的做法是完全忽略了全球化下任何一国的问题都可以演变成全球性问题：气候、环境、恐怖袭击以及近来频频发生的难民潮等，不是一个国家可以单独解决的。"覆巢之下无完卵"的道理是明白无误的。从长远的角度看，美国这种选择是不明智的：公共问题出现及其解决与美国的国家利益并不矛盾，关键是通过什么态度、采取什么措施来对待它们，而不是人为划分"你的"、"我的"。美国在任总统特朗普于 2017 年 6 月 1 日发表演讲宣布退出《巴黎协定》，拒绝向绿色经济继续注资。①美国退出《巴黎协定》，在技术转让及与技术转让相关的资金、帮助落后国家能力建设等方面不承担相应义务。而实际上，美国的跨国公司掌握了世界上诸多的无害环境技术。更为恶劣的是，美国不但可以无转让无害环境技术之义务，而且还可以对相关技术转让采取出口管制措施，或通过其所谓的特殊 301 条款等，对技术转让设置重重障碍，使环境友好型技术转让变得更为艰难。

三、《巴黎协定》实施的应对

获取资金技术支持、提高应对能力是发展中国家实施应对气候变化行动的前提。发达国家不仅要兑现在《哥本哈根协定》中的承诺，还应向发展中国家转让气候友好型技术，帮助其发展绿色经济。②

（一）以人类共同利益、长远利益和整体利益作为解决气候变化问题的根本指导

"利益"是个人、国家和人类社会的核心所在；"人们奋斗所争取的一

---

① 参见"Statement by President Trump on the Paris Climate Accord"，https://www.whitehouse.gov/the-press-office/2017/06/01/statement-president-trump-paris-climate-accord。

② 习近平：《携手构建合作共赢、公平合理的气候变化治理机制》，《人民日报》2015 年 12 月 1 日。

切,都同他们的利益有关;"①"每一既定社会的经济关系首先表现为利益;"②"'思想'一旦离开'利益',就一定会使自己出丑。"③以上论述说明人们做任何事情都是利益驱动的结果,只不过利益的性质不同罢了。④实际上,"利益"有很多种分类,如"经济利益"与"精神利益","局部利益"与"整体利益","短期利益"与"长期利益","个体利益"与"共同利益"等等。当人类社会发展到物质财富的充沛及科学技术能够给我们带来福利同时也带来灾难的时代,如在人类解决温饱和物质需求时出现各种精神病状、空虚等带来的社会危害,恐怖主义分子掌握先进武器给人类可能带来的威胁,海盗掌握了先进技术给海上运输等带来的危害等,以及现代化工技术在瞬间足以毁坏人类的生存环境等,它要求我们必须兼顾人类的精神利益、整体利益、长期利益和共同利益等。在一个相互依赖的世界里,任何一个对立统一的利益方面没有能够处理好,就可能给人类带来灾难性的后果,特别是"个体(国家)利益"与"共同(人类)利益"。人类在冷战结束之后 1997 年和 2008 年两次金融危机没有导致像 1929—1933 年那样经济危机的爆发,主要得益于当时的国际组织(如联合国、世界贸易组织)及各国共同努力,从人类共同利益的考量,即在全球价值链的链条中,任何个人的利益可能就是大家的共同利益,一个国家的利益就是全球的共同利益,而对这些共同利益的维护又反过来较好地保护了个人利益与这个单个国家的利益。

　　所以,在经济全球化及人类相互依赖、你中有我我中有你的语境下,在应对气候变化等公共问题时,我们以"人类共同利益、长远利益和整体利益"来支配国际关系的"利",以使这个世界上每一个国家的每一个公民都能够从良性的国际法律制度中受益。⑤这一点在应对气候变化技术转让领域应该是更为突出和集中。为有效实施和推动《巴黎协定》中的技术转

---

① 《马克思恩格斯全集》第 1 卷,人民出版社 1960 年版,第 82 页。

② 《马克思恩格斯全集》第 3 卷,人民出版社 1995 年版,第 209 页。

③ 《马克思恩格斯全集》第 2 卷,人民出版社 1957 年版,第 103 页。

④ 鲁从明:《〈资本论〉的思想精华和伟大的生命力》,中共中央党校出版社 2016 年版,第 343—355 页。

⑤ 中国正在进行的法治国家建设的根本目的在于保护每一个个体的正当合法权益是这种理念在国内法治层面的表达。参见蒋文龄:《习近平法治思想的时代特征》,《学习时报》2017 年 6 月 30 日。

让规定,这一原则必须作为行动的指南和最高追求。

(二) 强化和突出应对气候变化国际条约制定与实施的主体多元

国家依然是最重要的主体,但国家自身的利益考量使其在应对气候变化方面存在诸多不足,完全仰仗其来解决气候变化问题很不现实,但又不能脱离其主导性作用。

非国家行为体,特别是跨国公司等私人部门的作用较为突出。

如何让掌握先进技术的私人主体能够积极转让和分享减少温室气体减排的环境无害技术(环境友好技术),是十分关键的。这也需要这些企业所在国家制定相应的国内法来实现。

从当下的国际条约规定的内容看,国际技术转让的主体似乎是国家,但实际上多数情况下,这只是个表象,因为首先以国家名义拥有的技术不多,特别是在发达国家,其主体的作用常常只是在技术交易的幕后发挥作用,如制定有利的促进技术转让的法律法规或政策。而真正需要关注和全面分析的是另外两个主体,即拥有技术所有权的跨国公司和规制或帮助技术转让的国际组织与其他机构。它们之间的相互制约作用构成了阻碍技术转让的整个画面。

表面上,各国法律规定,技术供方、受方的法律地位平等,双方可以自由协商并形成公平的技术转让合同。但由于技术供方的强势地位及技术受方的被动与选择技术供方的局限性,做到这一点实际上是不可能的。市场经济体制下,企业为追求利益最大化,在出口贸易、直接投资和技术转让三者之间,技术转让对它们而言只是下下之选,它们对发展中国家的潜在对手多进行技术封锁。往往不会转让较为先进的技术,转让的是行将淘汰的技术。①跨国公司在发展中国家设立越来越多的独资公司而非合资公司的一个重要目的就是避免先进技术的溢出。

跨国公司追求自身利益,让其有着一个与生俱来的义务:成本外部化和利润最大化,这是当前世界许多发展和环境问题的最终源头。20 世纪90 年代,世界银行资助的一项研究表明:发展中国家的污染产业的大幅增

---

① 邹骥、王克、傅莎等:《环境有益技术开发与转让国际合作创新机制研究》,经济科学出版社 2009 年版,第 50—51 页。

加均是由跨国公司行为所致。①但在其真正承担跨国义务时,它们常常不会直接成为被追究的对象,反而是国家;而国家为了保护自己的"单元"利益,可能会忽略他国利益和人类公共利益保护的需求,为本国公司提供保护伞。在技术转让领域尤其如此,美国的出口管制法就是典型。这样就会形成一个恶性循环:跨国公司对其在全球形成的危害(如空气、环境等的污染和气候变化等),自己不承担责任;而让自己选出的代理人(政府)以国家名义在全球为它们开脱;进而它们更是肆无忌惮地进一步从事可能伤害他国和人类利益的行为,选出更能保护自己利益的政府。如此反复循环,直至人类恶果的出现。当时发达国家有学者认为,短期看,外包给发达国家带来最佳利益,它使发达国家短期生产利润最大化;但中长期看未必,如外包过程中不可避免地会进行技术转让,这让发展中国家生产更为便宜的同样产品,销售的比发达国家生产者还要廉价;②如此使发达国家失去竞争力和利润。但实际情况并非如此,如果说有,往往多是发生在技术含量低的高能源耗费和重污染的行业;或是那些处于产业链低端的产品,如太阳能产业中光伏电池的生产等。在多数外包过程中,发达国家的跨国公司一般不会转让其较为先进的技术,转让的技术多为成熟、过时或废旧的技术,市场的生命力不强,因为它们担心会失去竞争优势。理论上它们拥有技术,可合法追求自身利益,而不顾它可能给其他人带来的损害或拒绝他人的机会③,很难说它们的动机有错。出于保护其技术的需要,它们常有目的地规避可能降低其竞争优势的技术扩散。所以,它们转让成熟技术,或通过建立子公司进行内部转让以使风险最小化。在这种情况下,有效的技术转让并不多见。

在国际社会,国际法难以实施或得到遵守,管理或规制跨国公司的行为是不可能的;在一些政府腐败、法治不健全或政府通过不良法律干预等

① Low Patrick, *International Trade and the Environment*, World Bank, 1992, p.159.

② Immanuel Maurice Wallerstein, *Geopolitics and Geoculture*: *Essays on the Changing World-System* (*Studies in Modern Capitalism*), Duke Cambridge Univ. press, 1991, pp.40—49.

③ Joel Bakan, *The Corporation*: *The Pathological Pursuit of Profit and Power*, Post Hypnotic Press Inc., 2004, pp.1—4.

国家内,甚至让跨国公司遵守最基本的商业道德或规范都是十分困难的。跨国公司的力量也是无比巨大的,它们的利润空间常远远多于有关国家的 GDP,有能力影响一个国家的政府和人民。所以,它不仅在国际组织如何表现方面有作用,对政府如何行为也会产生影响。虽然多年来政府间产生了有关国际组织(如联合国贸易发展会议、世界银行等)、条约或国际法文件来帮助最不发达国家获取技术,并有良好的意图和动机,但它们很少发挥积极作用,多是在道义上提供舆论上的支持;在有关国家不遵守承诺时,也是束手无策。跨国公司治理的原则否定了最不发达国家成为自力更生主体的机会,它们的发展实际上也是对世界的贡献。这些不利因素都会对技术转让形成阻碍。

(三)广泛推广政府和社会资本合作(PPP)机制并促其法治化

PPP(Public-Private Partnership),又称 PPP 模式,即政府和社会资本合作,是公共基础设施中的一种项目运作模式。在该模式下,鼓励私营企业、民营资本与政府进行合作,参与公共基础设施的建设。PPP 模式在各个方面都发挥过巨大的作用,而在环境友好技术转让中,它会起到不同于传统知识产权模式的作用。对于 PPP 在应对气候变化技术转让方面的作用,Van Simith(2011)有过非常深入的研究。他认为在 PPP 模式下,激励技术转让的动力不同于知识产权模式。在知识产权保护的方法中,TRIPS 协定通过创造有吸引力的商业环境来促使环境友好技术从发展中国家转移至发达国家。而 PPP 模式则有一种双重的激励方法。PPP 模式不仅创造市场,使开发者能从目标技术中盈利,从而产生创新,同时还提供公共投资,以进行项目和承担部分研究风险,从而推动私人部门的创新。[①]在卡特维兹会议上通过《巴黎协定》实施手册中,也应当充分发挥 PPP 模式对技术开发和转让的积极作用。[②]

1. 实施模式与运作流程

对于环境友好技术转让,PPP 有两种模式可供选择:风险投资模式

---

① Van Smith, "Enabling Environments or Enabling Discord: Intellectual Property Rights, Public-Private Partnerships, and the Quest for Green Technology Transfer", 42 *Geo. J. Int'l L*. 817(2011), p.840.

② 参见 The Katowice Texts Proposal by the President, p.85, https://unfccc.int/sites/default/files/resource/Katowice%20text%2C%2014%20Dec2018_1015AM.pdf.

（venture capital model）和联合研发模式（joint research model）。风险投资模式是使用公共资金为进行研究的私人公司提供投资，而联合研发模式则是由政府支持公共研究机构和私人部门伙伴发展可市场化的技术。[①]

风险投资模式的风险投资是提供给有创新与成长潜力的年轻公司的投机资金。这些投资所投给的对象往往难以从传统银行那里拿到融资，因为他们威胁了现有公司提供的产品与服务，而且一般需要五到八年才能投入市场。因为风险投资的周期比较长，所以它能为研发不间断地提供资源。

联合研发模式则旨在将技术转让从公共部门手中转移到私人部门手中，而私人部门会将它商业化并产生用处。美国政府在自有实验室中进行研究，同时还支持了公立与私立的大学、非营利机构和私人部门的研究，并因此持有一系列的知识产权。但是，这些权利若不由私人部门运用于市场，它们的价值就被浪费了。对此问题，美国有两个重要的立法保证运用政府资金研发的技术可以被转化入私人部门并被有效利用：拜杜法（Bayh-Dole Act）和斯怀法（Stevenson-Wydler Act）。拜杜法适用于使用政府资金进行研究的美国大学、小企业、非营利机构和大公司。[②]

在拜杜法下，研发部门会获得其以政府提供投资研发的技术的有限的知识产权，作为交换，政府得到了将这些技术商业化并引入市场的好处。为防止滥用知识产权与促进公共利益，政府保留被称为"介入权"的强制许可权力。[③]若该权利未被合理许可，或为公共利益，或遇到许可第三方会更好促进拜杜法政策与目的的"例外情形"时，政府可以将其强制许可给第三方。但是，目前为止，美国政府尚未用过此介入权。[④]斯怀法的思路与杜拜法相似，它允许政府拥有并运营的实验室将技术许可给私人部门。[⑤]与杜拜法相似，斯怀法也保留了政府干预的权力。在"例外情形"下，或为达到合作方未合理满足的健康与安全需求有必要时，斯怀法

---

① Van Smith, "Enabling Environments or Enabling Discord: Intellectual Property Rights, Public-Private Partnerships, and the Quest for Green Technology Transfer," 42 *Geo. J. Int'l L.* 817(2011), p.841.

② 参见 Benton C. Martin, "The American Models of Technology Transfer: Contextualized Emulation by Developing Countries?" *6 Burs.INrELL. PRop. L.J.* 104(2009)。

③④ Ibid., p.109.

⑤ Ibid., p.111.

授权政府,要求私人部门将许可转让给第三方。①政府同样保留为政府目的实施技术的非排他许可。②但是,与拜杜法不同的是。斯怀法也允许政府实验室和"与实验室任务一致的"私人部门之间签订合作研发协议（Cooperative Research and Development Agreements,简称CRADAs）。③合作研发协议是美国最流行的技术转让协议因为它允许私人部门为政府支持的项目提供资金。斯怀法保证公司在合作研发协议中拥有足够的权利,包括"就合作研发协议下开展联合研发产生的发明,在某一提前商定的使用领域选择排他或非排他许可的权利"。④美国的拜杜法与斯怀法共同提供的联合研发模式的PPP为私人部门资金进入气候变化研究和环境友好技术的研发提供了重要的机会。

2. 评价、前景及其法治化

Van Smith(2011)认为,相比传统的知识产权保护,即TRIPS体系,PPP模式至少有三点优势:第一,PPP模式反应快而且可行。气候变化问题急切地需要国际社会的行动,但是目前国际社会采取的行动还是远远不够的。PPP模式可以在非常短的时间中展开。一旦公共投资到位,私人的资本市场会迅速跟进投资。获得这些投资后,国际社会很容易就能建立能够有效利用大笔资金的研究网络。PPP模式去中心化的特点使其不需要多边共识。而相比之下,利用传统的知识产权保护模式来促进技术转让可能会需要修订TRIPS协定,TRIPS协定的修订需要WTO全体成员的共识,这是比较困难的。⑤第二,PPP模式更加有效。气候变化的挑战要求能够产生高效技术转让的解决方案。国际间的协调需要加强,世界能源基础设施的建设需要重塑,在这方面,PPP模式更加有效,因为PPP模式更能够克服目前环境友好技术投资缺少需求的问题,更能够克服多

①　15 U.S.C. § 3710a(b)(1)(C)(i)(2006).

②　15 U.S.C. § 3710a(b)(1)(A)(2006).

③　15 U.S.C. § 3710a(d)(1)(2006).

④　Benton C. Martin, "The American Models of Technology Transfer: Contextualized Emulation by Developing Countries?" 6 *Burs.INrELL.PRop.L.J*.104(2009), pp.112—113.

⑤　Van Smith, "Enabling Environments or Enabling Discord: Intellectual Property Rights, Public-Private Partnerships, and the Quest for Green Technology Transfer," 42 *Geo.J.Int'l L*.817(2011), pp.848—849.

种技术转让的市场障碍,给投资者提供不断增长的回报。①第三,PPP 模式能够促进多变的气候变化谈判。条约的修改和签订会带来强制性的义务,谈判者就必须小心翼翼的审查每一项改动可能会对自己国家的竞争力、经济增长和安全等造成的影响。PPP 这样一种相对独立的政策在直接解决技术转让问题的同时不会直接造成伤害性后果,因此能够帮助谈判者减少不确定性。②

我们认为,为了更为有效发挥 PPP 机制的作用,在实践经验成熟的基础上,可以通过国际、国内立法将其法治化,以发挥其最大功用,更为有效地推动《巴黎协定》和其他环境保护等国际条约的实施。为充分发挥 PPP模式在国际(特别是"一带一路"倡议中的基础设施等建设)、国内相关事务中的积极作用,中国在这方面已经有诸多实践,如 2014 年 5 月 26 日,财政部成立政府和社会资本合作(PPP)中心,同年 9 月 24 日,发布《关于推广运用政府和社会资本合作模式有关问题的通知》,11 月 29 日,又发布《关于印发〈政府和社会资本合作模式操作指南(试行)〉的通知》。2014 年 11月 26 日,国务院发文《关于创新重点领域投融资机制鼓励社会投资的指导意见》。2014 年 12 月 2 日,国家发展改革委发文《关于开展政府和社会资本合作的指导意见》,鼓励和引导社会投资,增强公共产品供给能力,促进调结构、补短板、惠民生;2015 年 3 月 17 日,国家发改委和国家开发银行联合发文《关于推进开发性金融支持政府和社会资本合作有关工作的通知》,推进建立多元化、可持续的 PPP 项目资金保障机制;等等。但这些文件目前看来法律效力等级较低,权威性和影响力有限,为使该机制能够发挥更大效能,需首先提升该机制在国内的立法等级,进而使其在国际社会影响力增加,最终使其体现于相关的国际条约中③,成为国际社会共同应对气候变化、环境污染、公共健康等诸多问题的有效机制。

---

① Van Smith, "Enabling Environments or Enabling Discord: Intellectual Property Rights, Public-Private Partnerships, and the Quest for Green Technology Transfer," 42 *Geo. J. Int'l L.* 817(2011), pp.850—851.

② Ibid., p.852.

③ 和平时代的国际法制度,通常形成的轨迹是:在一个国家之内先实践,后被越来越多的国家所效仿,最终在国际社会形成共识,并被两个以上国家以条约形式所接受。

四、中国的应对

（一）中国应以构建"人类命运共同体"理念为指针，推动和促进技术转让

作为最大的发展中国家，中国尽到大国责任，中国应以构建人类命运共同体理念为指针，在其指导之下，不走当初西方发达国家的老路，在经济、技术发展之后加大知识产权保护，将后进国或殖民地国家变成原材料、农产品供应地，或工业品的廉价的工地，剥削当地人民，阻碍当地经济与技术发展，意图让后者成为其永久剥削对象并停留在技术落后的状态；而应当本着共商、共建、共享之原则，在公平合理的条款之下，积极履行《巴黎协定》中的技术转让义务，推动和促进技术转让与扩散。

中国领导人提出的"构建人类命运共同体"的理念和要求，是适应这个时代而提出的，也是为人类未来和长远而作出的深思熟虑的提案。①各国在相关立法中应该突出技术转让的重要性，并履行相关国际义务，引导本国企业在技术转让方面做出努力。中国共产党人提出的构建人类命运共同体理念，以合作促人类共同利益、长远利益和整体利益的实现，是从国际法秩序的最为根本的角度出发，从更为深远的世界人本主义思想切入，将着眼点更为聚焦于人——这一社会组织体的基本成员，表达了全球利益、国家利益和个人利益高度一致的美好设想。它要求将人类（含个人、民族、国家及全球）福祉的实现和每个不同主权国家的无序竞争割裂开来，倡议国与国的竞争应当挣脱自利性、短期性、局部性的狭隘国家利益观。

（二）以"一带一路"倡议为载体，有效实施《巴黎协定》技术转让规定

在构建人类命运共同体理念指导下，中国不仅践行《巴黎协定》规定的自主减排等义务，还以"一带一路"倡议为载体，将国内生态文明建设和绿色发展中的技术开发和转让带来的成功经验提炼出来，形成规则，与

---

① 习近平：《携手构建合作共赢、公平合理的气候变化治理机制》，《人民日报》2015 年12 月 1 日。

"一带一路"倡议下的国家共享技术进步带来的成果,共同应对气候变化,减少温室气体排放,有效履行《巴黎协定》规定的义务,与相关国家或地区朝着该协议指定的目标共同迈进。

《巴黎协定》不是终点,而是新的起点。作为全球治理的一个重要领域,应对气候变化的全球努力是一面镜子,给我们思考和探索未来全球治理模式、推动建设人类命运共同体带来宝贵启示。中国主张(1)应该创造一个各尽所能、合作共赢的未来;对气候变化等全球性问题,应该摒弃"零和博弈"狭隘思维,各国尤其是发达国家多一点共享、多一点担当,实现互惠共赢。(2)应该提高国际法在全球治理中的地位和作用,确保国际规则有效遵守和实施,坚持民主、平等、正义,建设国际法治;发达国家和发展中国家的历史责任、发展阶段、应对能力都不同,共同但有区别的责任原则不仅没有过时,而且应该得到遵守。(3)应该创造一个包容互鉴、共同发展的未来;面对全球性挑战,各国应加强对话,交流学习最佳实践,取长补短,在相互借鉴中实现共同发展,惠及全体人民;要倡导和而不同,允许各国寻找最适合本国国情的应对之策。①中国在 2015 年 6 月已经提交自主贡献的承诺。②中国在技术开发和转让方面也在积极努力,从多方面提升技术水平和能力,并在"一带一路"倡议中转让和分享技术,提升有关国家在应对气候变化方面的技术能力和水平。中国在"一带一路"倡议中对多数发展中国家及最不发达国家的基础设施方面的技术分享和合作,已经让它们在有效实施《巴黎协定》的相关规定方面收到成效。

五、结　　语

气候变化是当今人类面对的重大挑战,它可能会给人类未来带来诸多灾难和不确定性,而无害环境技术及其转让是应对气候变化的关键之

---

① 参见习近平:《携手构建合作共赢、公平合理的气候变化治理机制》,《人民日报》2015年 12 月 1 日。

② 参见《强化应对气候变化行动——中国国家自主贡献》,https://www4.unfccc.int/sites/ndcstaging/PublishedDocuments/China%20First/China%27s%20First%20NDC%20Submission.pdf,2019 年 3 月 12 日访问。

一。20 世纪 70 年代以来国际社会已经对环境问题有了深刻的认识,并采取行动来保护环境;80 年代后半叶,人类开始普遍注意到温室气体排放引起的气候变暖会给人类带来更为可怕长远的不利影响,特别是给沿海国家或小岛国带来越来越严峻的问题,甚至威胁到部分国家的生存。积极寻求对策,是此后 20 多年来人类社会共同努力的重要内容。从 1992 年的《联合国气候变化框架公约》的签署到 1997 年的《京都议定书》,再到 2007 年巴厘岛技术转让行动计划,2009 年的《哥本哈根协定》、2010 年的《坎昆协定》、2011 年的《德班协定》乃至 2015 年的《巴黎协定》,人类社会一直在努力解决或控制全球气温升高问题,其中的核心任务是减少温室气体排放,然后围绕这一任务在资金机制、技术开发和转让机制等方面进行努力。然而,全球还是在快速升温,它所带来的消极结果之一是穷人和富人之间差距在进一步拉大,彼此间的关系进一步恶化。它促使我们反思:当下以温室气体减排指标分配为核心的应对气候变化策略是否得当。我们认为这还不是不最有效的。因为温室气体排放是"果"而不是"因",技术不当使用才是导致气候变暖的根本原因;而今,人类掌握的低碳技术,在很大程度上可以帮助人类有效遏制气候变化,然而由于不公平的贸易制度和技术转让制度本身的缺陷和不足,这样的技术没有通过公平合理的机制被更多的人分享和使用。究其原因,主要是因为这些优良技术往往掌握在私人手中,而在应对气候变化的斗争中,私人部门的活力没有释放、作用没有发挥。因此,我们认为,结合《巴黎协定》的实施,完善相关技术开发和转让制度,加大环境友好技术的扩散和运用,才是解决问题的根本之道。而目前最大的问题是:政府之间的协议积极肯定技术转让和开发机制的重大意义及对解决气候变化问题的关键性作用,但发达国家的政府不拥有技术,而发展中国家的政府也不可能去实施技术,最终起决定性作用的是以营利为目的的私人部门。所以,如果不能让私人部门有效地参与到应对气候变化的进程并乐于在公平合理的条款下转让技术,则《巴黎协定》可能会与《京都议定书》一样难以收到预期的效果,而自然留给我们的时间不多了,如何让私人部门的营利目的与政府技术转让实现减排目的实现,是值得我们进一步研究的宏大话题,本文提到的 PPP 只是当下政府、私人间合作的一种模式,我们期待更多更有效的方式来应对目前的困境,以真正尽快实现《巴黎协定》规定的目标。

全球气候治理机制适用"共区原则"方式的变化 *

【内容提要】 "共同但有区别的责任和各自能力原则"(以下简称"共区原则")是全球气候治理机制的基本原则之一。它是由《联合国气候变化框架公约》确立的。在过去二十多年里,全球气候治理机制适用"共区原则"的方式出现了重大的变化。《公约》及其《议定书》主要通过对缔约方"二分"和自上而下分配减排目标的方式适用"共区原则",《巴黎协定》则是通过使缔约方自我区分和自下而上确立国家自主减排承诺的方式适用"共区原则"。这种变化代表着全球气候治理机制内部的重大变迁,提升了适用"共区原则"的政治可行性和灵活性,但是这种新的适用方式也面临着多方面的困境。

【关键词】 全球气候治理机制;共同但有区别的责任和各自能力原则;自上而下;自下而上

【Abstract】 The principle of common but differentiated responsibilities and respective capabilities (CBDRRC) is one of the basic principles of global climate change regime. It was established by the United Nations Framework Convention on Climate Change(UNFCCC). Over the past two decades, significant changes have taken place in the approach of CBDRRC being applied within global climate regime. UNFCCC and Kyoto Protocol mainly apply the principle in the way of "dichotomy" of the parties and top-down allocation of emission reduction targets, while the Paris Agreement mainly applies the principle in the way of self-differentiation among parties and bottom-up contributions determined by nations. This change represents a major change within global climate regime, which enhances the political feasibility and flexibility of applying CBDRRC, but this new application method also faces many difficulties.

【Key Words】 Global Climate Change Regime, CBDRRC, Top Down, Bottom Up

---

* 本文系教育部 2015 年度哲学社会科学研究重大课题攻关项目(项目编号:15JZD035)的阶段性研究成果。
** 薄燕,复旦大学国际关系与公共事务学院教授、博士生导师。

88

全球气候治理机制是当今国际社会应对气候变化的主要制度安排，其核心的协议包括三个，即《联合国气候变化框架公约》（以下简称《公约》）、《京都议定书》（以下简称《议定书》）和《巴黎协定》。从该机制的构成要素来看，主要包括了一系列原则和规则。其中"共区原则"是该机制的核心原则。"共区原则"的确立和适用使得全球气候治理机制体现了公平合理的特征。但是该原则的适用方式随着《巴黎协定》的通过和生效，出现了新的变化。这种新变化具有重要的政治和法律意义，反映了全球气候治理机制内部治理结构的变迁。考察这种变化对于全球气候治理的理论和实践都具有重要价值。

一、国际机制的原则及其适用方式

虽然中外学术界对国际机制的界定不一而同，但是可以达成共识的一点是：国际治理机制是由多种要素构成的。其中最典型的定义是美国学者克拉斯纳给出的。他认为，国际机制是国际关系特定领域隐含或者明示的原则、规范、规则和决策程序。这个定义列举了构成国际机制的四种基本要素。克拉斯纳进一步指出，国际机制的这四要素，即原则、规范、规则和决策程序，并不处在同一个层次上。原则和规范关系到国际机制的根本性特征，处在第一层次，而规则和决策程序处在第二层次；一个原则和规范下可能有多种规则或者决策程序。①从要素所处的不同层次的角度出发，本文认为国际机制的最基本要素是原则与规则。由于原则和规则分处两个层次上，这种简化仍保持了国际机制要素构成的基本结构，但将更加有利于讨论原则与规则的基本关系及国际机制的变迁。

在一项国际机制中，原则与规则都不可或缺。原则是一种综合性、稳定性的原理和准则，具有价值维度，决定了国际机制的根本特征。原则在结构上具有开放性，其内涵模糊、外延宽泛，用语抽象，因此它的效果是不确定的，虽然指明了国际机制内国家行为的方向，但还不足以界定具体问

---

① Krasner, S.D., *International Regimes*, Ithaca, London: Cornell University Press, 1983, pp.2—5.

题的解决方法,不会对国家行为直接产生后果。规则是具体规定国家的权利和义务以及某种行为的具体法律后果的指示和律令。在国际机制中,规则是一种确定的、具体的、具有可操作性和可预测性的行为标准。它在结构上相对封闭,对国家行为直接作出明确的要求或者规定,一旦条件满足通常会产生确定的效果。[①]

在一项有效的国际机制里,原则与规则应该是协调一致的关系。原则指导规则,为规则规定适用的目的和方向以及应考虑的相关因素。规则是原则的具体化、形式化和外在化;规则应该从属、符合和体现原则,与原则相匹配,并最终随着规则的遵守,指向一个确定的结果,进而体现和实现这项原则。在上述背景下,就存在着一个原则适用的问题。在国际机制中,原则适用的基本含义是通过什么样的方式和途径来制定具体的规则,进而体现原则。这个概念意味着,原则适用的方式和途径不是唯一的,而是多元的。在国际政治的背景下,通过什么样的方式适用原则,是国际关系行为体之间意志协调的产物,受到多种因素的影响。

将国际机制的要素区分为原则和规则,可以清晰地分析国际机制的变迁及其与原则和规则的关系。已有的研究表明,国际治理机制有三种可能的转变路径:第一,国际机制本身的变迁:即原则 A(在缔约方的推动下)转变为原则 B,原则 A 下的规则 A、规则 B(在缔约方的推动下)也相应地转变成规则 C。原有国际机制的原则和规则都发生了变化,意味着国际机制发生了变迁。第二,国际机制内部的变迁:即在原则 A 保持不变的情况下,规则 A(在缔约方的推动下)转变为规则 B。规则 A 和规则 B 虽然内容不同,但它们共同体现了原则 A。这种变迁是该国际机制内部的变迁。第三,国际机制的弱化。即在原则 A 保持不变的情况下,(在缔约方的推动下)出现了规则 C。这时候的原则 A 面临着两个挑战:即规则 C 和规则 C 背后的原则 B。这样,原有国际机制的原则和规则就不再一致,那么原

[①] 此处对原则和规则的区分受到相关法学研究的启发,包括刘叶深:《法律规则与法律原则:质的差别?》,《法学家》2009 年第 5 期,第 120—133 页;严存生:《规律、规范、规则、原则——西方法学中几个与"法"相关的概念辨析》,《法制与社会发展》2005 年第 5 期,第 115—120 页。张文显:《规则、原则、概念——论法的模式》,《现代法学》1989 年第 3 期,第 27—30 页;范立波:《原则、规则与法律推理》,《法制与社会发展》2008 年第 4 期,第 47—60 页;李可:《原则和规则的若干问题》,《法学研究》2001 年第 5 期,第 66—80 页。

有的国际机制就弱化了。但如果一个崭新的原则 B(在缔约方的推动下)得以出现,则一个新的国际机制也就出现了,也就成为上述第二种变迁。①

二、《公约》及《议定书》适用"共区原则"的方式

1.《公约》确立了"共区原则"

《公约》第 3 条确立了指导原则。该条列出的 5 项内容,虽然也涉及"预防原则"等内容,但"共区原则"因其所具有的争议性,逐渐成为最受关注的原则。《公约》第 3.1 条明确指出:"各缔约方应当在公平的基础上,并根据它们共同但有区别的责任和各自的能力,为人类当代和后代的利益保护气候系统。因此,发达国家缔约方应当率先对付气候变化及其不利影响。"可见,"共区原则"确实是《公约》所确立的一个重要原则,而"为人类当代和后代的利益保护气候系统"的表述则隐含着《公约》对代内公平和代际公平的关照。但是这一条突出强调应该公平地确立各缔约方的责任。责任在这里既包括造成气候变化的责任,也包括应对气候变化的责任。《公约》对各缔约方责任的公平区分体现在"共同但有区别的责任"的表述上。一方面,各缔约方都有保护气候系统的责任,这种共同责任的确立体现了各缔约方的互惠性,即每个缔约方应该尽到自己的那部分责任,做出自己的那部分贡献。《公约》还在第四条第 2(a)款指出"……每一个此类缔约方都有必要对为了实现该目标而作的全球努力作出公平和适当的贡献。"另一方面,各缔约方保护气候系统的责任是有区别的,这体现了一种实质性平等。因为各缔约方的实际排放责任和应对能力不同,基于这种事实上的差异,从平等角度出发,应该使它们承担有区别的责任。因此,《公约》在责任问题上遵循公平原则具体体现在两个方面:一是指出那些对气候变化问题责任最大的国家应该承担最多的责任来应对这个问题,即"发达国家缔约方应当率先对付气候变化及其不利影响",因为正如《公约》前言指出"注意到历史上和目前全球温室气体排放的最大部分源

① 薄燕、高翔:《原则与规则:全球气候变化治理机制的变迁》,《世界经济与政治》2014 年第 2 期,第 45—68 页。

自发达国家"。二是关注发展中国家的特殊情况,因此指出"应当充分考虑到发展中国家缔约方尤其是特别易受气候变化不利影响的那些发展中国家缔约方的具体需要和特殊情况,也应当充分考虑到那些按本公约必须承担不成比例或不正常负担的缔约方特别是发展中国家缔约方的具体需要和特殊情况。"

"共区原则"的确立是发达国家和发展中国家在 20 世纪 90 年代初的国际气候谈判中达成妥协的结果。当时欧美等发达国家试图忽略或者不强调各国造成气候变化的历史责任与应该承担的义务之间的关系,进而要求发展中国家承担减排义务;但发展中国家强调,发达国家负有温室气体排放的巨大历史责任,应该承担应对气候变化的首要责任,而消除贫困和改善人民的生活是发展中国家的首要任务。因此《公约》确立的公平原则主要体现了发展中国家的公平主张。

"共区原则"的核心是区别对待。《公约》强调各缔约方的社会经济情况不同,为此而采取的政策和措施也不同,"保护气候系统免遭人为变化的政策和措施应当适合每个缔约方的具体情况,并应当结合到国家的发展计划中去"(第四款)。第三条第五款指出:"各缔约方应当合作促进有利的和开放的国际经济体系,这种体系将促成所有缔约方特别是发展中国家缔约方的可持续经济增长和发展,从而使它们有能力更好地应付气候变化的问题。"

《公约》对权利的规定也体现了"共区原则"。一是排放权利,《公约》前言指出:"认识到所有国家特别是发展中国家需要得到实现可持续的社会和经济发展所需的资源;发展中国家为了迈向这一目标,其能源消耗将需要增加,虽然考虑到有可能包括通过在具有经济和社会效益的条件下应用新技术来提高能源效率和一般地控制温室气体排放"。"发展中国家的人均排放仍相对较低;发展中国家在全球排放中所占的份额将会增加,以满足其社会和发展需要。"二是可持续发展的权利。《公约》前言指出:"申明应当以统筹兼顾的方式把应付气候变化的行动与社会和经济发展协调起来,以免后者受到不利影响,同时充分考虑到发展中国家实现持续经济增长和消除贫困的正当的优先需要"。关于原则的第三条第四款一方面指出"各缔约方有权并且应当促进可持续的发展",另一方面也强调地宜原则,即"保护气候系统免遭人为变化的政策和措施应当适合每个缔约方的具体情况,并应当结合到国家的发展计划中去,同时考虑到经济发展对于采取措施应付气候变化是至关重要的"。

可以看出,《公约》作为国际气候治理体系的基石,从一开始就通过确立"共区原则"明确了该机制的基本价值目标和伦理基础,使其带有公平的基本特征。

2.《公约》及其《议定书》适用"共区原则"的方式

《公约》及其议定书通过两种基本的方式适用共区原则,一是对缔约方的二分法,二是自上而下地分配减排指标。

如前文所述,国际气候治理体系适用"共区原则"的核心问题是如何区别对待不同的缔约方。《公约》的基本路径是将所有缔约方区分为两大类国家群组,即《公约》附件一国家与非附件一国家,并在此基础上规定不同的责任和义务。

第一类是附件一缔约方,共43个,包括澳大利亚、奥地利、白俄罗斯、比利时、保加利亚、加拿大、克罗地亚、塞浦路斯、捷克、丹麦、欧洲共同体(欧盟)、爱沙尼亚、芬兰、法国、德国、希腊、匈牙利、冰岛、爱尔兰、意大利、日本、拉脱维亚、列支敦士登、立陶宛、卢森堡、马耳他、摩纳哥、荷兰、新西兰、挪威、波兰、葡萄牙、罗马尼亚、俄罗斯、斯洛伐克、斯洛文尼亚、西班牙、瑞典、瑞士、土耳其、乌克兰、英国、美国。这43个缔约方包括1992年经济合作与发展组织的工业化国家与经济转型国家。其中附件一国家中的经合组织成员国又被称为附件二缔约方,但不包括正在朝市场经济过渡的国家。《公约》规定的附件二国家包括:澳大利亚、奥地利、比利时、加拿大、丹麦、欧洲共同体(欧盟)、芬兰、法国、德国、希腊、冰岛、爱尔兰、意大利、日本、卢森堡、荷兰、新西兰、挪威、葡萄牙、西班牙、瑞典、瑞士、英国、美国。

第二类是非附件一缔约方,有154个,大部分是发展中国家。《公约》将一些发展中国家确认为对气候变化的负面影响尤其脆弱的国家,包括小岛屿国家,有低洼沿海地区的国家和有干旱和半干旱地区、森林地区和容易发生森林退化的地区的国家,有易遭自然灾害地区的国家,有容易发生旱灾和沙漠化的地区的国家,有城市大气严重污染的地区的国家,有脆弱生态系统包括山区生态系统的国家,以及对应对气候变化措施的潜在经济影响感觉更加脆弱,如其经济高度依赖于矿物燃料和相关的能源密集产品的生产、加工和出口所带来的收入,和/或高度依赖于这种燃料和产品的消费的国家。被联合国列为的最不发达国家也在《公约》下受到特别关注。《公约》敦促缔约方在资金和技术转让活动方面充分考虑这些国家的特殊情形,并且最不发达国家缔约方可自行决定何时第一次提供有关履行的信息。

《京都议定书》延续了《公约》区分缔约方的做法,为附件一国家规定了具有约束力的减排目标和时间表,而非附件一国家自愿采取减排行动并得到发达国家资金、技术和能力建设的支持。其中列入附件一的缔约方需要承担量化减排承诺指标。这些国家包括:澳大利亚、奥地利、比利时、保加利亚、加拿大、克罗地亚、塞浦路斯、捷克共和国、丹麦、爱沙尼亚、欧洲共同体、芬兰、法国、德国、希腊、匈牙利、冰岛、爱尔兰、意大利、日本、哈萨克斯坦、拉脱维亚、列支敦士登、立陶宛、卢森堡、马耳他、摩纳哥、荷兰、新西兰、挪威、波兰、葡萄牙、罗马尼亚、俄罗斯、斯洛伐克、斯洛文尼亚、西班牙、瑞典、瑞士、乌克兰、英国、美国。其中加拿大已经于 2012 年 12 月 15 日正式退出了《京都议定书》,也就不再是附件一缔约方,而美国从未批准《京都议定书》,自然也就不是法律上有效的附件一缔约方。

总之,在《公约》和《议定书》下,通过将所有的缔约方区分为"附件一国家"和"非附件一国家",奠定了区别对待缔约方的基础。在此基础上,《公约》和《议定书》强调附件一和非附件一缔约方分别承担不同的义务,特别强调附件一、附件二缔约方(不包括经济转轨的发达国家)、附件一国家(包括经济转轨的发达国家)应该承担首要的责任,由此来实施"共区原则",体现公平合理性。

可以说,《公约》及其《议定书》适用公平合理原则的前提是把国家区分为两大类。缔约方的不同责任和能力被视为区分不同缔约方类别的相关因素。这种对国家群组的二分法是对国家类属的一种简化,一方面它确认了附件一国家与非附件一国家之间事实上的差异,另一方面假定附件一国家内部和非附件一国家内部具有相似性(如气候变化上的历史责任、发展水平、能力等),因此应当承担类似的义务。在当时的国际政治、经济背景和排放格局下,由两方构成的谈判阵营在实践中相对而言更容易区分,能够简化多边气候变化谈判格局,以平等互惠的方式适用公平原则和合理原则,使得《公约》和《议定书》的通过和生效具有必要的可行性,进而在其具体的制度安排和规则设计中体现了实质性平等的特征。

此后于 2007 年达成的《巴厘行动计划》使用"发展中国家"和"发达国家"而不是"附件一国家"和"非附件一国家"来区分不同的缔约方,因此,它在一定程度上改变了《公约》和《议定书》对缔约方的区分逻辑,以新的区分为基础,为新的谈判创造了机遇。但对缔约方"二分法"的实质并未改变。在《巴厘岛路线图》确立的双轨谈判的基础上,发展中国家可能承担的承诺义务在《公约》轨道内加以明确,"《京都议定书》之附件一国家的进一步承诺"在《议定书》框架内进行协商。《哥本哈根协定》则保留了附件一和非附件一国家的区别,但同时也提出了发达国家与发展中国家的分类方式。发展中国家中最脆弱的国家(最不发达国家、小岛国家和非洲)受到特殊关注,它们可优先获得资助。《坎昆协定》确认了这种区别。

但是随着新兴国家的经济快速发展和排放量的迅速增加,欧美等发达国家强调发展中大国与其他发展中国家,尤其是最不发达国家的差异性,认为不能再在原来的国家群组二分法基础上适用"共区原则",而是应该在发展中国家内部进行区别对待。但一些发展中大国拒绝在发展中国家之间实行区别对待(除了更脆弱的发展中国家类型,如小岛国家和最不发达国家),要求在谈判过程中坚持对附件一国家和非附件一国家的区分。尽管附件一缔约方为此持续施加压力,附件一缔约方和非附件一缔约方之间的明确分界线自 1992 年以来并没有实质性的更新。尽管《公约》规定了从非附件一国家"自愿毕业"成为附件一国家的相关程序,但这些程序并未得到广泛运用。

在《公约》确立的"共区原则"的指导下,在区分缔约方类别的基础上,《议定书》通过自上而下的方式来体现和适用这些原则。

《公约》规定了全球气候治理的最终目标,即将大气中温室气体的浓度稳定在"防止气候系统受到人为干扰的水平"。如果说《公约》旨在"鼓励"各国采取政策和措施减排温室气体,《京都议定书》作为进一步加强减缓的步骤,对附件一缔约方(主要是发达国家和集团)规定了具有约束力的减排目标和时间表,即从 2008 年到 2012 年,各附件一国家个别或共同地确保将其温室气体排放量比 1990 年的水平至少降低 5%,但是各个附件一国家承担不同的减排承诺。这具体体现在《京都议定书》核心的第 3条。首先,《公约》附件一缔约方关于排放量限制和削减指标的承诺是具有法律约束力的。其次,具有法律约束力的减排指标适用于《京都议定书》附件 A 所列的一组气体,即二氧化碳、甲烷、氧化亚氮、氢氟碳化物、全氟化碳和六氟化硫。第三,承诺期是从 2008 年到 2012 年。第四,各工业化国家个别或共同地确保将其温室气体排放量比 1990 年的水平至少降低5%,但是各个工业化国家承担不同的减排承诺。其中欧盟整体、美国和日本分别减少 8%、7% 和 6%,而允许澳大利亚、冰岛和挪威分别增加 8%、10% 和 1%,俄罗斯、乌克兰和新西兰则保持不变。《京都议定书》为发达国家规定的量化减排指标是全经济范围的绝对减排。

关于发展中国家的参与问题,《京都议定书》规定,具有法律约束力的承诺只适用于发达国家,而将发展中国家作出类似承诺一事留到未来讨论。但是《京都议定书》的一些条款所涉及的活动也关系到发展中国家的参与问题。清洁发展机制是发展中国家履行项目活动以减少排放、提高碳汇的重要渠道。此外,《京都议定书》第 10 条规定:所有缔约方,考虑到它们的共同但有区别的责任以及它们特殊的国际和区域发展优先顺序、目标和情况,在不对未列入附件一的缔约方引入任何新的承诺、但重申依《公约》第 4.1 条规定的现有承诺并继续促进履行这些承诺以实现可持续发展的情况下,应该采取包括制定有效的国家方案以及区域方案在内的众多措施。此外,在《京都议定书》下,包括发展中国家在内的各缔约方参与三个灵活机制的实际减排量都得到监督,交易量得到准确记录。

可以说,《京都议定书》在自上而下规定减排义务时进行了两种区分,一是为发达国家和发展中国家规定了性质不同的减排义务:使工业化国家承担了具有约束力的减排义务,而将发展中国家作出类似承诺一事留到未来讨论。二是在发达国家内部进行区分,并为其规定不同的减排目标。

《京都议定书》对附件一缔约方和非附件一缔约方不同减排义务的分配是国际谈判的结果。它代表了一种国际气候合作的自上而下的方式,以只为发达国家规定减排目标的方式体现了《公约》的公平合理原则。它是为两类不同国家规定不同减排义务以实现实质性平等的规则系统。这对于鼓励当时各国,尤其是发展中国家参与并维持国际气候合作,提高国际气候治理机制的公正性、合法性、普遍性、有效性具有重要意义。

2012 年 12 月 8 日,《京都议定书多哈修正案》通过。内容包括就《京都议定书》第二承诺期作出安排,为《公约》附件一缔约方规定量化减排指标,使其整体在2013年至2020年承诺期内将温室气体的全部排放量从1990年的水平至少减少18%。但是由于美国没有批准《京都议定书》,而加拿大于2012年12月15日正式退出,因此纳入《多哈修正案》第二承诺期量化减排承诺的缔约方构成已经不同于第一承诺期。此外,该修正案对缔约方在第二承诺期内报告的温室气体清单进行了修正,增加了三氟化氮,对一些需在第二承诺期更新的具体事项的条款也进行了修正。

总之,《京都议定书》为发达国家确立减排目标的基本路径是在基准年(1990年)基础上依照同意的某个百分比降低每年的排放量。由此可计算出需要减排二氧化碳吨数的绝对量。从国家自身排放出发,这种办法按"祖父"原则准许各国之间的排放差异继续存在。

自上而下分摊减排义务的关键是实现国家排放的历史责任和根据发展需要减少排放的能力的平衡。这其中的基本逻辑是从期望的控温目标开始,计算剩余的总的碳预算,按照"共区"原则,相应地计算每个国家的份额。这种适用"共区原则"的方式实际上是通过国际一级自上而下的协调来实现对公平份额的分配。

3.《公约》及其《议定书》适用"共区原则"的方式受到挑战

随着发展中国家,尤其是发展中大国温室气体排放量的继续大幅增长和经济快速发展,以及欧美等发达国家出现经济危机,欧美自2008年以来在联合国框架内的多边气候变化会议上,多次强调应该动态解释、修改或者重新适用"共区原则",强调中国等发展中大国在应对气候变化问题上承担新的、共同的减排义务。为此,欧美国家一方面否认或者淡化发达国家的历史排放责任,强调发展中大国的现实和未来责任;提出发展中大国从气候责任上来看已经是"主要排放者"、"最大的温室气体排放者",从未来看也是温室气体排放的主要来源,继而推动全球气候变化机制从根据历史累积排放界定历史责任的制度安排,转向根据将来的集体责任来削减排放。另一方面,欧美国家强调发展中大国的能力发生了变化,已经不是传统意义上的"发展中国家",而是界于发达国家和发展中国家之间的"新兴大国"、"主要经济体",因此主张对发展中大国的国家类属进行重新定位,从"附件一国家"与"非附件一国家"或者"发达国家"和"发展中国家"的区分转向对"主要经济体"和最不发达国家的区分,进而使发展中大国承担更多的减排义务。

中国等新兴国家则在联合国气候变化谈判会议上,多次强调应该维护《公约》原则、特别是"共区原则",认为欧美国家对该原则进行重新或者动态解释的实质,是修改现有的谈判轨道和气候制度安排,推动建立包括所有主要排放国、但对发达国家有利的全球减排框架。中国还强调新规则的制定一定不能打破既定的《公约》原则,《公约》原则应该发挥行动指南的作用。为此,中国坚持对"附件一国家"与"非附件一国家"、发展中国家与发达国家的区分。

欧美等发达国家与中国等发展中大国对"共区原则"的不同解读,一方面是由于这个原则本身所具有的模糊性与抽象性,另一方面是由于在新的国际政治和经济形势与排放格局下,欧美与中国对发展中大国的减排责任和能力的评估不同,前者希望通过重新解释"共区原则"使后者承担更多的减排义务与责任,而后者认为发展中大国在气候变化问题上责任和能力的增加并不意味着与发达国家差距的实质性减小,适用"共区原则"的历史和科学基础并未发生根本改变。在上述背景下,"共区原则"近年来在国际气候治理体系中的地位有被弱化和淡化的趋势。有的西方学者甚至认为,德班气候大会达成的一揽子协议与《哥本哈根协定》和《坎昆协定》最大的不同之处在于,后者明确重申了《公约》核心的原则,如公平原则和"共区"原则,而德班一揽子协议没有提及这些基本的原则。尽管可以说在德班平台上的新进程是在《公约》下启动的,其原则和条款自动适用,但是在20多年的国际气候谈判中,首次在一个关键的决议中没有提及"共区"原则也是非常微妙的。在此后于多哈与华沙气候变化大会上达成的一系列决议只是笼统地表明参照《公约》"原则",但是没有特别指出参照"共区原则"。①

这些分歧在此后一直存在,关于公平原则和"共区"原则的争论成了联合国气候变化谈判的重要障碍。在《巴黎协定》的谈判过程中,不少缔约方在其提交的提案中都提及公平原则。一些学者统计了160个缔约方和

---

① 薄燕:《巴黎协定坚持的共区原则与国际气候治理机制的变迁》,《气候变化研究进展》2016年第3期,第245页。

11 个谈判小组提交的提案,发现它们提到 1799 次公平原则。①总的来说,非附件一缔约方比附件一缔约方更频繁地提及公平问题。在 10 个最频繁提及公平原则的单个参与者中,只有瑞士是附件一国家,而巴西、中国、印度和"立场相近国家"(LMDC)排名第 2 到第 4。这表明,"发展中国家"比"发达国家"更关心公平问题,而且他们的许多公平原则直接参照了《公约》。②

相关分析还表明,一些通常被认为对缔约方自身利益很重要的因素—如历史排放量和支付能力—并不是气候谈判中影响公平观念的主要决定因素。相反,一个国家是否列在《公约》的"附件一国家"中,即它是否被分类为"发达国家"或"发展中国家"才是最强的影响因素。这一发现表明,缔约方分类深刻地影响了不同缔约方支持哪种公平观念。其中的一个重要原因是附件一国家在《公约》中与义务挂钩,而非附件一与权利挂钩,这意味着非附件一国家受益于这种分类的延续,而附件一国家受益于分类的取消。③因此,缔约方支持哪种公平原则其实是与自身的"身份",即附件一国家还是非附件一国家密切相关的。可以说,附件一和非附件一国家对不同的公平原则的偏好,是一个难以按照传统的治理结构解决的重要问题。

三、《巴黎协定》适用"共区原则"的方式

2016 年生效的《巴黎协定》作为国际气候治理体系的重要核心协议,既坚持了"共区原则",又在具体的适用路径方面实现了突破和创新。

第一,《巴黎协定》坚持"共区原则",延续国际气候治理体系公平合理的特征。

"共区原则"作为一个明确术语在《巴黎协定》中一共出现了四次。其前言部分指出,"根据《框架公约》目标,并遵循其原则,包括以公平为基础并体现共同但有区别的责任和各自能力的原则,同时要根据不同的国

---

①②③　Vegard Tørstada and Håkon Sælen, "Fairness in the climate negotiations: what explains variation in parties' expressed conceptions," *Climate Policy*, 2018 VOL.18, NO.5, pp.642—654, https://doi.org/10.1080/14693062.2017.1341372.

情"。第二条第2款指出："本协定的执行将按照不同的国情体现平等以及共同但有区别的责任和各自能力的原则"。第四条第3款指出："各缔约方下一次的国家自主贡献将按不同的国情,逐步增加缔约方当前的国家自主贡献,并反映其尽可能大的力度,同时反映其共同但有区别的责任和各自能力。"第19款规定:所有缔约方应努力拟定并通报长期温室气体低排放发展战略,同时注意第二条,根据不同国情,考虑它们共同但有区别的责任和各自能力。《巴黎协定》的透明度和遵约机制的统一规则体系,也体现了"共区原则"。第十四条指出"设立一个关于行动和资助的强化透明度框架,并内置一个灵活机制,以考虑进缔约方能力的不同"。该条还指出:"透明度框架应为发展中国家缔约方提供灵活性,以利于由于其能力问题而需要这种灵活性的那些发展中国家缔约方执行本条规定","同时认识到最不发达国家和小岛屿发展中国家的特殊情况,以促进性、非侵入性、非惩罚性和尊重国家主权的方式实施,并避免对缔约方造成不当负担"。这些规则都典型体现了针对发展中国家,尤其是最不发达国家和小岛屿发展中国家的区别待遇。

这些条款和表述意味着,《巴黎协定》坚持和体现了"共区原则","共区原则"继续成为一项指导2020年后国际气候治理体系的基本原则和构成要素。它也意味着在新的国际政治、经济和排放格局下,《公约》缔约方就"共区原则"的地位和适用又一次达成了妥协,在某种程度上解决了它们自2008年以来围绕着"共区原则"的重大分歧。

《巴黎协定》坚持"共区原则",实际上是坚持了对发达国家与发展中国家缔约方之间不同责任和义务的区分,这延续了该项国际机制"区别对待"或者"不对称承诺"的基本特征。《巴黎协定》明确规定:"发达国家缔约方应当继续带头,努力实现全经济绝对减排目标。发展中国家缔约方应当继续加强它们的减缓努力,应鼓励它们根据不同的国情,逐渐实现全经济绝对减排目标"。这意味着发展中国家当前根据国情,仍可采用不是全经济尺度的、部分温室气体的非绝对量减排或限排的目标,比如单位GDP的二氧化碳排放强度下降的相对减排目标。在资金问题上,《协定》也规定,"发达国家缔约方应为协助发展中国家缔约方减缓和适应两方面提供资金,以便继续履行《公约》下的现有义务",并"鼓励其他缔约方自愿提供或继续提供这种支助",进而明确了发达国家为发展中国家适应和减缓气候变化出资的义务。

《巴黎协定》坚持"共区原则",具有重要的科学、伦理和制度意义。从科学的角度说,对该原则的坚持反映了全球气候变化问题的科学本质对发达国家承担历史责任的要求。因为温室气体在大气中的累积是一个长期的历史过程,而这是一个基本的科学事实。"共区原则"发挥指导作用的历史和科学基础都还存在。从伦理的角度看,它既强调全球共同应对气候变化的必要性,又承认和尊重了当今世界发达国家与发展中国家仍然存在巨大差距的事实。虽然发达国家和发展中国家在气候变化问题上的责任和能力自《公约》生效以来发生了巨大变化,但是从总体上看发展中国家与发达国家在经济发展水平、所处发展阶段和减排能力上的差距依然显著存在,发达国家以较少的人口占比在历史累积排放总量和人均量上仍然占有支配地位,因此保持对发达国家和发展中国家的区分,并坚持和体现"共区原则",能够使国际气候治理机制继续体现公平和实质性平等的制度特征,并继续对机制内具体规则的制定发挥了重要的指导作用。这对于赢得发展中国家的支持,具有重要的作用,进而保证了发展中国家缔约方继续参与气候国际治理机制的积极性以及由此实现的缔约方的普遍性。

《巴黎协定》坚持"共区原则",也有助于提高该项国际协定的履约水平。"共区原则"的核心是从公平的角度出发,给予那些特定的国家以特别或者优惠的待遇,不管是基于它们不同的责任还是能力。这不仅仅是一个伦理和价值问题,还与国际气候治理体系的实际运作效果密切相关。国家只有在认为它们得到了平等的对待之后,才会有意愿参与到国际治理体系中,进而考虑提高它们的贡献水平。对于发展中国家来说,以对称承诺为基础的国际气候治理机制将会严重限制它们获取可持续发展的能力,也会进一步限制它们的履约能力和水平。《巴黎协定》通过坚持"共区原则"体现出来的制度设计特征承认和照顾了各国的不同国情,尊重了各国特别是发展中国家在国内政策、能力建设、经济结构方面的差异,从而有助于提高各缔约方履行相关承诺的积极性,改变目标行为体的行为,进而保障国际气候治理体系的有效性。[①]

---

① 薄燕:《巴黎协定坚持的共区原则与国际气候治理机制的变迁》,《气候变化研究进展》2016年第3期,第246页。

第二,《巴黎协定》坚持了对缔约方的区分,但具体的区分方式发生了新变化。

《巴黎协定》明确表明要遵循"共区原则",但在"包括以公平为基础并体现共同但有区别的责任和各自能力的原则"后面增加了"同时要根据不同的国情"。"根据不同的国情"最早出现在中美2014年发布的气候变化联合声明中,"利马气候行动呼吁"则强调缔约方承诺达成一项反映"共区原则"的2015年协议,其具体的条款是"根据不同的国情"。此后的《中美元首气候变化联合声明》《中欧气候变化联合声明》和《中法元首气候变化联合声明》都重申了这一点。"根据不同的国情"可以被理解为对"共区原则"的解释引入了动态的因素,因为随着国情的变化,国家之间共同但有区别的责任也会发生变化;国家的各自能力是与不同的国情相联系的,也会随着国情的变化而变化。总体上看,这个要素意味着《巴黎协定》区分缔约方的方式出现了新变化。

《巴黎协定》没有明确提及《公约》的附件国家,只是提及发达国家、发展中国家、最不发达国家、小岛屿发展中国家等国家类别。这意味着《协定》对发达国家与发展中国家的基本区分仍然保留,各方义务和权利基本延续了《公约》的安排。但是《协定》在强调各方要遵循包括"共区原则"在内的《公约》原则的基础上,特别提出要"根据不同的国情",这体现出对国家个体差异性的区分。在此基础上,《协定》更加强调发展中国家内部亚国家群组的差异性,尤其是那些最不发达国家、小岛屿发展中国家的脆弱性。这一方面体现了该项国际治理机制原有的区别对待的公平特征,另一方面"区别"不仅是指对不同的国家群组的区别,更是扩展为对参与国际气候治理体系的单个国家的区别。

可以说,国际气候治理体系内原有的简单的二元区分,被更为复杂和多元的区分方式所代替。在保持国家群组区分的方式外,《巴黎协定》使单个国家自己决定它们在"国家光谱"上所处的位置,可以说是一种"自我区分"。自我区分的方式在实践中更加实用,在一定程度上超越对附件一国家和非附件国家(或发达国家和发展中国家)的身份争论,展现了更多的灵活性,并为以新的方式分配减排责任和义务作出准备。

第三,《巴黎协定》的具体规则以自下而上的方式适用公平原则。

《巴黎协定》的规则体系涵盖了减缓、适应、损失损害、资金、技术、能力建设、透明度及全球盘点等主要内容。这些具体的规则体现和反映了"共区原则"。例如,在减缓方面,《协定》第三条要求"作为全球应对气候变化的国家自主贡献,所有缔约方将保证并通报第四条、第 七条、第九条、第十条、第十一条和第十三条所界定的有力度的努力,以实现本协定第二条所述的目的。所有缔约方的努力将随着时间的推移而逐渐增加,同时认识到需要支持发展中国家缔约方,以有效执行本协定。"第四条第三款规定"各缔约方下一次的国家自主贡献将按不同的国情,逐步增加缔约方当前的国家自主贡献,并反映其尽可能大的力度,同时反映其共同但有区别的责任和各自能力。"第四款要求"发达国家缔约方应当继续带头,努力实现全经济绝对减排目标。发展中国家缔约方应当继续加强它们的减缓努力,应鼓励它们根据不同的国情,逐渐实现全经济绝对减排或限排目标"。第五款规定"所有缔约方的努力将随着时间的推移而逐渐增加,同时认识到需要支持发展中国家缔约方,以有效执行本协定"。此外,第四条第 19款规定:所有缔约方应努力拟定并通报长期温室气体低排放发展战略,同时注意第二条,根据不同国情,考虑它们共同但有区别的责任和各自能力。

但是,《巴黎协定》中减缓规则适用"共区原则"的具体路径发生了变化。与《议定书》自上而下体现"共区原则"不同,《巴黎协定》的减缓规则体系主要是按照自下而上的方式适用该原则。

在减缓方面,《巴黎协定》第四条规定"各缔约方应编制、通报并保持它打算实现的下一次国家自主贡献。缔约方应采取国内减缓措施,以实现这种贡献的目标";"各缔约方下一次的国家自主贡献将按不同的国情,逐步增加缔约方当前的国家自主贡献,并反映其尽可能大的力度,同时反映其共同但有区别的责任和各自能力。"这种新的减缓规则意味着,虽然所有缔约方都应该共同做出国家自主贡献,但各国应根据自己的国情,自己的发展阶段和能力自下而上决定自己应对气候变化的行动和公平的减排贡献。这种新的区分模式有很大的包容性,可以动员所有的国家采取行动,从而增强参与的广泛性与普遍性,也有助于各缔约方切实有效地履行它们的减排承诺。此外,《巴黎协定》规定各国需要在 2020 年前对国家自主贡献的实施情况进行跟踪报告和适度更新设置,是一种通过程序设计的方式来约束各国达标而非强制目标分配的模式。另外,《协定》通过设置五年综合盘点来实现对目标完成效果的评估,也不同于该机制内原有的事前设定目标的做法。

可以说,除了将全球平均气温较工业化前水平升高控制在2摄氏度之内的目标之外,《巴黎协定》代表着国际气候治理体系在架构上向自下而上的正式转变。这种治理体系的架构旨在避免自上而下的国际分配与协调,提高国家的灵活性。各国有权作出自己的承诺,决定其性质和时间,重点在于促进透明度,而不是惩罚性遵守。《巴黎协定》作为一个整体具有法律约束力,但自主减排承诺本身并不具有法律约束力。

从各缔约方实际提交的国家自主减排贡献来看,采取了各种形式。一些国家提交了比照正常情况减少排放的承诺,一些国家提交了降低排放强度(单位GDP温室气体排放量)的承诺,另一些国家则提交了绝对净减少排放量的承诺。自主贡献的内容由国家自主决定,而不是国际谈判的结果。它们是"贡献"而不是"承诺",软化了法律色彩。因此自主减排贡献集中体现了《巴黎协定》内嵌的崭新的自下而上的治理结构。

《巴黎协定》确立了低于2摄氏度的全球温控目标,但避免实施碳排放预算,绕过了关于碳预算的规模、分配原则,或者每个国家的公平份额。这种自下而上的方式为各国针对气候变化承诺的公平性进行辩论提供了新的机会。在具体规则方面,特别是在支持减缓和适应的气候方面,它们适用"共区原则"的方式也不同于《京都议定书》。《巴黎协定》增加了国家在确定气候贡献方面的灵活性和酌处权,鼓励更广泛的参与。反过来,更广泛的参与应该支持和鼓励集体贡献的抱负。至少在这方面,《巴黎协定》标志一种新的可持续性规则的出现,即国家自主贡献应当"代表超越每个国家"当前承诺的进展。每个缔约方连续的国家自主贡献将代表超越该缔约方当时国家自主贡献的进展,并反映其最高可能抱负,遵循共同但有区别的责任和各自的能力原则,根据各自不同的国情。

第四,《巴黎协定》由缔约方自主决定其贡献的公平性与合理性,更具可操作性。

《巴黎协定》规定的提交国家自主减排承诺的标准中,有一项具体规定,即它将表明如何根据其国情,公平和雄心勃勃,以及它如何为实现《公约》第4条规定的目标作出贡献。这种设计的创新之处在于,缔约方自主决定其承诺的公平合理性,而不是通过谈判过程和由此产生的责任区分来进行。尽管这很有可能被缔约方加以利用——因为没有任何国家承认或将承认其贡献不公平或不具抱负,或承认其没有适当地促进实现《公约》的目标,但这种对自身贡献公平性的自我评估和自我证明也是对国际气候治理体系中已有的公平合理原则的承认和尊重。几乎每个缔约方都详细说明其对公平的自我认知的事实也突出了公平原则得到广泛支持的程度——即使人们认为这些原则不可能趋同。①

缔约方对于公平的观念并不相同,有时相互排斥,互相竞争,对于公平本身的分歧甚至加剧了谈判的僵局。因此用一种在特定国际政治情形下实用的方式适用公平合理原则至关重要。《公约》秘书处编写的综合报告,对已经提交的国家自主减排贡献进行了评估,从公平的角度重新审视了这种标准的多样性,包括"责任和能力;排放份额;发展和/或技术能力;减缓潜力;减缓行动的成本;进展程度或超出当前努力水平的延伸程度;与目标和全球目标的联系"。同时,报告还强调了这样一种观点,即原则和标准的具体结合是不可能趋同的:"没有一个单一的指标能够准确反映公平性或缔约方努力的全球公平分配。"②大量的例子证明了这些公平概念的多样性,而尊重和体现这种多样性使得"共区原则"更具可操作性。

同样重要的是,《巴黎协定》适用公平合理原则的过程中更多强调了各国国情的重要性。《公约》的综合报告总结了各国为证明其贡献的公平性而列举的各种情况,包括消除贫穷和提高生活水平的需要;人口结构和城市密度;地方或区域性经济的影响;经济发展和当前产业结构(例如,能源密集型或能源优势型产业的份额;或者是化石燃料生产国或出口国;能源组合及相关限制;经济多样化进程;对全球粮食和能源安全供应链的依赖;对区域和全球发展波动的敏感性;国家的大小和地理;气候合作自然资源捐赠,包括用于可再生能源;对气候变化影响的脆弱性,包括对气候敏感部门的依赖性,例如农业,旅游和水等。换句话说,在这个自下而上的架构中,缔约方的气候治理努力和贡献不是由国际碳预算科学背景下的公平性决定的,而是由单个国家的具体情况的公平性决定的。国情已经成为公平和减排力度的重要考量因素,正如《公约》秘书处所说,"国家决定

---

①② Nicholas Chan, "Climate Contributions and the Paris Agreement: Fairness and Equity in a Bottom-Up Architecture," *Ethics & International Affair*, 2016. 30(03), pp. 291—301.

缔约方按照自己的国情做出贡献的程度。"①

可以看出,这种新的模式下,各缔约方排放责任和义务的公平分配问题并不是由正式谈判决定的,国家贡献的内容本身也不是谈判的主题;相反,在《巴黎协定》的谈判进程中,许多争议的焦点在于各国提交这些报告的程序与过程。《巴黎协定》的很多与程序有关的规定,旨在随着时间的推移推动缔约方做出越来越高的承诺。其中最主要的是全球盘点以及提高程序的透明度,以增强对彼此行动的理解。

这也增强了合理性。在微妙和脆弱的国际环境中应对气候变化问题,最重要的是以最可行的方式订立多边协议的条款,使得国家能够进行合作而不是抵制合作。国家通常会在认为能够从合作中获取收益的情况下进行合作。《巴黎协定》根据国情自主作出公平合理承诺加审评的方式更容易获得政治共识,得到国家的支持,建立了一种推动持续性合作的结构。它将随着时间的推移获得动力,能够更加持久、有效。

第五,《巴黎协定》使得国际社会对国家自主减排贡献公平性的评估更加可行。

在《巴黎协定》下,缔约方通过自下而上的方式自主确定国家自主贡献,其公平性到底如何更容易引起国际社会的争论和辩论,得到不同来源的评估,来确定其是否真正是公平的和雄心勃勃的。这些评估和争论可能更多是非正式的。事实上,市民社会的各种行为体已经在国际和国内两个层次开展这种批评。例如,一份由非政府组织联合发布的评估报告认为,所有主要发达国家的减排雄心都远远低于其公平份额。依据这份报告,那些在气候雄心和公平份额之间有着最明显差距的国家包括:

俄罗斯,其自主贡献对其应该担负的公平份额的贡献为零;日本的自主贡献约占其公平份额的十分之一;美国的自主贡献约占其公平份额的五分之一;欧盟的自主仅占其公平份额的五分之一多一点。

大多数发展中国家作出了超过或大致满足其公平份额的减缓承诺:巴西的自主贡献占其公平份额的略多于三分之二,中国的贡献则超过了

---

① Nicholas Chan, "Climate Contributions and the Paris Agreement: Fairness and Equity in a Bottom-Up Architecture," *Ethics & International Affair*, 2016. 30(03), pp.291—301.

其公平份额。[1]

事实上,各国可能越来越多地开始对彼此的承诺进行类似的批评,尽管是以非正式的方式。例如,巴西环境部长强调,鉴于新加坡和韩国的相对繁荣,它们的国家自主减排贡献是"不可原谅的"。这种对某个国家自主减排贡献公平性的批评和公开讨论可能不会导致对该国修改其所承诺的贡献。但它们确实表明,在自我区别的自下而上的背景下,开始出现一种不同的动态,即单个国家贡献的公平和合理性既由自身决定,但是更容易得到国际社会的关注,国家贡献的质量和内容也将更容易得到国际社会的讨论和评估。

综上所述,从国际气候治理体系的整体来看,《巴黎协定》在构成和机理上都更加丰富。《公约》及其《京都议定书》更加注重减缓,而《巴黎协定》既关注减缓也关注适应,新的议题进入谈判议程,并建立了华沙损失和损害国际机制。最重要的是,《巴黎协定》对全球气候治理进程面临的复杂性做出了回应,注重挑战的"政治本质"。它所确立的自下而上的架构首要目标是解决政治可行性的问题。国家自主减排贡献所具有的灵活性能够克服两分法的政治瓶颈。它承认缔约方个体的自主性,允许它们根据自身的国情公平合理地确立其贡献。与指令性指标相比,它提供了一种制度性环境,规定了明确和客观的程序,能够使国际社会集体塑造整体的气候治理努力。[2]

四、现有适用方式的意义与困境

尽管现有的国际气候治理体系表现出公平合理的特征,并且其内在的治理结构经历了巨大的演变,但该体系在公平合理性方面仍然存在着困境,具体表现如下:

---

[1] Action Aid, APMDD, CAN South Asia et al.(2015), *Fair shares: A civil society equity review of INDCs*. Report, November 2015. http://civilsocietyreview.org/report.

[2] Idil Boran, "Principles of Public Reason in the UNFCCC: Rethinking the Equity Framework," *Science and Engineering Ethics*, (2017) 23, pp.1253—1271, DOI 10.1007/s11948-016-9779-9.

1.《巴黎协定》采取的自下而上的自我区分方式弱化了"共区原则"。

基于谈判各方对"共区原则"的深刻分歧,如果没有自下而上的自我区分方式的引入,《巴黎协定》很可能就不会通过。从这个角度看,这种新的治理结构显然有助于打破《巴黎协定》谈判过程中的僵局。但是从发展中国家的角度来看,它弱化了"共区原则"。

该方式虽然承认各国国情的差异性,使其比自上而下的方式更具有活力。然而,自下而上的自我区分可能导致国家并不根据自身真实的责任和能力进行自我区分。相反,对经济利益的考量很可能比对发达国家和发展中国家的区分更能左右缔约方减少温室气体排放的意愿。尽管自我区分允许有意愿的国家超出其在《京都议定书》下的义务,但鉴于经济发展和环境退化之间的复杂关系,如果国家认为承担减排义务会导致经济的放缓,就可能不愿意这样做。因此,自我区分方式虽然改变了"共区原则"的适用方式,从而使其更加可行,但它在很大程度上代表了现有体系内的治理模式是由国家利益驱动的,而非国际雄心驱动的。

显然,自我区分的方式会使发达国家与发展中国家阵营的界限日趋模糊,使得多边气候谈判中的利益格局更加复杂,尤其是会出现发达国家与发展中国家混合组建的谈判集团如雄心联盟等,进而模糊国际气候治理体系对不同类别缔约方责任和义务的区分,增加具体规则谈判和落实的不确定性。这为强化发展中大国的责任和义务提供了依据,也为发达国家不能有效履行相应的责任和义务提供了借口。从《巴黎协定》具体的规则体系来看,它对于减缓、资金、透明度、全球盘点、遵约机制的规定,强调了所有国家的共同行动,淡化了发达国家的历史责任,强调了发展中国家未来的责任。这是对"共区原则"的核心,即区别对待的削弱。①

此外,在自下而上的体系结构中,大多数缔约方强调新治理结构带来的政治参与的普遍性和灵活性的好处,相比之下如何维护公平这一问题受到的明确关注却相对减少了。

2. 没有真正解决发达国家和发展中国家之间的差异与分歧。

一般来说国际法中有三种类型的法律规范:绝对规范、差别规范和语

---

① 巢清尘、张永香、高翔、王谋:《巴黎协定——全球气候治理的新起点》,《气候变化研究进展》2016 年第 1 期,第 63 页。

境规范。绝对规范要求对所有当事方一视同仁,不考虑任何特殊情况。它们的优点是易于管理。差异性规范考虑特殊情况,为不同当事人或当事人群体提供不同的标准,如不同程度的承诺、例外、较长或推迟的实施时间等。差异性规范比绝对性规范更难实施,因为它们在确定区分标准方面存在挑战。语境规范表面上提供了相同的标准,但是要求在适用时考虑每一方的特殊情况。它们的优点是更容易得到协商,但其缺点是,由于它们经常使用不精确的语言,它们比差异性规范更难实施——例如,如何判断当事人的负担是否"合理的"。"共区原则"可以说是一种差别规范。自我区分原则可以被归类为语境规范,因为它要求所有国家都做出自主贡献,但同时允许每个国家在适用该规范时考虑自身的情况。

与《公约》及其议定书不同,《巴黎协定》没有提及《公约》对缔约方的分类。由于对缔约方的分类一度成为联合国气候变化谈判中阻碍公平原则趋同的最明显障碍,《巴黎协定》显然成功避开了谈判中的根本性矛盾。然而,《协定》确实多次提到"发达国家"和"发展中国家",因此引入了比以前更加微妙和模糊的区别。更重要的是,自我区分成为对缔约方分类的主要方式。这一发展可以看作附件一缔约方的胜利。附件一国家和非附件一国家都必须每五年提交国家自主确定的贡献。责任分担将源于各国的国内决策,而非国际谈判。在这个过程中,要求各方证明自己的贡献是"公平和雄心勃勃的"。因此,《巴黎协定》可以说包含了差别规范和语境规范,虽然它们更容易达成和获得支持,但是它们在实施起来也面临着更大的困难。

《巴黎协定》虽然以新的方式动态地适用了"共区原则",但是并没有真正解决发达国家和发展中国家之间的分歧问题,并且这种分歧仍然非常明显地存在的。在后巴黎时代的谈判中,看似技术性的讨论遇到了"障碍",部分也是由于这个原因。事实上,各国在如何确定气候行动的优先次序方面有着非常不同的看法。对于许多发展中国家来说,当务之急是确保立即向遭受洪水、风暴或其他灾害伤害的居民提供援助。在此之后,应该加强适应行动及其机制建设,以便更好地为未来的风险做好准备。对他们来说,适应是比减缓更具优先性的问题。而发达国家对减缓措施更感兴趣,其次是透明度。因此,各国谈判者在后巴黎时代不得不继续处理这个问题,即使对附件一国家和非附件一国家的分类作为一种范式已经减弱,它仍然可能以新的方式呈现出来。

《巴黎协定》的另一个显著变化是对"历史责任"的淡化。历史责任的淡化导致《巴黎协定》的减排责任模式更多地趋向"未来责任"和"共同责任",即各缔约方均通过国家自主贡献承担减排义务,自主决定其力度和雄心。这实际上弱化了发达国家作为全球气候变化主要贡献者的伦理责任。

北京师范大学的董文杰教授和他的团队利用耦合的地球系统模式,揭示不同国家的温室气体排放对全球气候变化的作用。2012年联合国多哈气候大会前夕,董教授及其团队利用中美两国地球系统模式,设计数值试验方案,量化了发达国家和发展中国家对气候变化的历史责任和减排贡献。研究指出,发达国家应对碳排放造成的气候变暖承担约2/3的历史责任,发展中国家承担约1/3的历史责任。当时发达国家的减排承诺对于减缓未来气候变暖仅有1/3的作用,相反地,发展中国家承诺减排却有着2/3的作用。[①]这项研究通过先进的模式模拟试验和详实的数据明确指出了当时在国际气候变化外交谈判中的不公平性,强有力地支持了中国的气候变化外交立场。

此后,荷兰气候变化研究专家指出,发展中国家快速的工业化已经使得发达国家和发展中国家集团的碳排放量格局发生巨大的变化。他们质疑此前的研究没有包含近期(2006—2011年)排放的影响,可能严重低估了发展中国家的气候变化历史责任。这使得基础四国(巴西、南非、印度和中国)的气候谈判依据备受质疑,大大限制了中国在气候谈判中的话语权。为此,董文杰团队再次利用地球系统模式,研究了2006—2011年碳排放趋势对气候变化历史责任归因的影响。研究表明:这一时期的碳排放使发达(发展中)国家的气候变化责任减小(增大)了1%—2%,对长期的责任归因影响很小。2014年美国纽约联合国气候峰会前,董文杰团队重新梳理了对碳循环的认识,首次将陆地和海洋对二氧化碳的吸收作用纳入责任归因的考虑中。研究发现,作为历史上的"排放主力",发达国家的责任被地球的固碳机制削弱了。发达国家排放的碳多,溶入海水中的以

---

① Wei, T., and Coauthors, 2012, "Developed and developing world responsibilities for historical climate change and CO_2 mitigation," PNAS, 109(32), 12911—12915.

及被植被吸收的也多。由此,新研究很好地解释了排放责任的"3 倍"与致暖贡献率的"2 倍"之差。①

巴黎气候大会结束后,针对以往研究没有考虑的其他重要的温室气体,董文杰团队再次开展数值模式试验,研究了二氧化碳、甲烷和氧化亚氮综合影响下的气候变化责任。进一步指出,发达国家和发展中国家1850—2005 年的温室气体排放对气候变化的贡献率分别是53%—61%和39%—47%。考虑到甲烷和氧化亚氮的影响后,发达国家仍然是历史气候变化的主要贡献者。②

尽管气候模式及其所用的外强迫存在一定的不确定性,但一系列研究均表明,工业革命以来发达国家的温室气体排放仍然是近百年全球气候变化的主要责任者。为了实现《巴黎协定》中将全球平均气温较工业化前水平升高控制在 2 摄氏度之内,并为把升温控制在 1.5 摄氏度之内而努力的目标,发达国家必须承担起其应有的减排责任,做出更大的减排努力,并且加强对发展中国家减排的资金、技术和能力建设支持。否则,任何国际协议都难以实现人类社会公平和可持续发展条件下的减缓气候变化目标。

3. 减排目标的强化与减排模式弱化的并存。

《巴黎协定》面临的另一个困境是减排目标的强化与减排模式弱化的并存。《巴黎协定》重申了"把全球平均气温升幅控制在工业化前水平以上低于 2 摄氏度之内,并努力将气温升幅限制在工业化前水平以上 1.5 摄氏度之内"的目标,进一步强化了减排的雄心,但是其自下而上的自主减排模式虽然照顾了缔约方主体的广泛性和减排的灵活性,更具合理性,但在减排力度方面实际上是一种弱化。各缔约方目前所作出的自主减排承诺不能实现 2 摄氏度以下目标,更远低于 1.5 摄氏度目标。即使所有国家都

---

① Wei, T., W. J. Dong, W. P. Yuan, X. D. Yan, and Y. Guo, 2014, "Influence of the carbon cycle on the attribution of responsibility for climate change," *Chinese Science Bulletin*, 59(19), pp.2356—2362.

② Ting WEI, Wenjie DONG, Qing YAN, et al., Developed and Developing World Contributions to Climate System Change Based on Carbon Dioxide, Methane and Nitrous Oxide Emissions. Adv. Atmos. Sci., 2016, 33(5), pp.632—643; Wei, T., W. J. Dong, B. Y. Wu, S. L. Yang, and Q. Yan:《近期碳排放趋势对气候变化历史责任归因的影响》,《科学通报》2015 年第 7 期,第 674—680 页。

履行了自主减排贡献的承诺,世界也有可能受到破坏性的升温3摄氏度或更高温度的影响,这极有可能使全球气候系统陷入灾难性的失控变暖。[1]

由于缺乏《京都议定书》下的具有约束力的减排机制,这种背景趋势仍可能进一步加强,实际的减排效果更加不可控。虽然《巴黎协定》的另一个关键因素是"全球盘点",即将"根据公平"每五年评估一次集体进展。但是对于如何从足够雄心勃勃和公平的角度进行评估,仍然具有很大的挑战性。

可以说,国家自主贡献的模式以合理性或者可接受性作为其制度设计者们优先考虑的问题。基于各国不同的公平观点和标准难以协调,国家自主贡献更多强调"各自能力原则"和各国国情的差异性,以确保这种模式的合理性和实用性,从而保证其政治上的可接受性,但是越过了责任划分的前提,历史责任被淡化,也没有提供"共区原则"的具体适用标准,伦理因素被淡化。从某种程度上说,它作为安排模式的合理性的提高,是以削弱公平性为代价的。

从未来来看,为了提升减排雄心,对什么是公平,进行全球盘点的时候虽然不需要采取单一的、权威的立场,但仍需提出一些指导原则。例如,在自主减排贡献中如何体现公平原则?事实上,每个国家在确立自减排贡献时都应该考虑三个方面:责任,即对造成气候变化问题的历史责任;能力,即一个国家减少温室气体排放的能力;权利,包括贫穷国家进行可持续发展的权利以及公民个人温室气体排放的权利。

4. 现有体系对适应问题领域的建设不够。

减缓与适应是国际气候治理体系内应对气候变化问题的两大基本途径。但是与减缓相比,对适应问题的谈判进展缓慢,成果有限。从1992年的《公约》直至2007年的第13次缔约方会议之前,适应问题只是气候谈判的一个附属性问题,在相当长的时间内并未得到充分重视。从第13次缔约方会议开始,适应问题被提到了与减缓同等重要的地位。在巴厘岛会议上,虽然适应议题的紧迫性和重要性开始得到缔约方的认可,但发达国家和发展中国家在适应行动的具体开展方面还存在较大分歧,比如适应

---

① Action Aid, APMDD, CAN South Asia et al.(2015), "Fair shares: A civil society equity review of INDCs," Report, November 2015. http://civilsocietyreview.org/report.

行动何时开展、如何开展,尤其是适应的资金、技术应主要有谁来承担。①
2010年第16次缔约方大会中,各缔约国就制定适应气候变化的体制性安排,帮助受气候变化影响的最弱势国家达成一致,建立了坎昆适应气候变化框架。该框架于2011年在第17次缔约方会议上启动,建立了专门适应委员会,启动了绿色气候基金,为适应行动提供资金支持,并建立了一个技术机制。这预示着国际社会对适应领域从观念上的重视过渡到真正的实践。此后的多哈会议进一步重申和明确了气候变化适应议题的重要性。2015年通过的《巴黎协定》在适应部分设立了与全球温升目标相联系的全球适应目标,明确了对发展中国家的适应支持,并确定了具有一定法律约束力的全球适应信息通报和5年周期的全球盘点。在损失损害部分,《巴黎协定》锁定了《公约》下的华沙损失损害国际机制,并基本确定了一个各国通过可持续发展和国际合作共同解决损失损害问题的框架。

但是,《巴黎协定》仍然没有解决缔约方之间关键性和实质性的分歧,尤其是在原则方面。虽然《巴黎协定》的前言和第2条写入了"共区原则",并且适应条款也维持了对发达国家与发展中国家的区分,但是该条款并未明确写入"共区原则",因此在适应领域如何适应公平原则与合理原则,这是一个悬而未决的问题。

在适应问题上,获得对适应行动的支持是发展中国家的核心关切,也是"共区原则"的重要体现。在这个问题上,七十七国集团加中国的共同立场是要求发达国家为发展中国家的适应行动提供长期的、不断年增加的、可预测的、新的和额外的资金、技术和能力建设的支持。但发达国家为了减少出资义务,只同意为特别脆弱国家,如小岛屿国家和最不发达国家提供资金支持,并要求其他有意义或者有能力的国家也为特别脆弱国家的适应行动提供支持。最后《巴黎协定》的有关条款仅模糊提及发展中国家的适应行动需要持续和增强的支持,而通过资金条款明确规定发达国家应为协助发展中国家的适应行动提供资金并带头筹集气候资金,以履行其在《公约》下的现有义务,并实现资金在减缓和适应上的平衡分配。然而《巴黎协定》没有明确发达国家必须提供的资金数量,仅提出发达国家继

① 居辉、韩雪:《气候变化适应行动进展及对中国行动策略的若干思考》,《气候变化研究进展》2008年第5期。

续它们到 2025 年的集体筹资目标,并要求协定缔约方大会在 2025 年前考虑设立一个新的、不低于每年 1000 亿美元的集体筹资量化目标。由于决定缺乏充分磋商,语言模糊,很难由此完全确定新的资金量化目标是否限于发达国家,也未提及适应应得到的资金规模。①因此需要大幅增加公共气候融资,以满足适应成本,并弥补发展中国家的损失和损害,特别是最脆弱国家的损失和损害。

总之,《巴黎协定》虽然设计了 2020 年后全球气候治理的宏观框架,但仍有很多技术性工作亟待完成,有许多关键性和实质性分歧并未得到有效解决。此后国际社会的关注点将转向具体实施规则的谈判。如何在技术细则的谈判中贯彻《公约》的原则和条款,避免在技术细节问题上背离"共区原则",仍然是今后国际气候谈判中的主要挑战。

结　　论

"共同但有区别的责任和各自能力原则"是全球气候治理机制的重要原则。该原则的核心要义是区别对待不同的缔约方,通过公平合理的方式来协调应对气候变化的全球合作行动,进而提高全球气候治理的有效性。在过去的二十多年里,全球气候治理机制适用"共区原则"的方式出现重大的变化。《框架公约》及其《京都议定书》主要通过对缔约方"二分"和自上而下分配减排目标的方式适用"共区原则",《巴黎协定》则是通过使缔约方自我区分和自下而上确立国家自主减排承诺的方式适用"共区原则"。这种变化反映了国际社会为有效应对全球气候变化问题而进行的不断尝试和创新,代表着全球气候治理机制内部的重大变迁。从整体上看,全球气候治理机制当前适用"共区原则"的方式更优先考虑了在国际层次适用公平合理原则的政治可行性、灵活性和可操作性,有助于参与的广泛性,但是这种新的适用方式也面临着多方面的困境,需要在后巴黎时代的联合国气候谈判中加以应对。

---

① 陈敏鹏等:《巴黎协定适应和损失损害内容的解读和对策》,《气候变化研究进展》2016 年第 12 期,第 251—257 页。

制造业国际分工对发展中国家减排政策的双重影响:一个分析框架 *

黄以天 **

【内容提要】 随着发展中国家融入国际性的产业分工体系,迅速发展的制造业导致温室气体排放大量增加。理解发展中国家减排政策遇到的挑战,对于进一步认识制造业国际分工的影响有积极作用。本文以经济全球化的"三难困境"为理论基础,通过演绎和案例分析构建关于发展中国家减排政策与国际产业分工关系的分析框架,提出制造业的国际分工、减排责任的国别划分模式,以及全球气候治理有效性三者之间的矛盾是发展中国家面临的"三难困境",同时也有助于维护"共同但有区别的责任和各自能力"原则。通过比较分析,具体探讨了制造业的特点带来的积极影响。结论从国内机制建设、国际合作和减排责任分配的市场规则三个角度提出了建议。

【关键词】 制造业;国际分工;气候治理;发展中国家减排政策;"三难困境"

【Abstract】 With the integration of developing countries into the global system of industrial distribution, the rapid development of manufacturing industries has been leading to the dramatic increase of greenhouse gas emissions. Understanding the policy challenges that developing countries face has a positive impact on assessing the influence of international distribution of manufacturing industries. Based on the "trilemma" theories of economic globalization, this article uses deductive and case analysis to develop an analytical framework about the relationship between the mitigation policies of developing countries and international industrial distribution. On the one hand, It argues that developing countries face a "trilemma" between the international distribution of manufacturing industries, country-based allocation of mitigation responsibilities, and the effectiveness of global climate governance, which at the same time contributes to maintaining the principle of "common but differentiated responsibilities and respective capacities". Then a comparative analysis is used to demonstrate the positive impact of the features of manufacturing industries. It concludes with policy suggestions on domestic capacity building, international cooperation and market rule innovation.

【Key Words】 Manufacturing Industries, Transnational Distribution, Climate Governance Mitigation Policy of Developing Countries, "Trilemma"

---

  * 本文系教育部 2017 年度社科青年项目"中国引领国际碳交易机制建设的路径研究"(项目编号:17YJCGJW004)、上海市 2017 年度晨光计划项目"跨国产业分工对中国环境政策制约及对策创新研究"(项目编号:16CG05)的阶段性成果。

  ** 黄以天,复旦大学国际关系与公共事务学院副教授。

一、引　言

国际产业分工是全球化时代的重要特征。以"全球价值链"为例,世界贸易组织的统计数据显示,2011 年 49%的贸易涉及两个或以上国家。[①]就制造业而言,常有多个国家的企业参与一项工业产品的设计、研发、生产和销售,从而形成国际产业分工。出于优化资源配置和降低成本的考虑,掌握核心技术的国际公司往往选择由位于发展中国家的企业承接生产过程。尽管在后金融危机时代,发达国家采取了一些推动制造业回流的措施以促进其国内经济增长和就业,但并未改变技术含量较低的工业品生产过程总体上集中于发展中国家的格局。发展中国家获得了很多收益,如拉动经济增长、促进就业等。[②]但所处的劣势地位不容忽视。从人力资源、自然资源到环境容量的使用,发展中国家以低廉的价格加入了制造业的国际分工体系。[③]其中环境问题是一项严峻挑战,对发展中国家的可持续发展构成重大威胁。[④]

发展中国家在参与制造业的国际分工过程中遭遇的环境问题涉及国内与国际两个层面。如下文所述,从环境法律法规的制定和执行、经济发

---

① WTO, *International Trade Statistics 2015*. World Trade Organization, 2015, https://www.wto.org/english/res_e/statis_e/its2015_e/its15_toc_e.htm,访问时间:2019 年 7 月 25 日。"全球价值链"指的是"the sequence of all functional activities required in the process of value creation involving more than one country",参见 Rashmi Banga, "*Measuring Value in Global Value Chains*," United Nations Conference on Trade and Development, 2013, p.6.考虑到实证研究在具体产业层面更多采用供应链的概念,本文在讨论中使用"供应链"而非"价值链",参见王金圣:《供应链及供应链管理理论的演变》,《财贸研究》2003 年第 3 期,第 64—69 页。

② 张健敏、葛顺奇:《中国承接产业转移的模式变化及政策选择》,《国际经济合作》2014 年第 4 期,第 11—14 页。

③ Raphael Kaplinsky, "Globalisation and Unequalisation: What Can Be Learned from Value Chain Analysis?" *Journal of Development Studies*, Vol.37, Issue 2, 2000, pp.117—146;张少军、刘志彪:《全球价值链模式的产业转移——动力、影响与对中国产业升级和区域协调发展的启示》,《中国工业经济》2009 年第 11 期,第 5—15 页。

④ 许林:《国际产业转移对中国经济及环境保护的影响与对策》,《生态经济》2014 年第 3 期,第 113—116 页。

展与环保协调等角度已有诸多探讨和成果。然而,对于这类环境问题与发展中国家在产业分工中劣势地位的联系还鲜有探讨。由于环境污染作为负的外部性也是一种成本,由发展中国家承担污染损失和治理成本的现状在宏观上反映了国际产业分工的公平性存在突出问题。

在与国际产业分工密切相关的诸多环境问题中,发展中国家的温室气体排放因其与全球气候治理的密切联系而受到关注,同时也体现了发展中国家与发达国家利益的差异。例如,少数发达国家曾主张单方面实施"碳关税"以配合国内的减排措施,其理由即是高排放行业会受其国内减排政策影响而转移至发展中国家——即导致所谓的"碳泄漏"。[①]而从发展中国家的角度来看,高排放行业的发展固然有拉动经济增长等收益,但由于发展中国家在全球气候治理中受到的国际压力不断上升,这些行业也带来了更高的潜在减排成本——在当前的国别责任划分模式下,成本仅由直接排放国承担:以中国为例,2013 年有超过 20%的碳排放与工业制成品出口有关。[②]在全球气候谈判中考虑到生产与消费过程跨国分布的影响,显然能更为公平地反映各国对温室气体减排所应承担的责任。

本文分为四个部分展开,通过理论分析与实证研究相结合的方式,试图为探讨制造业的国际分工对发展中国家减排政策——以及对全球气候治理的影响——提供一个初步的分析框架。首先,本文以分析和阐述发展中国家减排政策的影响因素和变化趋势作为基础,提出发达国家学者应关注"竞底竞争"从而对理解"碳关税"产生的争议,以及发展中国家在减排政策选择上的困境与局限性。其次,以关于全球经济一体化的"三难困境"为理论依据,结合前文的讨论,提出发展中国家的减排政策以及全球气候治理共同面临的"三难困境"——即制造业的国际分工、减排责任的国别划分模式,以及全球气候治理有效性之间的冲突,并分析其机理。第三,以"碳关税"和国际民航业减排机制等争议为例进行比较分析,探讨制

---

① Helene Naegele and Aleksandar Zaklan, "Does the EU ETS cause carbon leakage in European manufacturing?" *Journal of Environmental Economics and Management*, Vol.93, 2019, pp.125—147.

② 戴彦德、王波、郭琳、赵忠秀等:《中国低碳经济发展报告(2014)》,社会科学文献出版社 2014 年版。

造业国际分工对发达国家的制约。第四,从发展中国家的国内机制建设、国际合作和市场规则三个角度提出建议。

二、影响发展中国家减排政策的因素

(一) 经济增长、独立性与公平性

工业生产过程必然需要利用环境容量,从而导致环境成本的产生。[①]如何分配对于环境容量的使用权——包括污染治理费用的分担等,在国内层面涉及政府、企业、个人等多个利益相关方。[②]在国际层面,如何划分零部件或终端消费品生产过程中的环境成本,还涉及不同国家的产业和消费者利益——温室气体减排即是典型代表。

在整体上,由于社会经济结构、发展水平等差异,发展中国家环境治理面临的挑战具有多样性。受制于资金缺乏、技术水平相对较低等因素,环境库兹涅茨曲线(Environmental Kuznets Curve)在诸多发展中国家的实证检验,说明严重的环境污染在经济增长的早期阶段并不少见。[③]在可持续发展的理念得到广泛传播的同时,经济增长的目标常被优先对待。[④]甚至可能出现过于重视短期增长目标,以牺牲环境为代价追求短期经济

---

① 邓海峰:《环境容量的准物权化及其权利构成》,《中国法学》2005 年第 4 期,第 59—66 页。

② 王社坤:《对环境权与相关权利冲突之追问》,《法学论坛》2011 年第 6 期,第 123—128 页;张钢、宋蕾:《环境容量与排污权的理论基础及制度框架分析》,《环境科学与技术》2013 年第 4 期,第 190—194 页。

③ David Stern, Michael Common and Edward Barbier, "Economic Growth and Environmental Degradation: the Environmental Kuznets Curve and Sustainable Development," *World development*, Vol.24, Issue 7, 1996, pp.1151—1160; David Pearce, Edward Barbier and Anil Markandya, "*Sustainable Development: Economics and Environment in the Third World*," Earthscan, 2013.

④ 方行明、刘天伦:《中国经济增长与环境污染关系新探》,《经济学家》2011 年第 2 期,第 76—82 页;Bruce Rich, "*Mortgaging the Earth: The World Bank, Environmental Impoverishment, and the Crisis of Development*," Island Press, 2013. Christopher Barr, Keith Barney, Sarah Laird, Chris Kettle and Lian Pin Koh, "Governance Failures and the Fragmentation of Tropical Forests." in Chris Kettle and Lian Pin Koh, eds, *Global Forest Fragmentation*. CABI International, 2014, pp.132—157.

增长的情况。①

当然，对环境保护与其他目标间张力的处理方式可能受到更为复杂原因的驱动。发展中国家在参与包括气候治理在内的全球环境治理时，为维护自身的合法权益，通常需要强调维护主权和政策独立性。巴西政府同一些发达国家以及社会组织就亚马逊热带雨林的管理和开发产生的争议就是一个很好的例子。各方都有可持续利用雨林的意愿，但对具体措施存在较大分歧。其中，巴西政府强调在管理利用过程中主权权利的行使，在主权原则的基础上制定保护与开发目标。②

与其他环保领域的情况类似，对经济和社会成本的顾虑是直接影响发展中国家减排政策的重要因素，独立自主地实现对发展权利的追求也是发展中国家参与全球气候治理时的一项基本考量。③而发达国家的历史累积高排放和更高的人均排放，使得国别减排责任在发展中国家和发达国家间的划分还关系到公平原则的适用，从而更加复杂化。无论是处在后工业化时期还是工业化进程中的发展中国家，减排主要涉及第一和第二产业，并且伴随着对于国际社会资金和技术支持的需求——但发达国家在强调发展中国家应投入更多减排资源的同时，在援助的提供上倾向于支持营利的私人部门主导，而对公共部门资源的投入普遍不够积极。④《巴黎协定》改变了直接划分国别减排责任的"《京都议定书》"模式，各国学者对自主减排贡献的分配方案进行了大量探讨，但近期有研究表明，发展中国家对公平性的要求在诸多方案或模型中并未得到充分体现。⑤

（二）新趋势：市场化导向和非国家行为体兴起

尽管在发展水平和产业结构特点等方面各有差异，但包括中国在内

① 张为杰：《政府分权、增长与地方政府行为异化——以环境政策为例》，《山西财经大学学报》2012年第7期，第16—25页。
② Marco Vieira, "Brazilian Foreign Policy in the Context of Global Climate Norms," *Foreign Policy Analysis*, Vol.9, Issue 4, 2013, pp.369—386.
③ 李雪平、万晓格：《发展权的基本价值及其在〈巴黎协定〉中的实现》，《武大国际法评论》2019年第3期，第31—46页。
④ 辛秉清、刘云、陈雄、许佳军、陈纪瑛、孙洪：《发展中国家气候变化技术需求及技术转移障碍》，《中国人口·资源与环境》2016年第3期，第18—26页。
⑤ 林洁、祁悦、蔡闻佳、王灿：《公平实现〈巴黎协定〉目标的碳减排贡献分担研究综述》，《气候变化研究进展》2018年第5期，第529—539页。

的主要发展中国家大多将发展市场经济作为推动增长的重要路径。并且在这一进程中,治理机制进行与市场经济相适应的改革,以及参与的利益相关方的多元化和国际化是两项重要趋势。就减排政策的制定和实施过程而言,则具体表现为市场化政策工具的采用、以及企业、社会组织等非国家行为体角色的吃重。

首先,通过建立各种碳排放权交易机制,一些发展中国家在改变传统的节能减排模式,而更多采用市场化方式为温室气体定价,从而将减排成本在经济活动中内部化。例如,以大气和水体污染物总量控制治理模式为代表,中国的环境治理在传统上主要依靠"自上而下"的路径。[①]但自20世纪90年代初期开始进行二氧化硫排放权交易试点,近些年在一些重点地区进行了规模更大的应用和推广。在这些排放权交易试点的基础上,中国自2008年开始探索碳排放权交易机制的建设,并且在2013年正式启动了交易试点,2017年起正在向全国推广。

随着气候变化成为国际社会公认的重大环境挑战,其他多个发展中国家也已开始将碳排放权交易确立为重要的减排政策工具。早在2010年,世界银行就已启动"市场准备伙伴关系"(Partnership for Market Readiness)计划,为发展中国家碳市场机制的建立提供资金和技术支持。[②]至2018年,已有越南、哈萨克斯坦、塞内加尔、土耳其、墨西哥、哥伦比亚、智利等发展中国家建立碳排放权交易机制,还有巴西、泰国等正在考虑该项工具的使用。在《巴黎协定》明确自主贡献的模式后,发展中国家对碳交易以及相关国际合作的兴趣已更加凸显。

其次,随着发展中国家市场经济的发展完善和利益相关方的多元化,非国家行为体在减排等环境治理中表现得越发活跃。总体上,包括企业、环保组织等在内的非国家行为体采取的"私有治理"(private governance)行动包括通过发布企业社会责任报告、进行环保公益宣传、提出政策建议等。[③]其中,在涉及国际产业分工的领域,一些国际公司单独行动,或与国

---

① 张坤民:《中国环境保护事业60年》,《中国人口·资源与环境》2010年第6期,第1—5页。
② 参见"市场准备伙伴关系"网站:https://www.thepmr.org/content/participants。
③ 国合会"中国环境保护与社会发展"课题组:《中国环境保护与社会发展》,《环境与可持续发展》2014年第4期,第27—45页。

际环保组织进行合作,利用在市场上的优势地位,制定环保标准,并要求发展中国家供应商改进环保表现。例如,世界自然基金会(World Wildlife Fund)中国项目就与多个国际公司共同实施针对供应链的环保计划。

特别是在减排的气候治理领域,由于全球气候谈判进展较为艰难,一些国际组织和发达国家的企业、环保组织等,把通过供应链推动的特定行业的减排视为国际减排合作的重要补充。例如,沃尔玛(Walmart)在 2010 年启动了"供应商温室气体创新"(Supplier Greenhouse Gas Innovation Program)项目,要求其供应商减少碳排放;通过实施"供应商责任项目"(Supplier Responsibility Program),通用电气(GE)则在 2011 年开始推动其供应商更为高效地使用能源和减排。这些发达国家大型跨国公司通过供应链采取的行动,在促进其供应链减少排放的同时,对发展中国家的制造业在实质上也设置了更高的市场准入环保标准。而在发达国家已出现的消费品"碳标签"虽然并未直接针对发展中国家,但仍然以基于市场的方式抬高了准入门槛。[①]因此对倚重制造业出口的发展中国家而言,除在全球气候谈判中坚持国别责任划分的公平原则以外,还应当重视由发达国家市场主体产生和直接传递的减排压力。

(三)问题塑造的重要性:"竞底竞争"视角的局限

不可否认,内生因素在发展中国家环境污染和温室气体排放问题的形成过程中扮演重要角色。但与此同时,包括温室气体排放迅速增加在内的环境问题和制造业国际分工之间的正相关也客观存在。传统上西方研究者将发展中国家环境污染与国际产业分工的关系主要塑造为"竞底竞争"(race-to-the-bottom)的问题——即发展中国家是否竞相降低环保标准,以打造"污染天堂"(pollution haven)、吸引发达国家高污染行业的转移。[②]例如,制造业从发达国家的转入被认为跟印度的水污染等环境问题

---

① 祁黄雄、李雪梅:《欧美碳标签对我国制造业出口影响路径探究——基于 ADF 实证检验》,《改革与战略》2014 年第 4 期,第 45—47 页。

② David Konisky, "Regulatory Competition and Environmental Enforcement: Is There a Race to the Bottom?" *American Journal of Political Science*, Vol.51, Issue 4, 2007, pp.853—872. Harvey Lapan and Shiva Sikdar, "Strategic Environmental Policy under Free Trade with Transboundary Pollution," *Review of Development Economics*, Vol.15 Issue 1, 2014, pp.1—18.

存在直接联系。①一些发达国家所提出的"碳泄漏"在本质上采用的也是"竞底竞争"的论证思路。

从各国公平分担减排责任的角度来看,"竞底竞争"对理解国际产业分工给发展中国家减排政策的选择余地带来的影响,存在两方面的不足。第一,外商直接投资(foreign direct investment,以下简称 FDI)是衡量发展中国家资本流入和环境污染之间联系的重要指标,但在融入国际供应链的过程中,发展中国家建立了大量的配套工业,从而造成各种传统的环境污染,以及温室气体排放的大量增加。以中国为例,众多内资中小企业活跃在外贸体系中,但很多非常显著的环境影响——如大气和水体污染等——难以反映在"竞底竞争"的估算中。②温室气体排放的情形也同样如此。

第二,在发展中国家进一步加入全球产业分工的过程中,环境污染和温室气体排放的迅速增加是客观事实。而诸多关于"竞底竞争"的研究主要关注发展中国家采用的环保标准,以及 FDI 等指标的变化,对这些指标以外的情况缺乏理论和实证上的研究。③

在实践中,发展中国家环境政策的制定受到多种因素的影响和制约。要加深对其制定和实施过程的理解并提出政策建议,在具体的减排标准、FDI 规模等指标以外,发展中国家的政策选择所受到的限制是重要的宏观视角之一。在国际供应链中,多数的剩余价值归于发达国家企业是存在于很多制造业的普遍现象。④如果增值部分主要由位于供应链下游的发达国家企业获得,并且发展中国家制造业的各项环境成本——包括减排成

---

① Debesh Chakraborty and Kakali Mukhopadhyay,"Estimation of Water Pollution Content in India's Foreign Trade," *Global Issues in Water Policy*,Vol.10,2014,pp.119—140.

② 傅钧文:《建国 60 年中国对外贸易述评——基于可持续贸易发展视角的分析》,《世界经济研究》2010 年第 7 期,第 3—8 页;张艳磊、张宁宁、秦芳:《我国农资产品出口是否存在"污染天堂效应"——农资生产企业环境污染水平对其出口的影响》,《农业经济问题》2015 年第 2 期,第 88—94 页。

③ 陆旸:《从开放宏观的视角看环境污染问题:一个综述》,《经济研究》2012 年第 2 期,第 146—158 页; Neelakanta N.T., Haripriya Gundimeda and Vinish Kathuria,"Does Environmental Quality Influence FDI Inflows? A Panel Data Analysis for Indian States," *Review of Market Integration*,Vol.5,Issue 3,2013,pp.303—328。

④ 董烨然:《全球价值链中市场剩余分配关系研究》,《经济经纬》2007 年第 4 期,第 25—27 页。

本——未在国际市场上得到合理反映,那么位于制造业上游的发展中国家在污染治理、节能减排等方面就容易出现资源不足的难题。这是探讨发展中国家减排政策所受影响的基本出发点。

三、发展中国家减排政策的"三难困境"

(一)理论基础:全球经济一体化的"三难困境"

考虑到"竞底竞争"视角的局限性,探讨国际产业分工对发展中国家减排政策的制约,有助于更全面地理解发展中国家参与经济全球化、特别是全球气候治理对自身利益的影响。从最为宏观的层面来看,在全球经济一体化促进各国经济联系和物质繁荣的同时,内生性的矛盾由于各国在产业、货币和财政等政策上的差异,以及内部政治因素等一直存在。丹尼·罗德里克(Dani Rodrik)提出了被称为"增强的三难困境"(augmented trilemma)的框架,认为在全球经济一体化、主权国家的运行,以及大众政治(mass politics)之间存在张力。[①]

如图1所示,第一种情形是在选择融入世界经济体系时,主权国家一些国内相关群体的直接利益要进行取舍,部分群体将直接面对国际竞争的压力。第二种情形是对国内相关群体的利益进行全面保护,并实质性地制约经济一体化程度。第三种情形是消除国别界限,并成立所谓的"世界政府",从而实现经济一体化和大众政治。该情形当然是假设,但反映了主权国家和不同的利益群体在经济一体化上的张力。这一框架当然是范式化的表述,但反映了三者在兼容上存在的困难。

在实践中,以WTO等布雷顿森林体系的机制为代表,经济一体化的进程主要由相关国家政府通过缔结政府间协议的方式予以推动或参与。[②]

---

① Dani Rodrik, "How Far Will International Economic Integration Go?" *The Journal of Economic Perspectives*, Vol.14, 2000, pp.177—186.

② 魏磊杰:《全球化时代的法律帝国主义与"法治"话语霸权》,《环球法律评论》2013年第5期,第84—105页。当然,布雷顿森林体系并非完全无视大众政治的影响力,关于贸易和金融的政府间协定为各国国内利益分配的灵活性仍然留出了空间,参见Rodrik, 2000, p.183。

这表现为"主权国家"和"经济一体化"成为优先目标,而部分群体的利益则被妥协而暴露于国际竞争中。各国内部能否适当分配参与全球化的利益决定了是否会出现反全球化的立场。从多个国家已出现的反全球化浪潮可以看出,内部利益分配失衡已成为棘手的问题。①

　　这一矛盾当然与各国内部的利益分配机制密切相关,但同样值得注意的是,一国在国际产业分工中获得的利益多少能实质性地制约国内利益分配的灵活程度,进而反映经济一体化模式的公平性。由发达国家主导的经济一体化导致了发达国家与发展中国家之间利益分配的不均衡。②就整体而言,从精密仪器、精细化工到电子产品核心部件和服饰品牌等,利润的天平都向位于供应链下游的发达国家企业严重倾斜。③而发展中国家由于从国际产业分工和贸易中所得有限,进行国内利益分配的空间受到很大制约。

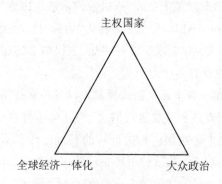

图1　经济全球化的"三难困境"

（二）"三难困境"在减排政策中的具体化

经济一体化的"三难困境"在全球化的具体领域中有不同的表现形

---

　　①　唐任伍、赵民:《"反全球化"由来及其学术论争》,《改革》2011 年第 11 期,第 105—109 页。

　　②　肖刚:《经济全球化的神话与不对称的相互依存》,《世界经济与政治》1999 年第 9 期,第 30—34 页;张丽:《经济全球化与中国——基于国际劳动分工与不平等交换的视角》,《世界经济与政治》2008 年第 6 期,第 66—73 页。

　　③　李滨、陆健健:《论建立公平的国际经济秩序之正当性》,《世界经济与政治》2011 年第 12 期,第 59—79 页。

式。德克·舒梅科尔（Dirk Schoenmaker）和桑德尔·奥斯特鲁（Sander Oosterloo）提出欧洲经济一体化面临的是金融稳定性管制、金融一体化和各国政策独立性之间的"三难困境"（Schoenmaker and Oosterloo，2008）。[1]在气候治理领域，各国需要在合作的同时分担减排的责任，从而使发展中国家在参与制造业的国际分工、按国别划分和承担减排责任，以及确保全球气候治理有效性三个政策目标之间面临矛盾。[2]如图2所示，对于人口密集、技术相对落后的发展中国家，制造业企业参与国际供应链中的代工和组件生产，有利于促进就业和经济增长，但同时由于外商直接投资和国内制造业投资的增加，导致生产型的温室气体排放相应增加；按国别进行减排责任的划分，是平等的主权国家之间通过国际条约确定权利义务的传统模式，在全球气候谈判中也一直得到沿用；对温室气体排放进行有效的控制，则是衡量全球气候治理有效性的关键标准之一——而从各国的碳交易、碳税等减排政策的制定和实施来看，包括制造业在内的工业温室气体是重要的控制对象。

由发展中国家的具体国情和需求出发，让三者兼容是一项严峻的挑战。第一种情形是，由消除贫困、促进经济增长的需求所推动，如果由各国按境内排放承担减排责任，并优先考虑通过国际分工提高资源配置效率。那么大量的制造业减排成本将由广大发展中国家承担，显然这一路径对广大发展中国家的责任分配是不公平的。按国别划分减排责任的模式忽视了各国——特别是发展中国家和发达国家——在排放类型上的巨大差异。上文所引的多项研究表明，发展中国家在承认制造业减排有必要的同时，并不认可由制造业所在国承担所有减排责任是公平的责任分配方式。第二种情形则是假设按各国境内排放划分减排责任，并且能够在全球层面严格执行，这能提高气候治理的有效性，但在缺乏广大发展中国家认同的情况下，显然不具有可操作性，并且会给制造业的国际分工提

---

① Dirk Schoenmaker and Sander Oosterloo, "Financial supervision in Europe：A proposal for a new architecture," in Lars Jonung, Christoph Walkner and Max Watson, eds, *Building the financial foundations of the Euro*, London：Routledge, 2008, pp.337—354.

② 供应链指的是在产品生产、流通和消费过程中涉及的原材料供应商、加工商、运输商、消费者等组成的网络，参见王金圣：《供应链及供应链管理理论的演变》，《财贸研究》2003年第3期，第64—69页。

供反向的动力——当前的制造业国际转移和分布并未考虑减排成本。如果减排成本在全球内部化,那么生产和消费环节会更为本地化是必然的趋势。

　　第三种情形则是不按国别划分减排责任,而是要求各行业的供应链通过提高能效、碳抵消等方式进行减排。发展中国家的市场化改革和非国家行为体的兴起,使得一定程度上,在政府间气候谈判与合作以外,对国际供应链上的企业采取减排措施成为可能。例如在中国市场,一些外资企业通过供应链施加的压力促进了供应商改进包括温室气体排放在内的多个类型的环保表现。①有些市场主体甚至着眼于大面积和直接影响供应商的节能减排行为——典型例子如企业社会责任协会(Business for Social Responsibility)运行的"中国培训机制"(China Training Institute)。以市场的名义,一些发达国家的社会组织和制造业供应链下游的跨国公司在特定行业或供应链的范围内,逐步树立了判断发展中国家供应商环保表现的合理性。对微观层面的企业来说,根据国际市场的要求采取措施是必然选择。②然而从减排责任分配博弈的角度来看,这类行动凭借发达国家的社会组织和跨国公司在市场和话语权上的优势地位,导致不合理地增加发展中国家制造业企业减排负担的风险。

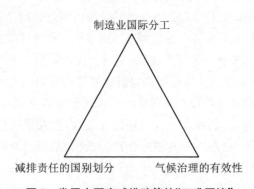

图 2　发展中国家减排政策的"三难困境"

---

　　①　黄伟、陈钊:《外资进入、供应链压力与中国企业社会责任》,《管理世界》2015 年第 2 期,第 91—100 页。

　　②　王虹:《绿色生产——我国企业应对绿色贸易壁垒的策略》,《生态经济》2007 年第 5 期,第 51—65 页。

四、制造业与非制造业的比较分析

(一)案例简介

如上文所述,参与国际分工的制造业集中体现了发展中国家减排政策的"三难困境"。与之形成对比的是,国际民航、海运等运输类的第三产业则由相应的国际组织协助各国磋商,在各种争议中逐步建立可操作化的减排机制。主要排放国所考虑的利益和采取的立场既共通之处又存在明显区别。本节以关于"碳关税",以及国际民航和海运业减排的争议为例,通过比较分析,探讨和凸显制造业国际分工的重要影响,并为后文的政策建议提供实证基础。

"碳关税"是美国、法国等发达国家曾提出的根据特定发展中国家的工业制成品在生产过程中排放的温室气体量,在进口时征收的关税,属于所谓"边境调节税"(border adjustment tax)的一种。[①]在2009年哥本哈根气候会议前后,"碳关税"被一些发达国家用于向主要发展中国家施压减排压力。这些发达国家认为在其采取减排措施之后,需要通过关税的形式保护其国内的相关行业,否则部分行业为降低成本可能转移至发展中国家。有研究表明,"碳关税"如果付诸实施,对中国制造业出口在短期内能产生可观的负面影响。[②]

由"碳关税"的争议所直接牵涉到的,是在WTO体系中能否针对"生产过程和生产方法"(Production and Process Methods,简称PPM)采取跟市场准入有关的措施。在WTO长期以来的实践中,"生产过程和生产方法"在环境影响、能源消耗等方面的差异,并不足以成为绕过"最惠国待遇"或"国民待遇"原则的理由。而在发达国家的有关研究中,对"碳关税"是否

---

① 新华网:征收"碳关税"背后的玄机,http://china.huanqiu.com/roll/2010-05/823080.html,访问日期:2019年7月16日。

② 石红莲、赵越:《美国拟征收碳关税对我国出口贸易的影响分析》,《生态经济》2018年第2期,第61—65页。

符合 WTO 规则也存在截然相反的观点。[1]

当然,发达国家所提出的"碳关税"并未进入政策制定或实施的环节,与国际民航和海运业的减排合作相比,则是后者引发了更多的争议和博弈。欧盟的数据显示,国际民航和海运业每年的碳排放占全球总量的 2% 和 2.5%[2]。但不同于制造业从生产到消费跨国分布的繁杂供应链,国际民航和海运业在运输环节的碳排放显然更容易进行测量和规制。因此由欧盟积极推动,国际民航组织和国际海事组织都把建立各自行业的碳排放交易机制作为重要国际合作目标,并且近几年在机制设立上取得了一些进展。

在国际民航和海运业减排合作的推进过程中,以欧盟为代表的发达国家阵营向发展中大国施加了双边和多边的减排压力。在国际碳交易成为全球气候治理的政策工具之后,建立行业性的减排机制迅速成了国际民航组织的重要议题。但欧盟认为国际民航组织下的谈判进展缓慢,在 2011 年声明计划将出入欧盟的国际航班纳入欧洲碳交易体系(EU Emissions Trading Scheme)。这一计划遭到包括中国、印度、巴西在内的主要发展中国家的强烈反对。经过激烈博弈,各方达成的共识是在国际民航组织的框架内推动行业性减排机制的建设。

2013 年 9 月,国际民航组织的第 38 届缔约方会议通过决议,要求全球民航业在 2020 年前每年将能源效率提升 2%,并且在 2020 年之后实现碳排放的零增长。为实现这一目标,国际民航组织同时要求采用全球性的市场化减排措施(global market-based measures)——碳交易即是主要的政策选项。《巴黎协定》通过之后,国际民航组织与各缔约方加速了建立碳交易机制的进程。2016 年第 39 届缔约方会议上通过建立"国际民航碳抵消与削减机制"(Carbon Offsetting and Reduction Scheme for International Aviation,简称 CORSIA)的决议。由于主要发展中国家在国际民航

① 参见 Paul-Erik Veel, "Carbon tariffs and the WTO: An evaluation of feasible policies," *Journal of International Economic Law*, Vol.12, Issue 3, 2009, pp.749—800; Steven Zane, "Leveling the playing field: The international legality of carbon tariffs in the EU," *Boston College International & Comparative Law Review*, Vol.34, Issue 1, 2011, pp.199—225。

② 参见 European Commission: Reducing emissions from aviation, https://ec.europa.eu/clima/policies/transport/aviation_en,访问日期:2019 年 7 月 17 日; European Commission: Reducing emissions from the shipping sector, https://ec.europa.eu/clima/policies/transport/shipping_en,访问日期:2019 年 7 月 17 日。

业的增长潜力远大于发达国家，短期内的碳排放约束性目标显然对前者不利。尤为值得注意的是，"共同但有区别的责任和各自能力"原则在两届缔约方会议的决议中都未直接体现在机制设计中——以第39届的决议为例，该原则只是作为"应当"考虑的原则之一被列入附件。①从 CORSIA 设计的角度来看，发达国家强烈主张各国民航企业以市场化的方式竞争，增加了按国别划分减排责任的难度。

国际海事组织在发展碳交易机制的过程中也倾向于弱化"共同但有区别的责任和各自能力"原则。2003年，国际海事组织通过决议要求其下设的海洋环境保护委员会（Marine Environment Protection Committee，简称 MEPC）建立市场化的减排机制。MEPC 认为提高能效和减排优先考虑的是不"歧视"国际航运市场的所有参与方，并且在 2008 年第58届会议上提出"共同但有区别的责任和各自能力"原则的适用存在争议。由于主要发展中国家的强烈反对，2013年的 MEPC 第65届会议决定搁置关于市场化减排机制的讨论。在《巴黎协定》通过之后，国际海事组织以能效标准为主要目标，加速推动减排机制的发展。2019年 MEPC 第74届会议通过高标准的能效目标，并且将实施时间从2025年提前到2022年。与国际民航业的情况类似，发展中国家在国际航运业有着更大的潜力，忽视国别的差异显然不利于维护发展中国家的合法权益。

（二）"三难困境"视角的分析

从以上的案例对比分析可以看出，是否存在产业上下游的国际分工，是影响发展中国家和发达国家所能采取立场及策略的重要因素。发展中国家和发达国家都是制造业上下游国际分工的直接受益者，在总体上需要合作以维护这一模式。而按国别划分会由位于生产端的发展中国家直接承担碳排放的成本，并不符合"共同但有区别的责任和各自能力"原则——况且不同于行业性的减排博弈，在联合国气候谈判中，这一原则仍然是各方所公认和维护的基石。因此，发达国家尽管提出了"碳关税"，但

---

① A39-2：Consolidated statement of continuing ICAO policies and practices related to environmental protection-Climate change.关于"共同但有区别的责任"和"各自能力"的条款，在气候谈判有关协议中的表述方式发生过一些变化，近几年的趋势是综合两者称为"共同但有区别的责任和各自能力"原则。为行文方便，本文统一称为"共同但有区别的责任和各自能力原则"。

仍无法说服国际社会为气候治理的有效性而广泛支持其行动。

国际民航与海运业则是发展中国家与发达国家企业直接竞争的服务业市场,各项措施针对的是民航和海运企业,并不直接涉及飞机或船舶制造上下游的国际分工。这一特点使得"共同但有区别的责任和各自能力"原则直接受到了发达国家的质疑和挑战。在有关市场化减排措施的博弈中,保证措施的有效性一直是发达国家反对按国别划分减排责任的主要理由,并且在一定程度上得到国际民航组织和国际海事组织的认可。

对照"三难困境"所提及的三个方面的传统政策目标,显然发达国家从减排目标和自身产业利益的角度出发,试图在国际民航和海运业确立优先追求气候治理有效性的新路径。主要发展中国家的民航和海运市场的迅速发展,以及企业角色的吃重,是发达国家采取这一策略的前提。当然值得注意的是,这一策略不同于前文所谓的"私有治理"应对"三难困境"的方式。以"森林管理委员会"(Forest Stewardship Council)——"私有治理"的典型——为例,该组织完全由市场主体构成,针对不可持续的伐木及相关贸易活动,建立并运行了一整套国际认证体系,完全基于市场和社会组织的监督实行可持续的森林管理和利用。①而国际民航和海运业的减排行动,仍然是建立在主权国家之间博弈合作的基础上。

五、结　论

本文试图通过结合理论演绎和案例探讨,初步构建关于制造业的国际分工对发展中国家减排政策双重影响的分析框架。制造业是发展中国家碳排放的主要来源之一。以全球经济一体化的"三难困境"作为理论基础,参与制造业国际分工、减排责任的国别划分,以及全球气候治理有效性之间的张力,是发展中国家在制造业国际分工体系中劣势地位的一项具体表现,也影响到按公平的方式划分发展中国家的减排责任。

---

① Dan Klooster, "Standardizing Sustainable Development? The Forest Stewardship Council's Plantation Policy Review Process as Neoliberal Environmental Governance," *Geoforum*, Vol.41, Issue 1, 2010, pp.117—129.

尽管《巴黎协定》坚持发达国家与发展中国家减排责任的区分,但"自下而上"的自主贡献模式在实质上给予了区域化和行业化国际减排合作更多的空间。'主要发展中国家制造业的生产型碳排放仍然是适用"共同但有区别的责任和各自能力"原则的有力支撑,但随着其规模的继续上升,如果沿用按国别划分减排责任的传统路径,那么发展中国家在成本的分担上可能面临不利的局面。初步的探讨说明,对发展中国家的生产型碳排放和国别责任划分之间的矛盾应给予更多重视。

与此同时,国际民航和海运业的案例对比,则反映了制造业的国际分工与合作对发达国家策略的制约作用。以国际民航和海运业为代表,不仅在行业性减排机制的设立和运行上加速,而且偏离《联合国气候变化框架公约》所确立的各项基本原则、并忽视发展中国家行业利益的倾向也非常明显。这一行业性的减排路径实际上分割了全球气候治理体系,其向其他行业延伸的可能性值得注意。

从不同角度,"私有治理"以及国际民航和海运业的减排博弈进程为发展中国家应对"三难困境"提供了借鉴。加速产业升级从而向国际产业分工体系的中高端发展显然是不可或缺的措施,加强政府部门与制造业企业以及环保社会组织的合作,以及维护全球气候治理体系的整体性也是应当采取的行动——即在适应市场化减排更加灵活分散的发展趋势的同时,有必要充分发挥政府部门、行业协会等机构能够在国际博弈中协调行业力量的优势。具体而言,可以从行业减排机制建设、国际合作与话语权,以及减排责任分配的市场规则三个方向提出政策建议。

（一）行业减排机制建设中的公私合作

"私有治理"的理论和实践表明,"三难困境"中的僵局可以通过市场主体的行动得到一定程度的缓和。有关博弈的关键在于,发达国家的市场主体——包括参与供应链减排的环保社会组织——能否在占据市场优势地位时,与发展中国家的市场主体公平分担减排成本。近期有研究表明,制造业供应链上下游在减排行动上的影响力相当时,不仅减排幅度最大,产品的价格和利润分配也处在合理水平。①从减排投资效益的角度,制造

---

① 梁玲、孙威风、杨光、谢家平:《基于低碳偏好的多对一型供应链减排博弈》,《统计与决策》2019 年第 3 期,第 54—58 页。

业供应链上下游企业共同投入减排资源,是以最小的整体投入实现减排收益最大化的途径。①

在制造业的国际分工中,发展中国家企业的影响力远弱于发达国家的跨国公司。除市场主体以外,受到发达国家政府机构支持的一些团体或协会,如英国标准协会(British Standards Institution)和德国国际合作协会(German Society for International Cooperation)等,也在积极推动跨国供应链低碳和减排标准的制定和实施。对主要发展中国家而言,在相关的制造业行业采取对等的方式,有助于促进公平分配减排成本和高效减排的实现。

但在制造业的减排领域,该类型的合作还比较有限。鉴于制造业国际分工的复杂性,有必要在更深的层次上推动"合作治理"。首先,吸引和协调更多的环保社会组织支持制造业企业的减排,以及与发达国家跨国公司在成本分配上的博弈。例如,在电子产品的国际供应链中,重金属污染的治理在环保社会组织介入之前,一直未获得位于终端的跨国公司的支持;但前者的参与有力促进了后者对重金属污染治理的科技和资金投入,从而实质性地分担了国内供应商的成本。②其次,从行业协调的角度,加强政府有关部门与环保社会组织的信息共享与沟通,在同发达国家的跨国公司和标准化组织谈判行业减排规则时,能显著提高博弈能力。在广东、福建等地的一些出口行业——如石材、化工纺织等,由行业协会牵头研究和推广减排标准已经有一定的成功实践,并且在发达国家出口市场有效地维护了国内制造商的利益。③

(二)国际合作与话语权

从关于"三难困境"的对比分析可以看出,发达国家在国际民航和海运业试图推动的是与联合国气候会议有实质性差别的减排责任分担模

① 申成然、刘小媛:《碳标签制度下供应商参与碳减排的供应链决策研究》,《工业工程》2018年第6期,第72—80页。
② 参见公众环境研究中心发布的《IT产业重金属污染调研报告》第1—7期:http://www.ipe.org.cn/reports/NewsReport.aspx,访问时间2019年7月23日。
③ Huang Yitian, "Multi-level governance: Explaining the 'climate-focused' behavior of Chinese exporting companies," *Public Policy and Administration*, Vol.34, Issue 1, 2019, pp.1—24.

式。尽管在制造业的国际分工中，上下游的分工合作而非竞争，对发达国家的策略构成有力制约，但国际民航和海运业的减排机制构建路径被逐步复制到其他行业的可能性值得重视。因此对发展中国家而言，在多边谈判和具体行业层面，都有必要持续注意规则形成过程的重要性。

在多边层面，坚持联合国气候会议在全球气候治理中的引领角色，能为维护减排责任的公平分配提供重要支持。作为全球气候治理体系的基石，《联合国气候变化框架公约》所确定的原则应当广泛适用于各个行业，防止国际民航和海运业的行业性减排机制的出现可能带来的"碎片化"影响。

在生产型排放对发展中国家造成制约的同时，跨国供应链的上下游合作关系也同时制约了发达国家偏离"共同但有区别的原则"的能力——发展中国家则应充分发挥这方面的优势，促进制造业减排规则设计和执行的公平。在监督和评估制造业供应链减排表现的话语权上，发展中国家与发达国家的市场主体在合作的同时，还存在一定的竞争关系。在电子产品供应链重金属污染的治理案例中，中美环保社会组织开展了良好合作——但就长期而言，由于理念、视角和关注重点上的差异，发展中国家和发达国家对如何通过市场引导供应商改变行为存在不可忽视的分歧。例如一些发达国家推行的自愿性质的低碳标签以市场化为原则，但有些在具体执行中并未合理解决供应链的实际减排和成本分担的争议。①因此，除了上述的加强公私合作以外，在同发达国家的跨国公司，以及环保社会组织的合作中，也有必要注意规则设计和运行的导向，争取和维护发展中国家制造业企业的合法权益。

（三）关于企业减排责任分配的市场规则

在发展中国家制造业减排的"三难困境"中，实际的碳排放行为在传统上决定了各排放国以及企业减排责任的边界。然而后者遵循的是跟国别责任划分不同的逻辑。公私合作以及争取话语权对发展中国家制造业之所以重要，正是因为在市场博弈中处于弱势地位的一方常需负担更多的减排成本。

因而在以上两方面行动的基础上，应当进一步探讨的是，以市场名义

① 刘敬东：《WTO中的贸易与环境问题》，社会科学文献出版社2014年版。

进行的减排责任划分是否一定公平合理。由环保的现实需要而催生理论和政策上的变革已有先例。自 20 世纪 80 年代开始,发达国家为应对废弃电子产品造成的环境污染而发展出了"延伸生产者责任理论"(extended producer responsibility)。这一理论认为生产者应承担相关产品的回收利用等责任,因而在传统的契约责任基础上扩展了生产者的义务边界。①在多数经济发展与合作组织(OECD)国家,"延伸生产者责任"已通过不同形式针对电子产品得以确立和实施。中国也已采纳该理论并建立相应制度。

从产品的整个生命周期来看,"延伸生产者责任理论"实现的是将生产者的环境责任向下游延伸。同样,有研究指出生产者的环境责任可以向供应链上游延伸。"全生产者责任"(full producer responsibility)理论即认为企业不仅应承担传统的契约责任,还应为治理其供应商的环境污染承担高于道义责任的义务。②供应链的温室气体排放与废弃电器电子产品的显著不同之处,是前者的成本由发展中国家承担,而后者是发达国家的内部问题。尽管在短期内难以将"全生产者责任"的模式完整付诸实践,但发展中国家仍有可能采取一些间接的行动,以推动市场规则更为公平地反应减排成本的分担情况:例如参与制定和推广行业行为准则之类的指引性规范,对跨国公司的社会责任报告进行系统评估并鼓励其对上游企业承担更多减排责任,从而构成软性约束,并在国际层面逐渐加强对供应链减排责任分配问题的关注,引导和推动话语转变。

---

① Reid Lifset, Atalay Atasu and Naoko Tojo, "Extended Producer Responsibility: National, International, and Practical Perspectives," *Journal of Industrial Ecology*, Vol.17, Issue 2, 2013, pp.162—166.

② Judith Schrempf-Stirling and Guido Palazzo, "Upstream Corporate Social Responsibility: The Evolution from Contract Responsibility to Full Producer Responsibility," *Business & Society*, Vol.55, No.4, 2013, pp.491—527.

中国引领"后巴黎"时代的全球气候治理的能力与路径

李彦良[*]

【内容提要】 2015 年达成的《巴黎协定》对全球气候治理具有里程碑的意义。但是,发达国家治理能力与意愿的下降、气候变化谈判中的利益分化、多边气候治理机制的弱化,以及非国家行为体行动的潜在隐患,加深了《巴黎协定》下全球气候治理的不确定性。中国作为碳排放大国的重要环境影响能力、不断加强的履约行动能力,以及逐渐发展的环境创制能力,为中国在当前形势下积极发挥领导作用,促进全球气候变化治理目标的实现创造了条件。中国自身的国家自主贡献、中国对气候变化南南合作的积极推动,以及中国对气候治理的理论贡献,将对全球气候治理产生重要的意义。

【关键词】 气候变化;全球治理;《巴黎协定》;中国外交

【Abstract】 The 2015 *Paris Agreement* is a milestone to global climate governance. However, the Agreement's implementation faces uncertainties due to factors such as the decrease of capability and willingness from the developed countries, the diversification of climate interests, the weakening of multilateral climate regime, and the potential problems of non-state climate actions. China's environmental significance, capability of action and rule-making abilities make it possible for the country to play a leading role facilitating the achievement of global climate governance goals. China's national contribution, its active role on south-south climate cooperation, and contribution to climate governance theories, will have significant meanings to the further of global climate governance.

【Key Words】 Climate Change, Global Governance, Paris Agreement, China's Diplomacy

---

* 李彦良,复旦大学国际关系与公共事务学院 2015 级博士研究生。

一、引　言

2015 年达成的《巴黎协定》是全球环境治理的一项里程碑。《协定》确立的"自下而上"减排模式,打破了自《京都议定书》以来全球多边气候变化谈判的长期僵局,并将美国等《京都议定书》机制外的国家重新纳入了全球共同的气候行动安排,为 2020 年后的气候变化全球治理提供了基础。《协定》的达成对各国及其他行为体进一步参与气候变化治理起到极大的鼓舞作用。开放签署的半年内,《协定》即达到规定的缔约方数量而生效,这在全球多边环境治理史上是罕见的。而环境组织、企业、地方政府等非国家行为体,也通过伙伴关系等形式,进一步参与全球气候变化的治理进程。

然而,"后巴黎"时代气候变化治理的进程仍充满波折。2017 年,新上任的美国总统特朗普宣布退出《巴黎协定》,并推翻了旨在实现国内减排目标的《清洁电力计划》等奥巴马时期的行政命令,受到国际社会的广泛批评。特朗普的效仿者,巴西总统博索纳罗同样推翻了巴西长期推行的严格森林保护政策,使亚马逊雨林的火灾受到国际关注。在国际机制层面,各国自主贡献执行的最终效果仍存在不确定性,发展中国家长期关注的资金、技术援助机制问题的谈判进展缓慢。这些,都为《巴黎协定》确立的 2 摄氏度控温目标埋下了隐患。

作为全球最大的发展中经济体与碳排放大国,中国对全球气候治理进程的影响力不断提高。2014 年以来,中国不仅开始进一步强调自身绿色经济的转型,更开始积极推动全球气候变化治理的发展,将应对气候变化视为构建人类命运共同体的重要议程。在当前形势下,中国应如何发挥自身优势,进一步引领全球气候治理进程? 本文通过对"后巴黎"时代全球气候变化治理主要挑战的梳理,及对中国对气候变化治理影响能力的辨析,梳理中国在全球气候治理机制中发挥引领作用的主要路径。

二、"后巴黎"时代全球气候变化治理的主要挑战

全球气候变化治理进程,发端于 20 世纪七八十年代由发达国家发起的国际环境治理。无论是《联合国气候变化框架公约》"共同但有区别的责任和各自能力原则"(以下简称"共区原则")的建立,还是《京都议定书》"自上而下"减排模式的安排,都深受《蒙特利尔议定书》等早期国际环境治理机制的影响。但是,基于发达国家绝对优势的环境治理机制随着新兴发展中国家的兴起逐渐失灵,使气候变化谈判陷入了长期的僵局。因此,最终达成的《巴黎协定》既是各方利益妥协的产物,也是对全球环境治理新模式的一种尝试。而这也意味着,《协定》目标的最终落实仍面临显著的挑战,进而对"后巴黎"时代气候变化治理目标的实现带来了突出的不确定性。这种不确定性主要来源于以下四方面的挑战。

(一)发达国家治理能力与意愿的下降

21 世纪以来,发达国家承担国际环境责任、引领国际环境治理的能力与意愿不断降低。在对气候变化问题的影响能力上,发达国家整体呈现下降态势。2000 年,全球五大温室气体排放行为体依次是美国、欧盟、中国、俄罗斯和日本;到 2010 年,排名则变为中国、美国、欧盟、印度和俄罗斯,其中排名第一的中国在当年每年的排放量更超过美欧的总和。这意味着发达国家缺少像在曾经的臭氧层谈判中提供环境公共产品的激励。尤其是对欧盟、日本等已采取较为严格的国内环境标准的发达国家行为体而言,其单边环境行动的边际成本不断升高,进一步削弱了其在全球气候治理机制中引领和示范作用的发挥。例如,欧盟在哥本哈根会议上提出的 20%减排目标被认为缺乏诚意,无法体现其"道德模范"的作用。[①]

同时,自 2008 年金融危机以来,经济增速放缓,国内社会矛盾增加等因素削弱了发达国家的经济优势,使其提供国际援助的意愿不断下降。在 2009 年的哥本哈根会议上,发达国家承诺在 2010—2012 年间为绿色气

---

① 薄燕、陈志敏:《全球气候变化治理中欧盟领导能力的弱化》,《国际问题研究》2011年第 1 期,第 37—44 页。

候基金(Green Climate Fund,简称 GCF)提供 300 亿美元的快速启动资金,并从 2020 年后每年筹集 1000 亿美元。但直到 2014 年正式启动时,绿色气候基金仅得到 103 亿美元的注资承诺。①

近年来,民粹主义与反全球化运动的兴起进一步撕裂了西方社会,并对气候变化治理机制产生了冲击。在美国,庞大的化石能源利益集团与保守主义思潮相结合,并随着茶党运动的兴起加剧了两党在环境议题上的分歧。同时,传统产业工人成为全球化背景下经济转型的被遗忘者,面临生活水平和价值观念的双重冲击,对政治精英的不信任感加深,导致了右翼民粹主义的爆发,并最终推动了特朗普的当选。在欧洲,能源转型政策的推行同样导致了民意的反复。2018 年 11 月,法国因反对提高燃油税爆发了大规模的"黄马甲"示威游行,并发生多次骚乱。德国逐步淘汰煤电的计划也在民众中遭到一定的反对。

西方发达国家行动意愿的降低对全球气候变化治理进程的稳定发展带来挑战。特朗普入主白宫后,不仅宣布退出《巴黎协定》、撤销对全球环境基金拨款,也在国内层面推翻奥巴马时期的环境政策,不仅对气候治理目标的实现带来直接冲击,还对其他国家产生示范效应。同时,全球气候治理在资金、技术援助机制上进展缓慢,也将直接影响发展中国家应对气候变化的履约能力。这些都对《巴黎协定》最终的履约效果构成挑战。

(二)气候变化谈判进程中的利益分化

在发达国家环境公共产品提供能力下降的同时,气候变化治理进程中的利益诉求也发生进一步的分化,主要表现在两个方面:一方面,主要谈判阵营,尤其是发展中国家立场差距进一步扩大。中国、印度等新兴大国逐渐成为世界主要的碳排放国,但国内发展与脱贫任务仍然严峻;而许多小岛屿和欠发达国家是受气候变化危害最深的国家,呼吁各国就气候变化问题采取迅速而切实的行动,并在众多场合表示对现有资金援助制度分配的不满,要求国际环境援助资金向其倾斜。2009 年的哥本哈根会议,是发展中国家内部矛盾的一次集中爆发。标志着气候谈判从"南北格

---

① Green Climate Fund, https://www.greenclimate.fund/who-we-are/about-the-fund.

局"向"排放大国与小国格局"的转变。①《巴黎协定》的最终文案中,尽管再次重申了发达国家与发展中国家的"共区原则",但在减缓责任、资金援助等的具体安排上,发展中国家与发达国家之间的界线无疑已经被模糊化。

另一方面,气候变化治理所涉及议程不断扩大。随着气候谈判的深入,许多发展中国家对环境与气候问题对本国的影响具有了更具体的了解,并为了争取自身利益在气候谈判进程中设立了新的议程,如小岛屿国家提出的气候变化适应问题、雨林国家提出的森林碳汇问题等。同时,非政府组织等其他行为体的积极活动也使诸如碳标记、土著居民保护、女性和青年参与等提议加入了气候变化治理的讨论范围之中。

气候变化谈判中的利益分化,是在气候变化治理的进程中不断产生的,并促进了气候变化治理机制的公平正义。但是,在气候变化治理的整体资源有限的前提下,气候谈判中利益诉求的分化也对气候变化治理目标的有效实现构成挑战。首先,庞杂的谈判议程挤占有限的谈判空间,削弱了对最为核心的控制温室气体行动本身的关注。其次,森林碳汇等新议程的引入,也可能成为部分国家转嫁、规避自身实际减排责任的手段,降低其行动的实际效果。最后,不断增加的援助基金名目并不必然意味着援助资金总量的增加,反而可能进一步加剧环境援助资金分配的困难,并使对不同援助机制的取舍进一步成为大国博弈的政治工具。

(三)多边主义气候变化治理机制的弱化

气候变化治理进程开展之初,通过联合国框架下的多边主义国际谈判建立环境规则是应对环境问题的主流路径。然而,多边框架下国际气候变化规则的建立面临极大的挑战。一方面,由于"自上而下"的谈判模式只规定了国家所需实现的目标,缺乏对实现目标的明晰行动方案和路径,在面对气候变化这样具有较大不确定性的环境议题时的有效性受到极大的质疑。②另一方面由于工业化以来化石燃料对经济活动不可替代的作用,削减温室气体排放的行动不仅面临巨大的经济成本,也具有极大的社

---

① 于宏源:《试析全球气候变化谈判格局的新变化》,《现代国际关系》2012 年第 6 期,第 9—14 页。

② Oran R. Young, "Effectiveness of Environmental Regimes: Existing Knowledge, Cutting-Edge Themes, and Research Strategy," *Proceedings of National Academy of Sciences of the United States of America*, Vol.108, No.50, December 2011, pp.19853—19860.

会影响，这使各国对气候变化规则中的利益分配也更为敏感。①随着气候变化谈判政治化程度的加强，各国纷纷对自身的谈判立场设置红线，使多边气候谈判进程陷入僵局。自哥本哈根会议之后，多边气候谈判机制尽管得到了延续，但各国对这一机制的预期显著降低。最终达成的《巴黎协定》不再具有自上而下具体安排各国减排任务的功能，而主要致力于为各国自下而上的自主行动确立共同原则与目标。

在多边气候谈判机制弱化的情况下，各国与其他行为体出于自身利益诉求的需要，开始探究治理气候变化问题的其他路径。其中之一是"少边主义"(Minilateralism)概念的发展。②一些研究认为，过多的参与方导致"搭便车"行为泛滥，是气候变化治理困境的根源。③因此，通过"必要最少数"行为体的参加，可以降低谈判的复杂性，促进对整体或部分环境目标的突破。④八国集团峰会、二十国集团峰会等会议机制都成为部分主要国家探讨气候变化治理立场的平台。同时，一些少边机制旨在针对一些具体的、更易实现的目标进行渐进式的治理，如对"短期污染物"、破坏臭氧层物质等治理机制的建立。此外，一些少边合作旨在通过提供排他性的"俱乐部产品"，发挥对合作的激励效用，并鼓励非俱乐部成员的后续参与。⑤美欧国家建立的区域性碳交易市场、针对甲烷市场、森林保护、碳收集等区域和专项议题的合作机制也被纷纷建立起来。这些基于不同逻辑、具有不同功能的少边主义机制的建立，使全球气候治理的机制更为多元化。

① Frank Grudig, "Patterns of International Cooperation and the Explanatory Power of Relative Gains: An Analysis of Cooperation on Global Climate Change, Ozone Depletion, and International Trade," *International Studies Quaterly*, Vol. 50, No. 4, December 2006, pp.781—801.

② Robert Gampfer, "Minilateralism or the UNFCCC? The political Feasibility of Climate Clubs," *Global Environmental Politics*, Vol.16, No.3, August 2016, pp.62—88.

③ Scott Barret, "Self-Enforcing International Environmental Agreements," *Oxford Economic Press*, Vol. 46, Special Issue on Environmental Economics, October 1994, pp.878—894.

④ Kjell Engelbrekt, "Minilateralism Matters More? Exploring Opportunities to End Climate Negotiations Gridlock," *Paper Prepared for the Annual Convention of the International Studies Association*, New Orleans, Feburary 2015.

⑤ Lut Weischer, Jennifer Morgan and Milap Patel, "Climate Clubs: Can Small Groups of Countries Make a Big Difference in Addressing Climate Change?" *Review of European Community & International Environmental Law*, Vol.21, No.3, 2012, p.16.

应该指出,多元的气候变化治理机制具有其产生和发展的客观逻辑。当作为核心的多边主义机制仍能发挥其统筹和指导作用时,由相关国家和其他行为体的专项机制构成的"机制复合体"或可有效促进气候变化治理目标的实现。①但作为一种仍处于探索中的治理机制,多元治理模式的实际效果仍存在较多的不确定性。国家对少边主义合作路径的选择往往基于对自身国家利益的追求。例如,美国在退出《京都议定书》后,推动建立了碳收集领导人论坛、亚太清洁发展与气候新伙伴关系等少边机制,其本质是试图削弱"双轨制"的多边气候谈判进程,避免自身对碳减排压力的承担。当少边机制的活动与多边机制的原则与规则相冲突时,可能削弱多边主义机制的权威性,形成多中心的"碎片化"现象,实际无助于治理目标的实现。②

(四) 非国家环境治理模式的隐患

在国家间少边主义合作盛行的同时,非政府组织、企业、地方政府等非国家行为体在全球气候治理进程中的地位也得到了提升。在国际气候变化谈判进展缓慢的背景下,环境非政府组织不再局限于通过传统手段影响国际环境谈判的进程,开始探索通过与企业、政府的合作,引领社会自主行动,推动建立自愿的行业与执行标准。③私营部门建立了"企业社会责任"概念,许多企业与环境非政府组织建立了良好的合作关系,并通过对"全球契约"、"公私合作伙伴关系(Public Private Partnerships,简称PPPs)"等机制的参与,成为气候变化行动的直接参与者。一些城市及地方政府也在探索建立相应的合作机制。《巴黎协定》的后续谈判更正式建立了由地方政府、企业与投资人组成的"气候行动马拉喀什伙伴关系",将其视为实现气候变化治理目标的重要途径。④

在一定程度上,非国家行为体对全球气候治理机制的参与对气候变

① Robert O. Keohane and David G. Victor, "The Regime Complex for Climate Change," *Perspectives on Politics*, Vol.9, No.1, March 2011, pp.7—23.

② 李慧明:《秩序转型、霸权式微与全球气候政治:全球气候治理制度碎片化与领导缺失的根源?》,《南京政治学院学报》2014 年第 6 期,第 56—65 页。

③ Pilipp Pattberg, "The Institutionalization of Private Governance: How Business and Nonprofit Organizations Agree on Transnational Rules," *Governance*, Vol.18, No.4, 2005, pp.589—610.

④ UNFCCC, Marrakech Partnership for Global Climate Action, https://unfccc.int/climate-action/marrakech-partnership-for-global-climate-action.

化治理目标的实现具有积极的促进意义。环境非政府组织发挥其专业知识技能和社会动员能力,对具体的环境治理行动提供指引;私营企业和城市作为温室气体排放的重要利益相关方,其自主行动对气候变化的减缓具有直接的作用;此外,私营部门对气候治理融资机制的参与,不必受到国家援助面临的预算制约,有助于缓解气候变化治理进程中的资金压力。

但是,对非国家环境治理模式的过度依赖同样可能对全球气候变化治理带来隐患。环境组织、私营部门等行为体对气候变化治理机制的参与,具有自身独立的利益与价值导向,并不能有效反映社会整体的利益诉求。例如,环境组织倾向于强调土著居民、小岛屿国家等国际社会弱势群体的利益,但往往忽视农牧民、产业工人等其他重要的社会群体。同时,非国家行为体自发的环境行动,往往选择早期收获显著、运行成本较低的项目执行,尽管在短期内可以带来一定的效果,但其活动的稳定性、全局性不可避免的受到制约。[①]如何有效整合、监督多元治理路径的执行,为国际社会带来新的、额外的环境公共产品,促进全球控温目标的实现,仍将是全球气候治理进程面临的艰巨挑战。

因此,尽管《巴黎协定》及其后续谈判的发展整体维持了国际社会应对气候变化危机的共识和信念,但气候变化治理目标的实现仍面临显著的挑战。联合国环境署2017年发布的《排放差距报告》认为,各国的自主减排承诺对实现全球2摄氏度的整体控温目标仍有较大的差距,与1.5摄氏度控温目标的距离则更为遥远。[②]继续推动气候变化治理进程,避免气候环境的进一步恶化,需要中国领导力的进一步发展。

三、中国在气候治理机制中
发挥引领作用的条件辨析

面对全球环境公共产品供给失衡,以及全球气候治理机制的不确定

---

① Christopher L. Pallas and Johannes Urpelaine, "Mission and Interests: The Strategic Formation and Function of North-South NGO Campaigns," *Global Governance*, Vol.19, No.3, 2013, pp.401—423.

② UNEP, *The Emission Gap Report 2017*, November 2017, p.1.

性,新兴大国需要进一步承担国际责任,并进一步在气候治理进程中发挥引领作用。中国作为碳排放大国的客观身份、自身环境行动能力的提高,以及环境创制能力的建设,是中国在当前气候治理机制中进一步发挥引领作用的基本条件。

(一)环境议题的影响能力

整体经济规模和碳排放总量等对环境议题的影响能力,构成国家在全球气候治理中发挥引领作用的客观基础。世界各国不同的规模与能力,意味着其在全球气候治理体系中处于不对称相互依赖的状态。一些小国的谈判立场和诉求尽管具有较强的道义属性,但其努力对全球环境治理的实际效果是有限的。相反,即使美国退出《京都议定书》的行为招致国际社会的普遍批评,巨大的排放体量仍赋予其在国际气候谈判进程中的话语权。正如哥本哈根会议和巴黎会议所显示的,主要碳排放大国的意愿对环境谈判的最终结果具有决定性的影响。

同时,一国的综合经济实力,使国家在环境谈判中获得影响其他国家的额外工具。具有强大经济实力的国家可以利用其市场规模、金融体系或资金技术,以惩罚威胁或资金援助的形式吸引盟友,建立谈判集团与联盟,使该国在谈判中的立场得到更多的支持。

作为世界第二大经济体及第一大碳排放国,中国已经成为气候变化谈判进程中最具影响力的国家行为体之一。在后哥本哈根时期的气候变化谈判中,中国超过美欧,被与会者视为气候变化谈判进程中最重要的领导者。[1]2014—2015 年间,中美两国元首在互访中两次发表气候变化联合声明,对巴黎协定的最终达成起到重要的领导作用。

当然,正如奈和基欧汉所意识到的,非对称相互依赖所带来的是一种潜在的权力,其本身并不必然能解释讨价还价的后果。[2]尽管大国可以通过退出或威胁退出协定避免其所不愿意的国际规则的束缚,但这一权力的行使是被动的,且受到舆论与道德的制约。尤其是在气候变化谈判中,

---

① Christer Karlsson, Mattias Hjerpe, Charles Parker and Björn-Ola Linnér, "The Legitimacy of Leadership in International Climate Change Negotiations," *Ambio*, Vol.41, No.1, 2012, pp.46—55.

② 罗伯特·基欧汉、约瑟夫·奈:《权力与相互依赖》,门洪华译,北京大学出版社 2002 年版,第 19 页。

碳排放大国更受到来自国际社会广泛的舆论压力。因此,如何有效运用不对称相互依赖赋予中国的谈判权力,在维护自身国家利益的同时促进国际合作的实现,仍是中国在未来气候谈判实践中必须面对的课题。

(二)气候治理中的履约行动能力

国家在全球治理中的行动能力,是指国家作出或履行承诺以承担应对全球问题的国际责任的能力与意愿。[1]国家是否能够率先承担提供国际公共产品的责任与成本,甚至在一定程度上接受其他国家的搭便车行为,关系到其在全球气候治理进程中的倡议是否为其他国家所接受,其领导地位是否令人信服。国家在全球气候治理中的行动能力,受到环境行动成本、国内政治制度等因素的制约。

国家在气候治理领域的行动成本受到经济发展阶段、能源结构、技术水平等因素的客观限制。当国家经济发展阶段较为落后时,其经济发展不得不依赖于资源密集型的生产,其对环境标准的推行不仅面临较高的治理成本,更由于对经济增长动力的抑制带来显著的机会成本。而随着国家支柱产业从工业向服务业转移,国家经济发展对能源的依赖度降低,环境治理的成本也就随之下降。

国内制度则关系到国家环境治理决策能否最终落实。在许多西方国家,立法机构在多大程度上享有独立性、是否存在推翻既定政策的"否决点",对国家在国际环境治理中的推行具有重要的影响。[2]例如,美国对环境条约及其相关国内立法的批准面临复杂的程序,使其签署的包括《京都议定书》在内的多项环境条约无法生效;对外资金援助更受到国会预算审批的限制,并往往成为两党政治斗争的牺牲品。这些国内制度的制约使美国在参与全球环境与气候治理的过程中,往往难以作出积极的、可信的承诺,使其领导全球环境治理的能力不断弱化。

对21世纪初的中国而言,艰巨的经济发展任务、工业化的发展阶段,以及能源结构上对煤炭的长期依赖,使中国的环境行动面临高昂的成本。争取正当发展权利和排放空间,也因此成为中国在气候变化谈判进程中

---

[1] 薄燕:《合作意愿与合作能力:一种分析全球气候变化治理的新框架》,《世界经济与政治》2013年第1期,第135—155页。

[2] 海伦·米尔纳:《利益、制度与信息:国内政治与国际关系》,曲博译、王正毅校,上海人民出版社2015年版,第99页。

的核心诉求。随着中国经济进入"新常态",中国的经济结构和增长模式正发生深刻的改变。中国的煤炭消费量将在 2019 年左右达到峰值,而碳排放峰值也有望在 2025 年提前出现。①这一背景下,发展绿色低碳经济在中国的政策目标中具有越来越重要的优先度。

同时,中国特色社会主义民主政治制度,避免了国家环境政策频繁、剧烈的波动。并且在国家确立了环境治理的整体方针政策之后,其推进和执行是稳定和高效的。可以预见,随着未来中国经济结构的进一步转型,中国参与气候变化治理的能力和意愿将进一步提升,并在全球气候治理中发挥越来越显著的引领作用。

（三）气候治理中的规则创制能力

创制能力是指一国针对问题领域提出合理、可行的原则、规范、规则,创设相关国际制度的能力。②国际规则的提出与发展面对有效性与合法性的双重考验。一方面,新设立的国际规则必须获得其他国家的广泛认可和接受,使其通过广泛的实践得到确立。另一方面,设立的国际规则必须符合现实,对相关议题的治理提供有效的解决方案。如果一项规范无法有效解决问题,其地位就将受到其他新的规则与规范的挑战。

全球气候治理领域的创制能力包含三个维度。首先是对环境气候问题的基础科研能力。科学研究是对相应环境问题采取国际行动的基础。联合国政府间气候变化专门委员会（Intergovernmental Panel on Climate Change,简称 IPCC）召集全球相关领域的专家,对气候变化的科学性、气候变化对人类的影响、减缓气候变化的可能路径等问题进行研究和探讨。IPCC 的历次报告对气候变化治理的谈判走向、议题重点等都产生直接的影响。其次是国家能否建立有效的话语体系,将本国的利益诉求与其他国际社会的通行价值相一致,对其立场和诉求争取道义支持。例如,气候谈判中的"人均-历史-现实"碳排放之争,就显示了不同国家对气候正义话语权的争夺。最后是通过对具体治理规则与路径的设计,将国家的自身利益嵌入国际治理机制,并使这一机制有效应对运作,如公私伙伴关系、

---

① 《中国碳排放峰值有望提前至 2025 年》,中国气候变化信息网,2016 年 1 月,http://www.ccchina.gov.cn/Detail.aspx?newsId＝58383&TId＝62。

② 潘忠岐:《广义国际规则的形成、创制与变革》,《国际关系研究》2016 年第 5 期,第 3—23 页。

国家自主贡献等。

中国学者及专家积极参与了 IPCC 的第五次气候变化评估报告的撰写,在全球气候科学研究中扮演了越来越积极的角色。①在 2019 年,中国气象局还组织召开了第六次评估报告的中国作者会,促进不同部门和领域的专家对 IPCC 报告的参与。近年来,中国更提出了"人类命运共同体"等核心理念,更为积极的参与全球气候治理的事务中。当然,与西方发达国家相较,中国仍需进一步加强对具体国际治理规则与机制的创制能力建设,将自身理念、观点与国际社会既有观念与规范相融合,并通过提供气候变化治理的具体方案,促进中国话语与规范在全球范围内的接受与实践。

四、中国在气候治理中发挥领导力的主要路径

自 20 世纪 90 年代以来,中国积极参与全球气候变化谈判进程,并从中取得了丰富的经验和成果。中国通过与发展中国家的共同争取,确立了以公平和共区原则为核心的多边主义治理机制;通过与发达国家的务实合作,为自身绿色经济的发展吸引了资金和技术援助。随着发达国家领导能力的削弱和中国国际地位的提升,中国面临从气候治理机制的被动应对和接受者向环境公共产品提供者和气候治理规则开创者的身份转变。中国可以主要通过以下三种路径,加强在全球气候治理中领导力的发挥,促进《巴黎协定》全球气候治理目标的实现以及全球气候治理的进一步发展。

(一)中国减缓行动对全球控温目标的积极作用

作为全球最主要的温室气体排放国,中国低碳绿色行动具有重要的意义。随着中国经济的增长与工业化的进展,环境问题的行动成本逐渐下降。传统高能耗、高污染的产业面临产能过剩和需求减少,环境负面影响也逐渐显现。这使中国加强环境政策的行动即使在狭义的经济利益角

---

① 郑秋红等:《IPCC 第五次评估报告第二工作组报告中国引文计量分析》,《气候变化研究进展》2014 年第 3 期,第 208 页。

度也带来了收益。生活水平逐渐提高的中国人民,对环境与卫生的认识与诉求也在进一步提高,使积极的环境行动具有国内民意的基础。同时,太阳能、风能、新能源车等绿色产业的发展,也正在成为中国经济的新增长点。提高能源利用效率、鼓励低碳绿色经济的发展,与中国高质量经济增长的目标是一致的。因此,中国首先应当继续深化和推动自身的气候变化,努力促进自身在巴黎气候协定中自主贡献目标的实现。

同时,中国还应进一步加强环境治理的法规、制度建设,促进国内气候、环境立法的建立和完善。回顾20世纪以来的众多环境协定,国际环境规则的推动者往往在该项环境问题领域具有较为成熟的国内立法,其对国际环境规则的推动是其国内环境治理的延伸。随着中国从全球气候治理机制的追随者逐渐向引领者过渡,中国更需要发掘推动国际气候合作的内生动力。健全的国内环境立法不仅有助于同国际标准的对接;也能够鼓励国内相关产业与组织的产业转型与政策参与,促进国内绿色经济的发展与环境治理内生动力的加强。国内环境治理的法治实践,更有助于中国积累具体规则的创制经验,为中国气候治理制度的输出创造条件。

(二)中国对发展中国家间南南气候合作的推动

在西方国家援助意愿下降,国际环境援助长期供给不足的情况下,仅依赖南北合作已不足以满足发展中国家开展减缓和适应气候变化的现实需求。同时,随着发展中国家间经济、技术水平与应对气候变化能力差距的不断扩大,发达国家更将国际援助与量化减排指标相挂钩,进一步分化发展中国家阵营,对新兴发展中国家施加压力。在这一背景下,南南气候合作的发展更具有重要性和紧迫性。南南气候合作从谈判集团、环境对话等形式向更为务实的资金、技术合作等领域扩展。对中国而言,南南气候合作不仅有助于加强发展中国家整体的履约能力与意愿,也将促进、加强中国与其他发展中国家间的联系,为气候变化谈判的后续进展创造条件。

中国引领南南气候合作的主要内容可包括四个方面。一是对欠发达国家提供直接资金援助。通过气候变化南南合作基金、丝路基金等形式与途径,支援欠发达国家适应气候变化的能力建设。二是与其他新兴国家的环境技术交流与合作。中国、南非、巴西等新兴国家根据自身的自然禀赋、优先议题,在不同的绿色低碳技术领域取得了一定的优势,为互相之间的技术对话和交流创造了条件。三是鼓励中国的绿色产业走出去，向其他发展中国家提供环境产品与服务。四是通过与发达国家、国际组织优势互补，共同开展对发展中国家的三方合作，促进发展中国家有效利用国际援助，加强应对气候变化的能力。

当然，环境领域的南南合作仍将面临一定的挑战。首先，尽管发展中大国在绿色技术研发和实践经验等方面取得一定的进步和成就，但环境技术和绿色产业发展水平较发达国家仍有一定距离。发展中大国需要平衡自身援助国与受援国的双重身份，避免过度承担能力之外的国际援助。其次，新兴国家在国际援助模式、机制、手段等方面仍处于摸索阶段，如何通过援助使其他发展中国家获得切实利益，并对国际环境治理产生有益效果，仍然是新兴援助国需要面对的挑战。

（三）中国对全球气候治理的理论贡献

随着气候变化治理进程的推进，国际学界对气候变化治理机制的理论探索也在不断发展，并形成以国际关系理论为基础，与经济学、比较政治学、社会学、国际法学等学科相联系的环境政治学研究路径，对国际环境问题的治理和应对展开探讨。[①]近年来，环境政治学在理论流派和实证方法上不断细化，并形成对市场导向机制、非国家行为体等全球气候治理前沿议题的关注，对全球气候治理实践的发展起到导向作用。[②]尽管如此，当前环境政治学以及全球治理的整体理论发展，仍然存在鲜明的西方中心主义色彩，并对当前气候变化治理的现状与局限缺乏有效的预见与应对措施。

例如，西方全球治理理论对非国家行为体的关注源于本国社会的环境运动史和本国市民社会相对发达、成熟的现状，但对市民社会发展较不健全、非国家行为体活动空间较小的发展中国家环境政策的发展缺乏解释和指导意义。又如，环境政治学对国内政治进程的分析主要基于西方民主制度下不同利益集团间的博弈与竞争，通过寻求环境压力集团与替代产业等利益中立方尽可能大的"获胜集合"实现国家环境政策的建立。

---

① 董亮：《国际环境整治研究的变迁及其根源》，《教学与研究》2016年第5期，第103—112页。

② Peter Dauvergne and Jennifer Clapp："Researching Global Environmental Politics in the 21st Century," *Global Environmental Politics*，Vol.16, No.1, Feburary 2016, pp.1—12.

也正因此,环境政治学难以有效预见和应对一些民主国家中的环境极化政治和民粹主义兴起等当前对环境治理进程带来重大挑战的现象。

在这一背景下,中国对全球气候治理理论的发展将具有独特的价值。传统中华文化"礼"、"和"、"中庸"等经典思想,马克思主义理论对西方政治经济学的批判与探索,以及新中国成立以来具有中国特色的政治与治理实践等,都具有进一步挖掘和提炼的空间。中国应当进一步推进全球气候治理的理论研究,对有效、公平、正义的全球环境治理的未来走向与发展提供新的理论指引。

五、结　　论

本文分析了全球气候治理进程面临的主要问题与挑战,以及中国对未来全球气候治理的重要价值。自《巴黎协定》达成以来,全球气候变化治理机制方兴未艾。一方面应对气候变化已经在国际社会形成广泛的共识,越来越多的国家与非国家行为体正对气候变化治理进程予以关注。另一方面民粹主义、反环境运动在一些西方国家不断发展,对现有气候治理机制的有效性与合法性产生持续的冲击。同时,近年来逐渐增多的极端恶劣天气和自然灾害,以及冰川、冰盖不断消融的事实,则在时刻提醒着人们应对气候变化的紧迫性。

作为新兴的发展中大国,中国对全球气候治理领导力的发挥,不仅有助于全球气候治理的实现,也符合中国自身的利益诉求与构建人类命运共同体的目标。面对复杂的国际环境治理形势,本文试对中国进一步推进气候治理与全球环境合作,提出如下的建议。

（一）环境利益与社会公平相兼顾

中国高效的政策执行能力,为环境政策的有效推行创造了有利的条件。但同时,环境政策的高效推进同样不应忽视那些在环境政策中受损的利益群体。环境治理的目标是提高社会整体的福利,在这一过程中亦不应忽视福利在社会不同群体中的分布。当国内部分群体的利益诉求长期受到压抑,潜在的社会矛盾逐渐激化,则可能加剧国内环境利益的分裂,对环境政策的持续有效推行产生负面的影响。近年来美欧发达国家的民粹主义与反环境主义运动的发展,就是具有警醒意义的例证。

因此,在进一步推进环境治理目标的同时,中国也应持续关注环境目标与其他社会目标的均衡发展,注重对相关利益群体的补偿,将环境利益与社会公平相兼顾。尤其是在国际环境治理上,避免过分承担与自身能力不相符的国际责任,防止国家利益的损失及民间对环境事业支持的反复。

(二)扩大参与国际环境合作的维度

随着气候变化治理参与主体的多元化,中国也应当拓展合作的领域与层次。在继续开展国家间多边、小多边及双边合作的同时,进一步加强与地方政府、立法机构、智库、非政府组织等的交流,并鼓励科研机构、企业与民间组织对国际环境交流的进一步参与。通过多种渠道联系的建立,加强对其他国家环境政策的影响能力。

当前,中国的民间环境运动得到一定的发展,自然之友、青年应对气候变化行动网络等组织更在国际舞台上开展了更为积极的活动。尽管如此,受到政策制约、社会文化及环境组织自身管理能力与专业化水平等因素的影响,中国民间环境组织的发展水平仍整体较低,难以在国际谈判中独立提出领先的、具有影响力的意见和观点。引导本土民间组织参与提供环境产品,促进中国民间社会参与跨国环境网络,分享中国气候治理的经验和理念,将对中国的国际形象与环境创制能力的提升起到重要的作用。

中印关系新阶段下的两国气候合作：路径选择与全球意义*

康　晓**

【内容提要】 2018 年 4 月中印领导人武汉会晤标志着两国关系进入新阶段，两国气候合作也需要新定位与新思考，寻找更有针对性的合作路径，包括水、能源和粮食纽带安全的合作，两国产学研界联合研发核心低碳技术和开拓地方政府气候合作新空间。其中的重点是紧扣中印作为两个最大发展中国家和最大新兴经济体的定位，着眼于以发展为导向的气候合作，创新出适合发展中国家应对气候变化，能够实现减贫与减排平衡的低碳经济模式。因此，中印气候合作不仅应该成为新阶段两国关系的支柱之一，更具有了积极的全球意义。

【关键词】 新阶段中印关系；气候变化；全球治理；发展中国家；低碳经济

【Abstract】 It's a symbol of the new phase for Sino-India relations after summit between the two states in Wuhan, April 2018, which brought new reflections on climate cooperation between China and India, including more accurate cooperative pathways, such as security nexus, core tech-cooperation of low carbon economy among universities, companies and research institutions, what's more, cooperation at local level. The cooperation should focus on the positioning of the identity for two states as the biggest developing countries and emerging countries with development-oriented climate cooperation, which may create a new model balancing the poor reduction and emission reduction. Therefore, climate cooperation will not only be one of the pillars in Sino-India relations, but also influence globally.

【Key Words】 New Phase in Sino-India Relations, Climate Change, Global Governance, Developing Countries, Low Carbon Economy

＊ 本文系 2015 年度教育部哲学社会科学研究重大课题攻关项目"构建公平合理的国际气候治理体系研究"（项目编号：15JZD035）的阶段性成果。
＊＊ 康晓，北京外国语大学国际关系学院副教授。

中国国家主席习近平与印度总理莫迪于2018年4月在中国武汉的会晤全球瞩目,会晤虽然是非正式的,但两国领导人却充分表达了对双边关系及其全球意义的共识。习近平提出应从战略上把握中印关系的大局,并认为两国应共同做好双方下一阶段合作规划,这为两国气候合作提供了新机遇。中国和印度分别是世界第一和第二人口大国,第一和第三温室气体排放国,第二和第七大经济体,因此两国合作共同削减温室气体排放和实现发展方式向低碳转型对于气候变化《巴黎协定》目标的实现十分关键,关于中印气候合作的研究也具有较强的现实意义。

既有文献中关于印度气候政策的研究较为充分,包括印度在发展低碳经济方面的特色和经验①,印度国内气候政治的运作机理②,以及印度最新的经济政策与其能源政策的关系③等。国外学者从印度在全球治理中的角色角度分析了印度在全球气候谈判中的立场变化,认为印度已经从一个"否决者"成为一个积极的议程设置者,虽然仍然强调印度发展和脱贫的艰巨任务,以及要求发达国家承担相应的资金和技术转移义务,但首先承诺印度将加大减排力度,努力实现发展与应对气候变化的平衡。④印度学者则认为公平性是新兴全球气候治理机制应该解决的核心问题,其中中国和印度将成为这一机制的领导者。⑤赵斌和高小升的研究发现中国和印度的气候政治都通过双层互动受到内外环境的压力,并在此过程中强化了两者新兴大国的身份认同。⑥

这些研究概括起来主要集中在中印两国各自气候政策变化的动力,以及参与金砖国家和基础四国气候合作的动力方面,为本文写作提供了

① 邓常春、邓莹:《碳约束下的经济增长:印度经验及其对中国的启示》,《求索》2012年第11期。

② 赵斌:《印度气候政治的变化机制——基于双层互动的系统分析》,《南亚研究》2013年第1期,第62—78页。

③ 王润、蔡爱玲、孙冰洁、姜彤、刘润:《"来印度制造"下的印度能源与气候政策述评》,《气候变化研究进展》2017年第4期。

④ Amrita Narlikar, "India's Role in Global Governance: A Modi-Fication?" *International Affairs*, Vol.93, No.1, 2017, pp.102—105.

⑤ Mukul Sanwal, *The World's Search for Sustainable Development: A Perspective from the Global South*, Delhi: Cambridge University Press, 2015, p.160.

⑥ 赵斌、高小升:《新兴大国气候政治的变化机制——以中国和印度为比较案例》,《南亚研究》2014年第1期。

重要参考。但是,中国和印度作为最大的两个新兴经济体,无论从人口还是经济规模,以及排放总量衡量,都与其他新兴经济体具有鲜明的不同,所以有必要从金砖国家和基础四国中将两者作为特殊案例提取出来进行分析。王谋对此进行研究,全面分析中印气候合作的基础、意义和重点。①高翔和朱秦汉也为中印气候合作提出建议,并认为双方利益存在差异,中国注重减排,而印度则看重水、能源和粮食的纽带安全问题。②这些文献都为本文写作提供了重要启示。美国退出《巴黎协定》致使全球气候治理不确定性增加,为中国引领全球气候治理提供了机遇。在此背景下,在中印关系进入新阶段后加强两国气候务实合作,展现更多应对气候变化与促进发展双赢的成功案例,可以扩大中国以发展为导向的全球气候治理观的影响力,提升中国在全球气候治理中的地位,增强中国引领全球气候治理的基础。

一、中印关系新阶段为两国气候合作提供新机遇

在 2018 年 6 月举行的上海合作组织青岛峰会上,中国国家主席习近平在会见印度总理莫迪时指出:"一个多月前,我同总理先生在武汉成功举行非正式会晤,达成重要共识。两国和国际社会都对这次会晤予以积极评价,关注和支持中印关系发展的积极氛围正在形成。中方愿同印方一道,以武汉会晤为新起点,持续增进政治互信,全面开展互利合作,推动中印关系更好更快更稳向前发展。"③在此背景下,中印关系表现出进入新阶段后的实质性内容。2018 年 12 月两国就建立人文交流机制达成重要共识。④同月,两国第七次"手拉手"陆军联训在中国成都举行。关于美国印太战略,印度总理莫迪也向中方作出保证,并在香格里拉对话中发表了

---

① 王谋:《加强中印应对气候变化合作:意义与合作领域》,《城市与环境研究》2017 年第 3 期。
② 高翔、朱秦汉:《印度应对气候变化政策特征及中印合作》,《南亚研究季刊》2017 年第 1 期。
③ 广江、赵成:《习近平会见印度总理莫迪》,《人民日报》2018 年 6 月 10 日,第 2 版。
④ 《王毅:中印高级别人文交流机制首次会议达成一系列重要共识》,中华人民共和国中央人民政府网站,http://www.gov.cn/guowuyuan/2018-12/22/content_5351130.htm。

印太开放性和互通性的表态。两国贸易额 2018 年同比增长 18.63%，达到近 900 亿美元的历史新高。对此，《印度斯坦时报》称除了两国领导人"史无前例"地在一年内举行了四次会晤，此外还有中国外交部长王毅等三位中国国务委员级别官员 2018 年访问了印度，武汉会晤起到催化剂作用，使"两国关系不仅得以恢复，而且得到提升"。①可见，两国领导人的武汉会晤已经成为中印关系新起点，这为双方气候合作提供了新机遇，具体来看包括以下几点。

第一，中印较快走出洞朗对峙的艰难时刻展现构建新型国际关系的共同意愿。洞朗对峙是中印战争以来，两国半个世纪安全困境积累的最新表现，折射出印度决策圈对"绝对安全"的一种迷思，而孕育这种迷思的则是其对华战略疑惧。②但是，在对峙后不到一年时间，印度总理莫迪就访华与习近平主席进行非正式会晤，这证明了两国对构建新型国际关系表现出的共同意愿。

新型国际关系源自中国向美国提出的构建新型大国关系的倡议，其内涵是不冲突不对抗，相互尊重，合作共赢。2015 年 9 月，习近平主席出席第 70 届联合国大会一般性辩论并发表讲话时，首次全面阐述了以合作共赢为核心的新型国际关系的内涵。经过不断完善，其内涵发展为八个方面③，中共十九大报告将其概括为"相互尊重、公平正义、合作共赢"三个要点。构建新型国际关系是新时代中国特色大国外交的目标，中印互为重要邻国和规模最大的两个新兴经济体，两国关系理应成为构建新型国际关系的重要实践。虽然两国近年多次发生边境摩擦，但双方始终在坚决维护国家核心利益的前提下进行了充分沟通与协调，避免了在边境地区再次爆发大规模武装冲突的严重后果，这表明两国对于避免冲突的主观共识，是对地区和平与安全以及发展与稳定的认同④，更是对新型国际

① 元贞、郭芳:《印媒热议 2018 中印"重回正轨"》,《环球时报》2018 年 12 月 29 日,第 3 版。
② 胡仕胜:《洞朗对峙危机与中印关系的未来》,《现代国际关系》2017 年第 11 期。
③ 分别是:1.和平、发展、合作、共赢成为时代潮流;2.坚定不移走和平发展道路;3.打造人类命运共同体;4.积极实施"一带一路"战略;5.推动与各方关系全面发展;6.坚决维护国家核心利益;7.推进全球治理体系变革;8.中国开放的大门永远不会关上,参见《习近平总书记系列重要讲话读本(2016 年版)》十五、推动构建以合作共赢为核心的新型国际关系——关于国际关系和我国外交战略》,《人民日报》2016 年 5 月 11 日,第 9 版。
④ 刘祖明、冯怀信:《"一带一路"背景下中印两国"认同"利益的建构分析》,《当代世界与社会主义》2015 年第 4 期。

关系首要强调的和平、发展、合作、共赢时代潮流的认同。正是基于这样的共识,两国才能较快走出洞朗对峙的艰难时刻实现领导人会晤。这一转变充分体现出相互尊重作为新型国际关系第一要素的重要价值,因为相邻国家在战略上失信的重要原因就是不能相互尊重对方核心利益,所以要建立中印彼此互信也必须从相互尊重彼此核心利益开始,这也是武汉会晤的基本前提。虽然莫迪总理不是对中国进行正式国事访问,但这种非正式的形式恰好有利于刚刚走出危机的两国充分表达对彼此关系未来发展的理性思考,即从战略高度保持两国关系稳定,着眼于务实合作,应该更多看到两国在国际事务中有许多共同立场,并将其转化为两国构建新型国际关系的动力,其中就包括中印双边气候合作。

第二,两国国内改革新战略的实施为新阶段中印关系下的两国气候合作提供机遇。中国和印度作为最大的两个新兴经济体,都面临国内深化改革保持经济社会可持续发展的任务。对此,两国领导层都适时制定了针对各自新阶段改革的重大战略,其中提升发展的绿色低碳水平都是重要内容。中共十九大后,中国的现代化进程进入新时代,以供给侧改革为抓手建立现代经济体系是这一进程的基础。十九大报告在"贯彻新发展理念,建设现代化经济体系"部分的第一条就是"深化供给侧结构性改革",而在"加快生态文明体制改革,建设美丽中国"部分,第一条便是"推进绿色发展",指出要"加快建立绿色生产和消费的法律制度和政策导向,建立健全绿色低碳循环发展的经济体系。"[1]从广义上理解,低碳发展是一种新型的生产方式和生活方式,包容绿色发展、循环发展的内容,引导人类通过可持续的发展路径迈向一个更高的文明形态——生态文明。[2]低碳经济作为低碳发展的基础[3],是连接供给侧改革和建设美丽中国的重要纽带,建立和完善有利于低碳经济发展的体制机制,大力发展低碳实体经济已经成为新时代中国改革进程的重要内容,其中实现 2020 年和 2030 年非

---

[1]　习近平:《决胜全面建成小康社会夺取新时代中国特色社会主义伟大胜利——　在中国共产党第十九次全国代表大会上的报告》(2017 年 10 月 18 日),《人民日报》2017 年 10 月 28 日,第 3 版。

[2]　杜祥琬等:《低碳发展总论》,中国环境出版社 2016 年版,第 4 页。

[3]　吴晓青:《关于中国发展低碳经济的若干建议》,载张坤明、潘家华、崔大鹏主编:《低碳经济论》,中国环境科学出版社 2008 年版,第 21 页。

化石能源占一次能源消费比重分别达到 15% 和 20% 的能源发展战略目标就是硬约束。根据中国国家发展与改革委员会发布的《可再生能源发展"十三五"规划》,中国为实现这两个目标制定了 2020 年可再生能源开发利用主要指标,其中发电总目标是 56188 吨标准煤/年,包括水电 36875 吨标准煤/年,并网风电 12390 吨标准煤/年,光伏发电 3673 吨标准煤/年,太阳能热发电 590 吨标准煤/年,生物质发电 2660 吨标准煤/年。[①]

莫迪总理自 2014 年领导人民党执政以来立志于建立一个"新印度",在 2017 年 8 月 15 日印度独立日面向全国的讲话中,莫迪总理提出希望在 2022 年实现这一目标。[②]尽管"新印度"构想的实现充满挑战,但值得肯定的是,自这一概念提出后莫迪政府取得了一系列成果,无论是环境问题的改善还是经济的持续增长都证明"新印度"有着独特的生命力。[③]值得注意的是,在"新印度"建设中,既增加电力供应又注重环境保护是一项主要内容,这也意味着大力发展可再生能源将是未来印度能源产业的重要目标。同样是在 2016 年 12 月,印度政府发布的《印度电力规划(草案)》显示,截至 2016 年 3 月 31 日,印度主要可再生能源的装机容量分别是太阳能 6762.85 兆瓦、风能 26866.66 兆瓦、生物质能 4946.41 兆瓦、小水电 4273.47 兆瓦,总计 42849.38 兆瓦,计划到 2022 年前分别提升到太阳能 100 吉瓦、风能 60 吉瓦、生物质能 10 吉瓦和小水电 5 吉瓦,总计 175 吉瓦,占能源总需求的 20.35%,到 2027 年前达到能源总需求的 24.2%。[④]

可见,发展可再生能源,实现低碳减排与经济增长的平衡已经成为中印两国国内发展的重要规划,这为双方在两国关系新阶段进行气候政策

---

① 中国国家发展与改革委员会:《可再生能源发展"十三五"规划》,第 9 页,http://www.ndrc.gov.cn/zcfb/zcfbtz/201612/W020161216659579206185.pdf,登录时间:2018 年 12 月 12 日。

② "PM addresses nation from the ramparts of the Red Fort on 71st Independence Day," 15th August 2017,http://www. pmindia. gov. in/en/news _ updates/pm-addresses-nation-from-the-ramparts-of-the-red-fort-on-71st-independence-day/?comment = disable,登录时间:2018 年 10 月 1 日。

③ 王瀚浥:《莫迪的"新印度"面临巨大困难》,《文汇报》2018 年 1 月 13 日,第 5 版。

④ Government of India Ministry of Power, Draft National Electricity Plan, December 2016, p.6.9, p.6.11, p.6.13, http://www. indiaenvironmentportal. org. in/content/438319/draft-national-electricity-plan-2016-volume-1-generation/登录时间:2018 年 10 月 1 日。

的有效对接提供了机遇，能够更好激发两国企业、科研院所、大学、社会组织等多元行为体的潜能，打造扎实的低碳实体经济和前沿技术，助力气候合作成为构建中印新型国际关系的支柱之一。

第三，新阶段下的中印关系为两国构建公平正义的全球治理体系提供了新动力。全球治理虽然以人类共同利益为问题导向，但其中同样涉及主权国家间复杂的相对收益分配，而这又基于全球治理体系中的权力格局和制度设计。由于当代世界比较成熟的全球治理机制都是由二战结束初期美国凭借其超级大国的地位建立，所以发达国家至今仍然享有全球治理中的特权地位，这与新兴经济体崛起带来的国际格局转型态势严重不符。以新兴经济体群体性崛起为特征的国际格局转型是新世纪以来国际关系最为重大的战略态势，因为这一转型挑战了冷战结束以后西方发达国家在国际体系中的主导地位，特别是中国和印度，就其人口规模而言不同于历史上任何一个崛起大国，这意味着未来的多极格局将展现一种全新形态。①新兴经济体大多有着共同的被殖民经历，所以在国力迅速增长以后，普遍希望在全球治理中更好维护在主权和发展问题上的公平性和正义性。②正因为如此，新时代的中国特色大国外交始终强调维护人类整体利益与改革全球治理体系的统一，认为应该提升发展中国家在全球治理体系中的地位和话语权，平衡发达国家的主导性权力，这同样也是新兴经济体作为一个群体性身份认同的显著特征。③比如，印度就认为要成为全球治理引领者就必须对全球治理规则进行改革④，其全球治理的核心诉求是从边缘向中心移动⑤，这一点在莫迪担任印度总理后体现得更加明显。在继承印度要求国际公平正义的外交传统基础上，莫迪总理不同

---

① Randall Schweller, "Emerging Powers in an Age of Disorder," *Global Governance*, Vol.17, No.3, 2011, p.295.

② Theotônio dos Santos and Mariana Ortega Breña, "Globalization, Emerging Powers, and the Future of Capitalism," *Latin American Perspectives*, Vol.38, No.2, 2011, p.55. Ann Florini, "Rising Asian Powers and Changing Global Governance," *International Studies Review*, Vol.13, No.1, 2011, pp.28—29.

③ Amrita Narlikar, "India rising: responsible to whom," *International Affairs*, Vol.89, No.3, 2013, p.603.

④ 时宏远：《印度参与全球治理的理念与实践》，《国际问题研究》2016年第6期。

⑤ 江天骄、王蕾：《诉求变动与策略调整：印度参与全球治理的现实路径及前景》，《当代亚太》2017年第2期。

于以往印度政府不愿提供公共产品的政策,而是希望同时实现改革全球规则和印度承担更多的国际责任①,这一点与中国的全球治理观不谋而合,并在两国领导人武汉会晤中得到体现。习近平主席在会晤中指出:"双方要秉持共商共建共享全球治理观,推动建设开放型世界经济,支持多边贸易体制,开展更积极的国际合作,共同应对全球性挑战。中方愿同印方共同努力,打造稳定、发展、繁荣的 21 世纪亚洲,推动国际秩序朝着更加公正合理的方向发展。"莫迪总理也表示:"印度坚定奉行独立的外交政策,支持全球化,支持维护多边体系,支持国际关系民主化。印方愿同中方携手促进广大发展中国家共同利益。"②这说明两国已经将彼此合作的定位超越双边层面,着眼于更广阔的全球事务,其中就包括构建更加公平正义的全球治理体系,这为中印合作构建更加公平正义的全球气候治理体系提供机遇。

二、中印关系新阶段下两国气候合作的路径选择

根据印度在 2015 年向联合国气候变化大会提交的国家自主贡献,其目标是到 2030 年 40% 的发电来自非化石能源,温室气体排放到 2030 年在 2005 年基础上减少 33%—35%。③中国计划 2030 年左右二氧化碳排放达到峰值且将努力早日达峰,并计划到 2030 年非化石能源占一次能源消费比重提高到 20% 左右。④2015 年《中印气候变化联合声明》的签署为两国双边气候合作搭建了新平台。进入新阶段,中印气候合作需要从战略高度更加精准地寻找可行路径,其中的核心是看到两国作为最大的发展中国家,拥有较为庞大的贫困人口,因此需要在减少温室气体排放的同时减少贫困,探索兼顾减贫与减排的低碳经济发展之路。

---

① Amrita Narlikar, "India's Role in Global Governance: a Modi-fication?" *International Affairs*, Vol.93, No.1, 2017, pp.99—100.

② 李忠发、孙奕:《习近平同印度总理莫迪在武汉举行非正式会晤》,《人民日报》2018年 4 月 29 日,第 1 版。

③ India's intended Nationally Determined Contributions, INDC submission portal in UNFCCC, 1st October, 2015, https://www4. unfccc. int/sites/submissions/INDC/Published%20Documents/India/1/INDIA%20INDC%20TO%20UNFCCC.pdf.

④ 《中美气候变化联合声明》,《人民日报》2014 年 11 月 13 日,第 2 版。

第一，以水、能源、粮食的纽带安全为合作重点。

气候治理的最终目标是减少温室气体总量排放，但气候变化对于自然环境的改变是基础性的，会导致许多其他领域的变化。因此，不同国家在应对气候变化中的侧重点不同。比如，印度制定和实施应对气候变化政策的根本考虑是稳定"安全纽带"，即平衡水资源、能源、粮食三者之间彼此影响、彼此制约且极具敏感性和脆弱性的关系。①这实际上也是中国在制定气候政策时需要关注的重点领域，因为水、能源和粮食三种资源不仅是人类生存和发展的必需资源，还是区域可持续发展系统的"慢变量"，通过增进三者的协同、提升其整体利用效率，更有助于实现区域可持续发展。②

印度受到的气候变化给安全纽带带来的威胁尤其严重，首先印度水安全面临严峻挑战，包括水资源严重短缺、时空分布极不平衡、用水效率低下以及水污染严重。这给印度粮食生产带来严重不利影响，比如粮食主产区旁遮普和哈里亚纳等地的地下水已经严重超采，难以为继。如果减少地下水抽取而地面灌溉水供应或节水措施未及时跟上，农业立即就会大规模减产。③在能源方面，印度不仅严重贫油，天然气也极其匮乏。印度进口石油的对外依存度在73%左右，到2030年将达到90%—92%。④因此，大力发展煤炭产业成为印度的选择之一，根据国际能源署（IEA）报告，2016年印度是仅次于中国的全球第二大煤炭生产国，占全球煤炭产量的9.7%。⑤气候变化对中国的水、能源和粮食纽带安全也造成显著影响。气候变化加剧了中国淡水资源短缺问题，激化了供需矛盾。⑥水资源短缺的问题也成为中国农业发展最大的制约因素，使三大粮食作物总产增加

① 高翔、朱秦汉：《印度应对气候变化政策特征及中印合作》，《南亚研究季刊》2016年第1期，第36页。

② 李桂君、黄道涵、李玉龙：《水—能源—粮食关联关系：区域可持续发展研究的新视角》，《中央财经大学学报》2016年第12期。

③ 曾祥欲、刘嘉伟：《印度水安全与能源安全研究》，时事出版社2017年版，第8—17、19—20页。

④ 李雪：《印度的能源安全认知与战略实践》，云南人民出版社2016年版，第50页。

⑤ IEA，*Key World Energy Statistics 2017*，p.17，http://www.iea.org/publications/freepublications/publication/KeyWorld2017.pdf.

⑥ 张海滨：《气候变化对中国国家安全的影响——从总体国家安全观的视角》，《国家政治研究》2015年第4期。

程度降低 8%—15% 左右。①能源方面,中国在 2016 年以总量 3242 公吨位居全球煤炭产量第一位,占全球煤炭产量的 44.6%②,远远高出第二名的印度 708 公吨的产量和 9.7% 的占比。可见,水、能源和粮食的纽带安全问题已经成为气候变化影响下中印两国发展和国家安全的基础性挑战,涉及两国国民的基本生存利益,理应成为两国关系新阶段气候合作的首要领域。人类活动燃烧化石能源导致的二氧化碳大幅排放是气候变化的根本原因,而煤炭是最主要的化石能源,所以减少煤炭生产和消费是应对气候变化的治本之策。同时,煤炭的大量开采还会破坏地质环境,加速地下水枯竭和地表水污染,加剧水危机,进一步威胁粮食生产。所以,大力开发利用可再生能源,逐渐降低煤炭在能源结构中的比重,不仅对于减缓全球气候变化具有基础性意义,对于中印这样排名世界前两位的煤炭生产大国而言,同样也是维护自身纽带安全的必要举措。

具体而言,进入新阶段的中印关系已经为两国开展跨界纽带安全合作提供了机遇。比如在水安全领域,2018 年 10 月中国西藏雅鲁藏布江流域发生山体滑坡形成堰塞湖险情,中方水利部门第一时间向印方通报有关情况,并启动了应急信息通报机制,提醒印方做好应对准备。印度官方人士称,中方向印方提供的实时信息得以让印度边民及时撤离,这是"两国关系进展的证明"。③未来中印关于应对气候变化的纽带安全合作需要更多考虑减贫与减排的平衡,这可以从两国跨界河流的节水科技合作和信息共享开始。④知识和数据汇总与共享是区域合作的基础,对于应对纽带安全这一新兴的复杂安全问题而言更是如此,可以从诊断性研究、水文水质监测及建模等技术合作入手,逐步构建更广泛的合作框架。⑤日本相

---

① Shilong Piao, et al., "The Impacts of Climate Change on Water Resources and Agriculture in China," *Nature*, Vol.467, Issue. 7311, 2010, pp.43—51.转引自张海滨:《气候变化对中国国家安全的影响——从总体国家安全观的视角》,第 32 页。

② IEA, *Key World Energy Statistics 2017*, p.17, http://www.iea.org/publications/freepublications/publication/KeyWorld2017.pdf.

③ 元贞、郭芳:《印媒热议 2018 中印"重回正轨"》,《环球时报》2018 年 12 月 29 日,第 3 版。

④ 曾祥欲、刘嘉伟:《印度水安全与能源安全研究》,时事出版社 2017 年版,第 8—17、135 页。

⑤ H.巴赫等:《全球气候变化背景下跨界流域水、能源和粮食安全的合作》,《水利水电快报》2016 年第 8 期。

关机构的研究表明,节水设备的广泛应用将会减少能源消耗,从而使日本减少1%的二氧化碳排放量。①对于中印而言,可以从如何提高两国跨界河流沿岸居民的水资源利用效率着手开展更加密切的科研合作,联合采集和分享水文资料,河流与沿岸居民生产生活相关性信息等等,使有限水资源更有效地投入到粮食生产和水电开发中,在提升居民生活水平的同时减少温室气体排放。

第二,加强核心低碳技术的产学研联合研发。

低碳经济作为中印关系新阶段两国国内发展规划对接的纽带,应着眼于两国产学研界联合研发核心低碳技术。全球气候治理虽然关乎人类命运和道义,但仍然受制于国际体系无政府状态的影响,面临相对收益分配的难题,其本质是各方都希望在以新能源革命为代表的第三次工业革命中获得竞争优势。里夫金将新能源革命作为第三次工业革命的首要特征,②前两次工业革命都是国际格局变迁的根本动力,而以新能源为核心的低碳产业发展又是全球气候治理的基础,因此围绕新能源革命展开的权力博弈就赋予了全球气候治理浓重的相对收益色彩。与石油政治为代表的传统能源政治博弈不同的是,传统能源主要依赖自然资源的地理分布,拥有丰富能源资源的国家在博弈中处于优势地位。新能源革命则不受限于自然资源,因为阳光和风力都是无限的,因此博弈的焦点就转向了谁拥有先进的技术能够将无限的资源转化成能源,这决定了全球气候治理中的权力博弈关键之一是获得核心的低碳技术。尽管新兴经济体在低碳产业中不像前两次工业革命那样是完全的后来者,在某些领域,比如中国的风能、太阳能,印度的太阳能,巴西的生物质能等技术均处于世界领先水平,但发达国家仍然掌握大部分核心技术。因此,发展中国家只有自力更生研发具有自主知识产权的核心低碳技术,才能在全球气候治理的相对收益分配中拥有更多话语权。

技术研发依赖于强大的科研实力,作为新兴经济体的代表,中国和印度不仅在经济总量上迅速增长,而且在大学和科研院所的研究实力方面

---

① 常远、夏朋、王建平:《水—能源—粮食纽带关系概述及对我国的启示》,《水利发展研究》2016年第5期。

② 杰里米·里夫金:《第三次工业革命:新经济模式如何改变世界》,张本伟、孙豫宁译,中信出版社2012年版,第32页。

也增长迅速。根据英国著名高等教育研究机构 Quacquarelli Symonds (QS)2019 年世界大学排名的数据,中国大陆共有 40 所高校,印度共有 24 所高校进入全球前 1000 名,其中进入前 200 名的高校中国和印度分别是 7 所和 3 所,中国有三所大学进入世界前 50 名,清华大学排名世界第 17,是发展中国家大学中世界排名最高的高校,超过爱丁堡大学、密歇根大学、宾夕法尼亚大学、约翰斯·霍普金斯大学等欧美传统名校。[1]在与低碳技术有关的相关学科排名中,中国有 13 所大学进入 2018 年上海软科世界大学能源科学与工程学科排行榜的前 50 名,其中清华大学位列第 6。[2]在 QS 世界大学学科排名与低碳技术有关的榜单中,中国大陆进入物理学、电子、化工、材料、机械制造学科世界前 500 名的高校数量分别是 30、31、27、36 和 32 所,印度大学的相应数量分别是 9、10、10、6 和 12 所。其中中国清华大学电子学科位居第 8,材料学科第 9,化工和机械制造学科同为第 11,物理学第 19。[3]

　　未来中国高校可以扩展与印度大学和企业加强核心低碳技术的产学研联合研发,实现减贫与减排的平衡。比如中国和印度都是新兴的汽车产销大国,汽车尾气排放是两国温室气体排放的主要贡献者。而印度塔塔集团在汽车工业领域的一项标志性成果就是曾经开发出世界上最为低廉的汽车 NANO,但因为安全问题而停售。但是,印度能源部长在 2017 年 5 月宣布到 2030 年印度将禁止燃油车。[4]为此,印度政府扩大了对新能源汽车的采购和激励政策,其特点是两轮汽车占据了较大比例,反映了印度较高贫困率下汽车消费的现实,所以在印度政府减排目标的约束条件下,价格低廉的私人电动车(特别是摩托车)和公共交通是近期发展的主要方向。同时,印度用电普及率的世界排名由 2016 年的第 99 上升到 2017

① QS World University Ranking 2019,https://www.topuniversities.com/university-rankings/world-university-rankings/2019.登录时间:2018 年 10 月 2 日。
② 上海软科世界大学学科排名能源科学与工程学科排名,http://www.shanghairanking.com/Shanghairanking-Subject-Rankings/energy-science-engineering.html,登录时间:2018 年 10 月 2 日。
③ QS Ranking by Subject 2018,https://www.topuniversities.com/subject-rankings/2018.登录时间:2018 年 10 月 2 日。
④ 刘远举:《禁售燃油车,即便不确定也"不得不为"》,《FT 中文网》2017 年 9 月 15 日,登录时间:2019 年 2 月 15 日。

年的第26①,这给印度建设电动汽车充电基础设施提供了有利条件,也为中国已经具备一定实力和经验的电动汽车产业与之合作提供了机遇。因此,中国和印度的大学、科研机构和汽车企业可以围绕更加低廉与安全的新能源交通核心技术开展联合研发,降低新能源交通的价格,让两国更多中低收入群体在提升生活便捷性的同时,减少温室气体排放。

第三,拓展双方地方政府气候合作新渠道。

中印都是十亿级人口的大国,而且国家面积大,地方多样性特征明显,这使得地方政府成为两国发展中的重要推动力量。在2018年5月中央外事工作委员会第一次会议上,习近平主席特别强调地方外事工作对推动对外交往合作、促进地方改革发展的重要意义,指出"要在中央外事工作委员会集中统一领导下,统筹做好地方外事工作,从全局高度集中调度、合理配置各地资源,有目标、有步骤推进相关工作。"这为中国地方政府对外交往提供了新的制度和政策支持。印度是联邦制国家,宪法赋予地方政府的权力比单一制国家大,莫迪总理就是在古吉拉特邦取得了较好的经济建设成绩才能在大选中占得优势。因此,两个大国合作应该充分重视地方政府气候合作的作用。

中印领导人武汉会晤本身就体现出地方政府在两国关系新阶段中的价值。2017年武汉与印度双边贸易额11.05亿美元,同比增长61.08%。进口额7210.75万美元,同比增长35.46%;出口额10.33亿美元,同比增长63.24%。原武汉钢铁集团有限公司、武汉烽火国际技术有限责任公司、武汉华工激光工程有限责任公司等企业在印度都有投资项目,武汉企业在印度承接工程项目12个,合同总额6.2亿美元,涉及钢铁冶金、燃煤电站设计施工项目等。②中国西南地区省市如四川、重庆、云南等与印度地方政府贸易和投资关系更加密切。因此,中印地方政府气候合作一方面可以从钢铁、石化、冶金、煤电等传统高排放产业入手,提高这些项目的能源效率和清洁化水平。同时,两国人口和交通密集,产业结构相近的大城市之间可以建立有针对性的合作关系,共同探寻大都市减排的治理途径。比

---

① 《世行公布全球电力普及率排名印度跃升至26名》,《环球网》2017年5月16日,登录时间:2019年2月15日。

② 刘舒、王晓颖:《武汉与印度双边贸易额去年增6成,贸易合作仍大有可为》,《长江日报》2018年4月25日,第3版。

如中国的上海、武汉、成都、重庆和印度的孟买都属于制造业发达城市,特别是汽车产业都是各自的支柱产业之一,而且都拥有具备一定能源科学研究实力的高校。因此,前述加强两国核心低碳技术产学研联合研发的合作途径就可以先在这些城市落实。而像深圳和班加罗尔这样以高新技术产业为主的大城市,更应该走在两国地方政府气候合作的前列,在产业升级和节能减排方面为其他城市做出示范。

中印地方政府气候合作还应该充分考虑广大农村和贫困地区在减贫与减排之间的平衡关系问题。联合国粮农组织 2014 年的数据显示,农业、林业和渔业的温室气体排放量在过去五十年里翻了一番,如果不加大减排力度,到 2050 年或将再增加 30%。过去十年里,与农业有关的温室气体排放中 44%来自亚洲。[①]根据世界银行数据,2016 年印度的农村人口达到 8.85 亿[②],中国的农村人口为 5.96 亿[③],这使得减少农业排放仍然是两国减少温室气体排放总量的主要任务之一。另外,2016 年印度农村人口中能够使用电力的人数占农村总人口的比例仅为 77.629%。[④]尽管中国的这一比例达到 100%[⑤],但两国同样面临在庞大农村人口中如何大幅降低可再生能源发电使用成本,提高使用效率的问题,否则农村人口只是通电而用不起电。所以虽然 2018 年 4 月莫迪总理宣布印度村村都已通电,但仍然有大量印度村民无法用电,因为电费高昂,其中就包括太阳能发电。印度缺电地区集中在靠近中国的北部和东北部,也是中国贫困人口集中

---

① 郑南:《粮农组织首次公布温室气体农业排放数据》,《联合国新闻》2014 年 5 月 5 日,https://news.un.org/zh/audio/2014/05/305052.登录时间:2018 年 10 月 8 日。

② World Bank Data, India rural population, https://data.worldbank.org/indicator/SP.RUR.TOTL?locations = IN&view = chart.登录时间:2018 年 10 月 8 日。

③ World Bank Data, China rural population, https://data.worldbank.org/indicator/SP.RUR.TOTL?locations = CN&view = chart.登录时间:2018 年 10 月 8 日。

④ World Bank Data, India Access to electricity, rural(% of rural population), https://data.worldbank.org/indicator/EG.ELC.ACCS.RU.ZS?locations = IN&view = chart. 登录时间:2018 年 10 月 8 日。关于印度能源贫困研究的近期文献可参看 M. Aklin, Patrick Bayer, S. P. Harish and Johannes Urpelainen, *Escaping the Energy Poverty Trap When and How Governments Power the Lives of the Poor*, Cambridge: MIT Press, 2018, Chapter 4.

⑤ World Bank Data, China Access to electricity, rural(% of rural population), https://data.worldbank.org/indicator/EG.ELC.ACCS.RU.ZS?locations = CN&view = chart. 登录时间:2018 年 10 月 8 日。

的西南地区,这为中印合作应对贫困人口的减贫与减排提供了条件。比如结合科研合作与信息共享应对跨界水安全的思路,可以加强两国贫困地区水电建设合作。另外电力成本高昂的原因之一是运输成本,因此可以考虑两国电网部门探索跨国电网合作,提升电力传输智能化水平,降低输电成本。中国国家电网公司在 2017 年已经着手研究一项跨中国、蒙古、俄罗斯、日本和韩国的跨国电网项目,实现可再生能源的跨国传输和贸易,①中印之间的可再生能源合作可以此作为参考。

三、中印关系新阶段下两国气候合作的全球意义

中印关系进入新阶段后两国气候合作的这些可能路径既是基于之前已有合作的基础,也是对全球气候治理在《巴黎协定》生效后进入新阶段的积极探索。面对中印双边关系和全球气候治理同时进入新阶段的历史机遇,中印气候合作已经超出双边范畴,具有了更为广阔的全球意义。

第一,两个最大新兴经济体深化气候合作彰显全球气候治理的公正性。

中印关系新阶段为两国构建公平正义的全球治理体系提供了新机遇,首当其冲的便是构建公平正义的全球气候治理体系,因为气候变化与发展问题密切相关,而气候变化的威胁日益加剧,发展中国家必须在全球气候治理框架下尽快实现应对气候变化与发展的平衡。在特朗普政府退出《巴黎协定》后,奥巴马政府时期形成的中美共同领导全球气候治理的局面不复存在,因此需要新的领导者担负引领全球气候治理的责任。全球气候治理作为一项与各国发展利益密切相关的全球性议题,虽然缘起于科学家对人类前途命运的担忧,但自从 20 世纪 80 年代进入政治谈判进程以后,就处于欧美垄断的领导之下。尽管《京都议定书》为发达工业国制定了约束性的量化减排指标,但其本身就是政治妥协的结果。相反,发达国家不断逃避历史责任,并要求发展中国家牺牲发展利益承担超出其能

① IEEF, *China 2017 Review：World's Second-Biggest Economy Continues to Drive Global Trends in Energy Investment*, http://ieefa.org/wp-content/uploads/2018/01/China-Review-2017.pdf, pp.27—28.登录时间:2019 年 2 月 15 日。

力范围的减排责任,这是全球气候治理始终艰难的症结所在。应该看到,发展中国家的代表在努力缩小与发达国家发展水平的差距时,也会不断耗费更多的资源和增加更多排放,因此全球气候治理体系应该以人均收入和人均排放为基础设计减排目标,以此提升公平性[①],这也是中国和印度在全球气候谈判中反复强调的立场。

美国退出《巴黎协定》后,欧盟被认为在经济逐渐走出危机之后可以取而代之成为全球气候治理的领导者,中国和印度也都与欧盟及其主要成员国建立了气候合作关系。但是,一方面欧盟就业压力依然严峻,同时面临更加严峻的难民危机,以及英国脱欧带来的制度性挑战。另一方面,中国、印度与欧盟及其主要成员国发展水平差距较大,在主要目标上难以调和。比如欧盟坚持要为中印设立约束性总量减排指标,但中国和印度更看重根据自身国情,通过发展方式转型逐渐减少温室气体排放,而且在指标上更倾向于碳强度减排。基础四国是新兴经济体领导全球气候治理的可行模式,因为四个国家本身就是金砖国家成员,在构建公平正义的全球治理体系方面具有共同利益,有研究认为基础四国气候合作应该被更好地纳入金砖国家合作框架,充分发挥福莱塔萨行动部长行动计划和金砖国家银行的作用。[②]但是,巴西新任总统博尔索尔纳在是否退出《巴黎协定》的问题上出现反复,说明巴西应对气候变化的坚定立场出现动摇,影响了基础四国团结,这使得中印加强务实气候合作显得更加重要。因为基础四国是全球气候治理中代表发展中国家利益的主要机制,如果出现裂痕则会影响全球气候治理维护发展中国家利益的公正性,这就需要中印作为两个最大的发展中国家保持团结,以提升发展中国家捍卫全球气候正义的信心,主要包括强调人均排放的伦理价值、发展中国家的人口增长及与之对应的生存和发展需求、城市化带来的排放空间的需求、产业转型需要的时间和空间等等。

自哥本哈根气候大会开始,由于中国和印度等较大新兴经济体与其他发展中国家实力差距逐渐拉大,同时小岛国面临日益急迫的气候变化

---

① 朱仙丽:《在基础四国兴起背景下探讨气候变化的国际伦理与治理》,邵文实译,《国际社会科学杂志》2015年第3期。

② 柴麒敏、田川、高翔、徐华清:《基础四国合作机制和低碳发展模式比较研究》,《经济社会体制比较》2015年第3期。

挑战,一再提出比较激进的减排目标,全球气候治理中的发展中国家集团出现分列迹象。根本原因还是发展中国家数量众多,利益多元,但又没有明确领导核心能够集中各方诉求进行有效协调。如果中国和印度能抓住双边关系进入新阶段的机遇,将两国气候合作上升到全球层面,成为发展中国家参与全球气候治理的明确引领者,将自身利益与其他发展中国家利益更紧密结合起来,那么可以起到弥合发展中国家在全球气候治理中分歧的作用,将更加有利于构建公平正义的全球气候治理体系。

第二,人口和排放大国气候合作对其他发展中国家低碳发展具有示范效应。气候变化的实质是如何平衡发展与减少温室气体排放的两难,发展中国家发展问题集中体现,普遍特征是具有庞大的农业部门和高速发展的工业部门,所以应对气候变化的关键之一是如何在发展中国家同时实现这两大部门的低碳化,具体内容之一就是如何同时实现减贫与减排的平衡。考虑未来世界三分之二的发展来自亚洲,所以全球气候谈判的核心问题应该是如何支持亚洲的巨型国家规划好它们的发展转型。[1]根据气候经济学家的研究,由于发展中国家未来人口和人均 GDP 仍将持续增长,发展中国家要想走一条低碳发展的创新路径,应着力通过调整产业结构和产品结构,延长产业链,提高产品增加值,提高能源效率,调整能源结构以及采取先进减碳技术等措施降低单位产出能源强度和单位能源碳强度。[2]中国和印度作为最大的发展中国家,其发展方式向低碳转型是全球应对气候变化的结构性变量,即两个人口最多和温室气体排放第一与第三位的国家实现低碳发展,将从根本上促进人类社会的有效减排。中国和印度具有发展中国家的典型特征,农村人口众多,农业在产业结构中的比例较高,化石能源在能源结构中的比例较高。因此两国在向低碳发展转型中要解决的问题都是世界低碳发展的核心问题,这需要两国将各自环境主义的文化传统与现实气候政策结合起来,实现庞大农业部门和高速发展工业部门的共同低碳化,其结果对于其他发展中国家将具有示范意义。

印度的环境主义历史悠久,其早期特征是鲜明的"穷人的"或"大众的"

---

① Mukul Sanwal, *The World's Search for Sustainable Development*:*A Perspective from the Global South*, p.160.

② 邹骥等:《论全球气候治理——论构建人类发展路径创新的国际体制》,中国计划出版社 2016 年版,第 90—91 页。

环境主义,强调穷人在环境保护中的生存权利,但也割裂了环境与发展的关系。①气候变化与发展是一体两面,要真正落实应对气候变化的国际协定和国内政策,印度需要实现传统环境主义的现代更新,这就必须直面现实挑战,比如庞大的农村人口如何实现减贫与减排的平衡? 作为印度总理前顾问、《印度时报》经济栏目编辑,以及布伦特兰委员会能源组成员,勒姆·尚卡·贾(Prem Shankar Jha)的新书《太阳能时代的曙光》给出了自己的答案。②作者认为应对气候变化最关键的技术之一是生物质气化制甲醇,因为可以各种农作物废弃物作为原料制成,不仅显著提高农民收入,还可以促进小乡镇发展分布式发电。英国帝国理工学院格兰瑟姆研究所高级政策研究员尼尔·赫斯特(Neil Hirst)在其书评中指出:"作者认为这将促使工业与农业、城市和农村之间建立起更加和谐的关系。由于印度大部分人口以土地为生,因此作者的观点无可厚非,无论是从人类福祉还是从纯粹的政治角度来看,对农业有利的选择都有很大的优势,特别是因为农业目前仍然是印度就业人口最多的行业。"③作为农业大国,印度将可再生能源的重点放在农村无可厚非,生物质气化制甲醇是利用农村资源发展可再生能源的多种途径之一。印度可以农村为基础,使这种途径与太阳能、沼气等多种可再生能源途径共同发展,实现减贫与减排的平衡。印度政府在2015年巴黎气候大会上递交的国家自主贡献就指出,印度具有悠久的人与自然和谐共存的传统,能够做到在减少贫困,促进发展的同时削减温室气体排放④,这也被看作是印度更加积极参与全球气候治理的表现。⑤

---

① 张淑兰:《印度的环境政治》,山东大学出版社2010年版,第79~83页。

② Prem Shankar Jha, *Dawn of the Solar Age: An End to Global Warming and to Fear*, New Delhi, SAGE Publications, 2017.

③ 尼尔·赫斯特:《书评:〈太阳能时代的曙光〉》,于柏慧译,2018年10月5日,https://www.chinadialogue.net/culture/10625-Book-review-Dawn-of-the-solar-age-/ch. 登录时间:2018年10月12日。

④ India's intended Nationally Determined Contributions, INDC submission portal in UNFCCC, 1st October, 2015, https://www4.unfccc.int/sites/submissions/INDC/Published%20Documents/India/1/INDIA%20INDC%20TO%20UNFCCC.pdf.登录时间:2019年2月15日。

⑤ Amrita Narlikar, "India's Role in Global Governance: a Modi-fication?" *International Affairs*, Vol.93, No.1, 2017, p.103.

中国传统哲学中天人合一的思想就强调人在面对自然问题时的主观能动性,而不只是被动应对,更有荀子这样在承认人是自然界一部分的同时,又认为人定胜天,无所忧惧的思想家。①唐代刘禹锡提出天人相胜学说,认为天与人各有其特殊功能,一方面天胜于人,另一方面人胜于天。②基于这种思想的传承,中国的气候政策目标始终是平衡减贫与减排的两难。比如《可再生能源发展"十三五"规划》提出"推动水电扶贫开发","探索贫困地区水电开发资产收益扶贫制度,建立完善水电开发群众共享利益机制和资源开发收益分配政策,将从发电中提取的资金优先用于本水库移民和库区后续发展,增加贫困地区年度发电指标,提高贫困地区水电工程留成电量比例。"关于"积极推进光伏扶贫工程",规划指出要"充分利用太阳能资源分布广的特点,重点在前期开展试点的、光照条件好的建档立卡贫困村,以资产收益扶贫和整村推进的方式,建设户用光伏发电系统或村级大型光伏电站,保障 280 万建档立卡无劳动能力贫困户(包括残疾人)每年每户增加收入 3000 元以上。"③

总之,中国和印度都具有悠久的环境主义和发展主义哲学传统,这是两个文明古国为人类文明进程做出的历史贡献,如果两国能将这种传统与今天的低碳经济紧密结合,在如何平衡减贫与减排的问题上相互借鉴与互补,创新一种对其他发展中国家具有示范意义的以发展为导向的低碳经济模式,那么无疑将彰显出两个古老文明历久弥新的生命力。

第三,为有历史矛盾和领土争端的邻国构建新型国际关系注入新动力。

有历史矛盾和领土争端的邻国间如何妥善处理分歧寻求合作是国际关系中的难题。二战后的法国和德国在这方面作出了尝试,不仅实现了敌人观念的转换,而且通过煤钢联营的务实操作实现了化敌为友的制度创新。亚洲国家强烈的民族主义传统使得有历史矛盾和领土争端的邻国间要实现这种转变更加困难,因此更需要寻找合适的议题作为求同存异

---

① 萧公权:《中国政治思想史》上册,商务印书馆 2011 年版,第 122 页。
② 张岱年:《中国哲学大纲》,江苏教育出版社 2005 年版,第 181 页。
③ 中国国家发展与改革委员会:《可再生能源发展"十三五"规划》,第 15、19—20 页,http://www.ndrc.gov.cn/zcfb/zcfbtz/201612/W020161216659579206185.pdf,登录时间:2018 年 10 月 12 日。

的切入点,为构建新型国际关系提供新动力。中国和印度的历史矛盾与现实领土争端对两国关系造成的消极影响难以通过一次会晤在短期内彻底消除,但毕竟两国通过武汉会晤已经展现出构建新型国际关系的共同意愿,所以需要抓住机遇,找到务实合作的功能性领域,以小见大,逐渐实现两国关系的良性循环。

功能性合作的理论基础是新功能主义。新功能主义继承了功能主义关于"形式依从功能"的理论假设,认为区域一体化成功的标志是建立具有功能性质的超国家机构,但机构的形式必须依从合作的具体功能,也就是不要在合作前设计总体的机构框架,而是根据具体功能领域的合作实践逐渐发展出机构的形式。[①]新功能主义的核心概念是外溢,林德伯格认为,功能外溢是指"与某个特定目标相关的行动,创造出新的条件以及对更多行动的需要。"[②]换言之,外溢就是当某一个功能性领域的合作较为成熟后,就会产生对其他功能性领域合作的需要,首先是在同部门或相近部门之间,比如煤炭、钢铁、石化等重工业,然后就产生对财税、金融、贸易和投资部门的需求,由此带来这些领域功能性机构的建立。

尽管新功能主义的研究主要基于欧洲一体化的实践,但对于中印构建新型国际关系同样具有借鉴意义。应对气候变化是中印两国少有明显分歧的功能性领域,而且这一领域不仅符合当代世界发展潮流,也是两国发展的内在需求。同时,气候变化是涉及整个社会生产生活全面转型的议题,最先从能源领域开始,然后会在环境、交通、住宅、城市化,以及民众生活习惯等各方面产生新的需求,如果这些需求没有满足,那么之前的合作也无法继续,这种机会成本的压力会加速始于能源领域的合作向其他领域转移,外溢过程由此发生。所以,气候变化对人类社会的整体影响特征,使得应对气候变化合作就天然地具有功能性外溢的条件。如果中印两国能够在该领域展开深入合作,就有可能使之逐渐外溢到其他领域。尽管这种外溢可能是缓慢的,也不会迅速外溢到高层政治领域,而是会长

---

① 参见 Ernst Hass, *The Uniting of Europe*: *Political*, *Social and Economic Forces*, *1950—1957*, Stanford: Stanford University Press, 1958; Ernst Hass, *Beyond Nation-State*: *Functionalism and International Organization*, Stanford: Stanford University Press, 1964。

② Leo Lindberg, *The Political dynamics of European integration*, Stanford, CA: Stanford University Press, 1963, p.10.

期集中在经济社会等低层政治领域,但只要外溢进程开启,就会伴随时间的推移不断积累合作成果,增加将来不合作的机会成本,从而为中印关系长期改善奠定基础。因此,在历史矛盾和领土争端无法迅速化解的情况下,中国和印度可以将气候合作提升到两国关系议程清单的前列,使之成为两国关系进入新阶段的支柱性议题,这将为具有历史矛盾和领土争端的邻国构建新型国际关系注入新动力。

结　　论

　　2018年4月的武汉会晤开启中印关系的新篇章,也为两国气候合作提供新机遇。气候变化是事关全人类的重大挑战,中印作为两个最大的新兴经济体和第一与第三位的温室气体排放国,双边气候合作正体现了这种战略性。因此,两国关系新阶段的气候合作不仅具有双边意义,更表现出广泛的全球意义。中印气候合作的主题就是发展,两个最大的发展中国家基于各自发展需要展开合作,实现两国国内发展规划的有效对接,使全球气候治理更好体现发展中国家意志,为其他发展中国家低碳转型提供参考。其中的核心问题是,中印两国,如何在削减温室气体排放的同时减少贫困。本文给出的具体路径选择包括两国共同对跨界河流进行水文科研和信息共享,以此应对气候变化带来的纽带安全与贫困问题。两国产学研界联合研发低廉安全的新能源交通工具,更广泛惠及两国低收入人群,以及两国加强包括农村在内的地方政府气候合作,特别是降低两国农村可再生能源电力成本。其中涉及边界、科技、产业投资等内容本来是两国关系发展的障碍,但两国关系进入新阶段后在政治互信上的增强为这些具体合作提供了良好的政治环境,因此相较于之前,两国气候合作可以在这些领域更加深入务实。为更好体现这种发展导向,提升气候合作在两国关系新阶段中的战略地位,中印应该完善已经建立的中印气候工作组的功能,并提高级别,扩大涵盖的部门,尤其是基于中国最新的国家机构改革,可以考虑增加国际发展合作署作为新成员,以协调两国对发展中国家气候援助事宜,由此体现出两个最大新兴经济体在维护全球气候治理包容性和普惠性方面的责任。

气候治理与水外交的内在共质、作用机理和互动模式

——以中国水外交在湄公河流域的实践为例 [*]

张　励 [**]

【内容提要】 本文首先探讨气候治理与水外交的内在共质,指出气候变化因素与水外交议题在自然、政治、经济三个层面的相似性与重要关联。其次,分析气候治理与水外交理论的作用机理,将气候变化因素纳入水外交理论体系中,具体包括气候变化与水外交议题的逻辑关联,气候变化因素在水外交理论体系中的内容构成,以及气候治理与水外交的融合边界问题。最后,以湄公河地区气候治理与中国水外交的互动为案例,探讨湄公河地区气候变化类水冲突的聚焦领域、中国水外交的应对现状以及未来的实施路径。

【关键词】 气候治理;水外交;湄公河;地区秩序;澜湄国家命运共同体

【Abstract】 This paper first discusses the internal symmetry of climate governance and water diplomacy, and points out the similarities and important connections between climate change factor and water diplomacy issues at the natural, political and economic levels. Secondly, it focuses on analyzing the mechanism of climate governance and water diplomacy theory, and incorporates climate change factors into the water diplomacy theory system, including the logical relationship between climate change and water diplomacy issues, the content of climate change factors in the water diplomacy theory system, and the integrated margin of climate governance and water diplomacy. Finally, taking the interaction between climate governance in the Mekong Region and China's water diplomacy as an example, the focus of the climate-related water conflict in the Mekong Region, the status quo of China's water diplomacy and the future implementation path are discussed.

【Key Words】 Climate governance, Water Diplomacy, Mekong River, Regional Order, A Community of Shared Future among Lancang-Mekong Countries

* 本文为国家社科基金青年项目"澜湄国家命运共同体构建视阈下的水冲突新态势与中国方略研究"(项目编号:18CGJ016)、中国博士后科学基金第 12 批特别资助项目"中国水外交的历史演进、理论构建与当代实践研究"(项目编号:2019T120289)、中国博士后科学基金第 65 批面上资助项目"国际社会对澜湄合作机制的意图认知与中国经略之策研究"(项目编号:2019M651392)、云南省哲学社会科学研究基地项目"澜湄合作机制下联合护航的升级发展路径与云南作用研究"(项目编号:JD2017YB08)的阶段性成果。

** 张励,复旦大学一带一路及全球治理研究院助理研究员、上海高校智库复旦大学宗教与中国国家安全研究中心研究员。

联合国前秘书长潘基文指出"在 2050 年前,至少有四分之一的人可能会居住在受到淡水短缺困扰的国家。气候变化将使这些挑战变得更加复杂。"因此,联合国安理会积极推动"水外交"强调其在维持和平与安全中的特殊作用。①而早在 2011 年联合国就呼吁推进水外交,中国、美国、日本、欧盟、澳大利亚、韩国等纷纷开始了水外交学理研究,并在深受气候变化影响的全球四大水冲突地区之一——湄公河流域②进行积极的行动实践。但目前国内外水外交研究鲜有关注气候治理与水外交的内在共质、作用机理与互动模式,同时在水外交理论体系构建与实践路径提出上也缺乏对气候变化因素的考量,这导致了水冲突解决难度的提升并加剧了地区秩序冲突风险。

对中国而言,尽管中国水外交在湄公河地区的积极实践中已不自觉地将气候变化因素纳入考量,并在与湄公河国家(缅甸、老挝、泰国、柬埔寨、越南)的水资源合作与水冲突管控上取得进展,但由于当前对气候变化因素在水外交理论体系中的作用与联系的探讨不足,致使中国水外交无法更为有效地解决湄公河水争端。因此,对气候治理与水外交理论的内在共质与作用机理探讨,将对水外交理论研究的发展,中国在湄公河地区水外交实施绩效的保障,以及澜湄国家命运共同体的构建起到重要而深远的意义。

一、气候治理与水外交的内在共质

气候变化所引发的海水倒灌、鱼群减少、干旱频发、洪灾侵袭、农作物减少等正直接加剧全球水冲突风险,并对地区乃至全球政治经济安全秩序的构建带来变数。同时上述议题也成为水外交所无法规避的内容。本部分在对水外交学术源流中的"气候变化因素"脉络进行简要爬梳的基础上,重点探讨气候治理与水外交的内在共质,即气候变化与水外交议题在

---

① 《安理会推动"水外交"强调水在维持和平与安全中的特殊作用》,联合国新闻,2016 年 11 月 22 日,https://news.un.org/zh/story/2016/11/266662,访问时间:2019 年 4 月 20 日。

② Benjamin Pohl et al., "The Rise of Hydro-Diplomacy: Strengthening Foreign Policy for Transboundary Waters," *Adelphi*, 2014, p.8.

自然层面、政治层面、经济层面的相似性与重要关联,并指出对两者内在共质的把握是把气候变化因素纳入水外交体系的重要前提。

(一)水外交学术源流中的"气候变化因素"脉络

"水外交"一词最早出现于 1986 年努尔·伊斯拉·纳赞(Nurul Isla Nazem)和穆罕默德沙·哈马尤恩·卡比尔(Mohammad Humayun Kabir)撰写的《印度与孟加拉国共有河流与水外交》。该文探讨了自 1971 年以来印度与孟加拉国关系,旱季水流量增加,河流变小,以及双方的相关政策选择等议题。①之后关于水外交的研究文章日渐增多。②

水外交研究的"萌芽期"(1980—2010 年)。③在该阶段,国内外学界主要围绕具体的水外交实践问题与对策展开研究。首先,研究范围涵盖范围较广,包括了东南亚、南亚、中亚、西亚、非洲等地区,还出现了专门探讨中国水外交实践的文章。其次,从研究内容上来看,有极少数研究成果

---

① Nurul Islam Nazem and Mohammad Humayan Kabir, *Indo-Bangladeshi Common Rivers and Water Diplomacy*, Bangladesh Institute of International and Strategic Studies, 1986.

② 水外交研究详细可以划分为三个阶段,第一个阶段为 1980 年前的铺垫期,第二个阶段为 1980 年至 2010 年的萌芽期,第三个阶段为 2011 年直至至今的发展期。因第一阶段与本文关联不大以及篇幅所限故省略,具体可详见张励:《水外交:中国与湄公河国家跨界水资源的合作与冲突》,云南大学博士学位论文,2017 年,第 24—25 页。

③ 该阶段的代表作有:Nazem Nurul Islam and Kabir Mohammad Humayan, *Indo-Bangladeshi Common Rivers and Water Diplomacy*, Bangladesh Institute of International and Strategic Studies, 1986; Surya Subedi, "Hydro-Diplomacy in South Asia: The Conclusion of the Mahakali and Ganges River Treaties," *The American Journal of International Law*, Vol.93, No.4(1999), pp.953—962; Bertram Spector, "Motivating Water Diplomacy: Finding the Situational Incentives to Negotiate," *International Negotiation*, Vol.5, No.2(2000), pp.223—236; Marwa Daoudy, "Syria and Turkey in Water Diplomacy(1962—2003)," in Fathi Zereini, et al., eds., *Water in the Middle East and in North Africa: Resources, Protection and Management*, Berlin: Springer, 2004, pp.319—332; Apichai Sunchindah, "Water Diplomacy in the Lancang-Mekong River Basin: Prospects and Challenges," Paper presented at the Workshop on the Growing Integration of Greater Mekong Sub-regional ASEAN States in Asian Region, September 2005, Yangon, Myanmar, pp. 20—21; Zainiddin Karaev, "Water Diplomacy in Central Asia," *Middle East Review of International Affairs*, Vol.9, No.1(2005), pp.63—69; Indianna D. Minto-Coy, "Water Diplomacy: Effecting Bilateral Partnerships for the Exploration and Mobilization of Water for Development," *SSRN Working Paper Series*, 2010; 弗兰克·加朗:《全球水资源危机和中国的"水资源外交"》,《和平与发展》2010 年第 3 期,等。

涉及了水外交方法讨论,但并非研究的主流。该阶段对水外交中的"气候变化因素"探讨,主要停留在具体水资源冲突和灾害引发的原因分析上。

水外交研究的"发展期"(2011 年至今)。[①]该阶段的水外交研究已经开始理论与案例并举,学术与实践共进。第一,从研究内容上来看,国内外对于水外交理论研究开始兴起,案例研究进一步增多。第二,从研究平台上来看,不仅通过论著、报告等纸质平面形式,还通过专门的学术交流与培训等立体形式。第三,从研究实际运用上来看,国际组织与部分国家已经开始逐渐将水外交运用到具体的跨界水争端处理与外交实践中去。[②]该阶段对水外交中的"气候变化因素"探讨比"萌芽期"略多,在具体水外交所需处理的干旱、洪涝等水资源问题时探讨了气候变化的因素。以联合国为代表的国际组织与部分国家也开始重视水外交与气候变化的重要关联。

总体而言,在水外交研究的学术发展中,一直贯穿着"气候变化因素",并具有以下几个特点:第一,气候变化被视为引起水外交问题的重要原因。气候变化是引起流域内国家间水冲突数量上升与程度加深的重要因素,也成为各国开始加强水外交的重要缘由。第二,应对气候变化被视为水外交实施的一项重要内容,并具体体现在水电开发、应对气候变化、防

---

① 该阶段的代表作有:Shafiqul Islam et al., *Water Diplomacy: A Negotiated Approach to Managing Complex Water Networks*, New York: RFF Press, 2013; Benjamin Pohl, et al., "The Rise of Hydro-Diplomacy: Strengthening Foreign Policy for Transboundary Waters," *Adelphi Report*, 2014; Shafiqul Islam and Amanda C. Repella, "Water Diplomacy: A Negotiated Approach to Manage Complex Water Problems," *Journal of Contemporary Water Research & Education*, Vol.155, No.1, 2015, pp.1—10; Shafiqul Islam et al. eds., *Water Diplomacy in Action: Contingent Approaches to Managing Complex Water Problems*, New York: Anthem Press, 2017; Anoulak Kittikhoun and Denise Michèle Staubli, "Water Diplomacy and Conflict Management in the Mekong: From Rivalries to Cooperation," *Journal of Hydrology*, Vol.567, 2018, pp.654—667;张励:《水外交:中国与湄公河国家跨界水合作及战略布局》,《国际关系研究》2014 年第 4 期;郭延军:《"一带一路"建设中的中国周边水外交》,《亚太安全与海洋研究》2015 年第 2 期;廖四辉、郝钊、金海、吴浓娣、王建平:《水外交的概念、内涵与作用》,《边界与海洋研究》2017 年第 2 卷第 6 期;李志斐:《美国的全球水外交战略探析》,《国际政治研究》2018 年第 3 期,等。

② 张励:《水外交:中国与湄公河国家跨界水资源的合作与冲突》,云南大学博士学位论文,2017 年,第 29 页。

灾减灾的水冲突管控"组合拳"设计上。第三,缺乏对气候治理与水外交内在共质的关注。虽然水外交研究过程中已经注意到气候变化是引起水外交问题的重要原因,但仍旧停留在表象的水灾害事件中,对于气候变化与水外交议题在自然层面、政治层面、经济层面的相似性分析与探讨缺失。第四,水外交理论构建中缺乏对"气候变化因素"的作用机理探讨。虽然在水外交具体问题和实践议题研究中涉及"气候变化因素",但在水外交理论体系研究中却并未探讨气候变化作为一个特定的变量与水外交理论体系的逻辑关联、内容构成与融合边界,未将"气候变化因素"与水外交理论融合。因此,在水外交实践过程中缺乏对"气候变化类水冲突"①的有效应对。

（二）气候治理与水外交的内在共质

在水外交的源流发展中,气候变化一直作用于相关水外交议题②,并伴随着水外交研究与实践发展。这是由于气候变化本身与水外交议题存在联系与相似性,即两者类似的自然层面、政治层面与经济层面,且自然层面是基础层,政治与经济层面是衍生层(表1)。

表1　气候变化与水外交议题的内在共质相似性

类别	自然层面（基础层）	政治层面（衍生层）	经济层面（衍生层）
气候变化	由自然因素与人类活动引起,理论上可通过多国的规则制定与技术合作消除。	在国家利益博弈与国际或地区秩序主导权争夺下,国家行为体利用气候变化来获得全球权力制高点、市场份额以及制约他国发展的关键点。	追寻"社会发展需求——碳排放增加——经济增长和气候变化——温室气体减排——经济与环境可持续发展"路径,在"温室气体减排"环节会出现国家利益优先于温室效应控制的行为选择。

---

① 气候变化类水冲突指由气候变化所引发的相关水资源争端,例如由气候变化引起的海水倒灌、鱼群减少、干旱频发、洪灾侵袭、农作物减少等导致的流域沿岸国间的水资源开发博弈与冲突。
② 这里的水外交议题特指由气候变化所引发的相关水资源争端,即上述提到的"气候变化类水冲突"。

类别	自然层面 (基础层)	政治层面 (衍生层)	经济层面 (衍生层)
水外交议题	因自然因素与人类活动所引发,理想状态下可由一国或多国通过技术手段或技术合作进行通力解决。	国家行为体出于对外战略、秩序争夺的需要,逐渐将水外交议题视为国家合作、冲突谈判、地区权力制衡、区域事务介入的重要砝码。	追寻"社会发展需求——水资源开发——经济增长、生态变化、冲突增加——水资源合作平台和制度等催生——经济与水资源可持续发展"路径,在"水资源合作平台和机制"环节,易出现国家利益重于共同价值的现象。

资料来源:本文自制。

第一,气候变化与水外交议题的自然层面。气候变化与水外交议题的自然层面是指两者由自然因素与人类活动所引起的负面变化理论上仅需要通过技术、规则等方式进行控制和消除。首先,气候变化的自然层面。气候变化是指气候平均状态和离差(距平)两者中的一个或两者一起出现了统计上的显著变化,离差值增大表明气候状态不稳定性增加。①联合国政府间气候变化专门委员会(Intergovernmental Panel on Climate Change,简称 IPCC)认为气候变化是指气候随时间发生的任何变化,既包括由自然因素引起的变化,也包括人类活动引起的变化。而《联合国气候变化框架公约》(United Nations Framework Convention on Climate Change,简称 UNFCCC)中的气候变化则专指由人类活动直接或间接引起的气候变化。②理论上气候变化所带来的问题可通过多国的规则制定与技术合作进行消除。其次,水外交议题的自然层面。水外交议题一般包括水资源的利用,具体涵盖可安全饮用水、农业灌溉水、水资源生物多样性、水资源设施建设(大坝、航道)等。上述议题的负面变化一般也可因自然因素与人类活动所引发。理想状态下水外交自然问题可由一国或多国通过技术手段或

———————

① 国家气候变化对策协调小组办公室、中国 21 世纪议程管理中心:《全球气候变化——人类面临的挑战》,商务印书馆 2004 年版,第 17 页。
② 董德利:《气候变化的政治经济学述评》,《经济与管理评论》2012 年第 4 期,第 25 页。

技术合作进行通力解决。

第二,气候变化与水外交议题的政治层面。气候变化与水外交议题的政治层面是指国家行为体利用两者的自然负面变化,有意脱离或半脱离纯技术治理解决层面,以国家利益为出发点从政治领域开始着手。气候变化与水外交议题逐渐被政治化和安全化。**首先,气候变化的政治层面。**在国家利益博弈与国际或地区秩序主导权争夺的催生下,气候变化开始超越自然性成为国家行为体利用气候变化来获得全球权力制高点、市场份额以及制约他国发展的关键点。气候变化也开始与安全议题开始相挂钩并可能引起资源冲突、边界争端、领土损失、沿岸城市面临威胁、社会衰落、环境移民、激进行为等风险。[①]**其次,水外交议题的政治层面。**水外交议题的最初核心是保障本国正当合理的水资源开发与利用权力。但随着国家行为体出于对外战略、秩序争夺的需要,逐渐将水外交议题视为国家合作、冲突谈判、地区权力制衡、区域事务介入的重要砝码。水外交议题被赋予更多的安全意味,并也面临着资源冲突、边界争端、沿岸城市面临威胁等难题。

第三,气候变化与水外交议题的经济层面。气候变化与水外交议题的经济层面则来自社会发展的内在需求,从而催生与之相关的经济利益与形成特殊的经济关系。**首先,气候变化的经济层面。**气候变化的经济性主要追寻着以下的发展路径,"社会发展需求——碳排放增加——经济增长和气候变化——温室气体减排——经济与环境可持续发展"。但在实际操作过程中,在"温室气体减排"环节尽管有如《联合国气候变化框架公约》《京都议定书》《巴黎协定》和国际碳交易机制[②]等进行管理和制约,但通常会出现国家利益优先于温室效应控制的行为选择。此外,气候变化的经济层面还表现在气候变化对经济发展的直接影响,即减缓气候变化将对近期的经济增长的负面影响。对于经济发展水平相对滞后的发展中国家来说,这种负面影响不仅表现为近期的经济代价,还表现为对长远经

---

① "Climate Change and International Security," *The Council of the EU and the European Council*, March 14, 2008, https://www.consilium.europa.eu/ueDocs/cms_Data/docs/pressData/en/reports/99387.pdf,访问时间:2019 年 4 月 20 日。

② 黄以天:《国际碳交易机制的演进与前景》,《上海交通大学学报(哲学社会科学版)》2016 年第 1 期,第 28—37 页。

济发展规模和水平的制约。①**其次,水外交议题的经济层面。**水外交议题的经济性发展路径与气候变化类似,追寻着"社会发展需求——水资源开发——经济增长、生态变化、冲突性增加——水资源合作平台和制度等催生——经济与水资源可持续发展"路径,且在"水资源合作平台和机制"环节,同样较易出现国家利益重于共同价值(尤其是对于急需发展的欠发达国家而言)的现象。

二、气候治理与水外交的作用机理

气候治理与水外交的内在共质使得两者息息相关,并使气候变化因素成为水外交体系不可分割的重要构成。本部分主要基于上述内容,探讨气候变化与水外交议题的逻辑关联,并分析气候变化因素作为一个特定变量如何构成水外交理论体系的一部分,并理清气候治理与水外交的融合边界问题。

(一)气候变化与水外交议题的逻辑关联

气候变化与水外交议题的逻辑关系主要体现在内容关联性、规律相似性以及冲突迁移性三个方面。

第一,气候变化与水外交议题的内容关联性。气候变化与水外交议题的内容关联主要体现在内容范围的关联、内容本质的关联,以及内容因果的关联。**一是气候变化与水外交议题的内容范围关联。**水外交议题全部关乎于水资源主题,涉及水资源的自然开发,以及水资源在政治、安全、经济等层面的博弈。而气候变化的相当多内容也直接作用于水资源主题,例如海水倒灌、干旱、洪涝、鱼类资源减少等,同样影响水资源的自然、政治、安全、经济等方面。**二是气候变化与水外交议题的内容本质关联。**两者本身都为自然属性,并在国家博弈与地区秩序构建的过程中,衍生出政治、经济层面高度相似的属性。**三是气候变化与水外交议题的内容因果关联。**气候变化是水外交议题发生的重要起因之一,同时也成为影响

---

① 潘家华:《减缓气候变化的经济与政治影响及其地区差异》,《世界经济与政治》2003年第6期,第66页。

水外交议题发生、发展程度高低的重要变量。因此，水外交理论体系对于气候变化因素的考量不足，将直接影响水外交的实施绩效与成本。

第二，气候变化与水外交议题的规律相似性。气候变化与水外交议题的规律相似性主要表现在治理路径规律的相似性以及冲突根源产生规律的相似性。一是气候变化与水外交议题的治理路径规律相似性。两者都围绕着"社会发展需求——气候与水资源的开发——经济发展与负面影响的产生——共同治理模式的产生——经济与环境的协调"的理想规律设计。因此，当气候变化因素作用于水外交议题时，水外交体系可以基于原有的治理逻辑框架直接纳入气候变化因素即可，无需再重新设计一套体系，造成水外交理论体系与实践路径的过度复杂化。二是气候变化与水外交议题冲突根源产生规律的相似性。气候变化冲突与水外交议题冲突都是在寻求共同治理过程中，部分成员国将自我利益置于共有利益之上，造成治理成效的不足。因此气候变化问题与水外交议题在治理路径规律与冲突根源规律的高度相似性会极易造成以下的"冲突迁移性"，但也因为两者规律的类同，为气候变化因素纳入水外交理论体系，并形成有效应对"气候变化类水冲突"的水外交方式提供了便利。

第三，气候变化与水外交议题的冲突迁移性。气候变化与水外交议题的冲突迁移性主要表现在冲突问题的直接迁移，以及冲突影响的迁移与加深。一是气候变化问题直接迁移至水外交议题上，使气候变化冲突转化为水外交议题冲突。例如，气候变化所引起的极端天气问题使得海平上升，造成海水倒灌现象的加重。这一问题将被直接迁移和作用到流域内上下游国家水资源关系。下游国家在极端气候变化影响下易将焦点集中于水资源上，加剧与上游国家的水资源博弈，并联合中下国家一同与上游国家抗衡，从而使上下游的水外交问题复杂化。同时，气候变化所引发的突发干旱、洪涝以及鱼类资源减少（部分沿岸流域国家民众的蛋白质主要摄入来源）等问题，又加剧了水资源开发冲突。因此，流域内沿岸国家特别是遭受上述灾害较为严重的国家，出于补偿和国家利益博弈等目的会较易将全部责任迁移、转嫁到河流沿岸国家的大型水利设施建设之上，从而加剧水资源开发之争，加大相关水外交议题的处理难度。二是气候变化问题的影响迁移至水外交议题上并加深。上述气候变化问题的本身将加剧国家间，尤其是发达国家与发展中国家对效率与公平的争端，致使产生紧张的国家间关系。而该问题又被迁移到水外交议题上后,再加之水资源开发中地理位置等"天然不公平"因素作用,原有的水冲突负面影响,以及如流域内国家存在较大的资金、技术等发展优势差距,会致使水外交问题变得更为复杂化。

(二)气候变化因素在水外交理论体系中的内容构成

气候变化与水外交议题在自然层面、政治层面、经济层面的内在共质,以及两者间存在的内容关联性、规律相似性以及冲突迁移性,决定了气候变化因素是水外交理论体系中的重要内容构成,并有助于形成新型水外交理论体系(表2)。

表2　气候变化因素在水外交理论体系中的内容构成

类别	水外交属性	水外交实施主体(政府机构类)	水外交实施路径
现有水外交理论	地域属性、技术属性、社会属性和捆绑属性	外交部(主体)水利部、公安部(协助)	政治沟通、经济合作、机制建设等传统方式,以及围绕水技术、水社会层面展开的合作
新型水外交理论	自然属性(地域属性、气候属性)、技术属性、社会属性与捆绑属性	外交部(主体)水利部、公安部、生态环境部(协助)	政治沟通、经济合作、机制建设、水技术、水社会、气候合作等全方位的实施路径

资料来源:本文自制。

第一,气候变化因素在水外交属性中的内容构成。水外交属性主要包括地域属性、技术属性、社会属性和捆绑属性。四者都为水外交的重要属性内容,地域属性是指水外交的主要实施对象在地缘上一般具有共同河流,地缘影响度高。该属性不适用在地缘上没有跨界河流关系的水合作作用对象。[①]地域属性阐释了自然因素对水外交的重要影响。具体表现在上下游的地理位置关系以及是否具有跨界河流关系直接影响到水外交议题的发生与解决程度。而气候变化因素作为影响水外交议题的重要自然因素之一,其在水外交理论体系的纳入不但增加了具有跨界河流关系

---

① 张励:《水外交:中国与湄公河国家跨界水资源的合作与冲突》,云南大学博士学位论文,2017年,第33—34页。

国家间水外交议题的解释和解决力度,还能增强非跨界河流关系水外交议题的实施效果。因此,水外交属性中的地域属性应该进阶为自然属性,即包含原有的地域属性和气候属性,从而使水外交属性升级为自然属性、技术属性、社会属性与捆绑属性。

第二,气候变化因素在水外交实施主体中的内容构成。水外交的实施主体是某一国的政府(或某一政府间国际组织)。细化构成来看,一国(或政府间国际组织)的水外交实施的具体承担者一般包括政府机构和国家企业,并在安全类、集资类、培训类、信息分享类、通道建设等方面发挥重要作用。政府机构的主要构成除外交部外,还涉及水利部(交流培训与技术支持)、公安部(航道安全维护)等。[①]由于缺乏气候环境部门的支持,因此无法在气候变化类水冲突发生起源上就进行较好的控制,而是等气候变化已经影响到水外交议题并产生负面影响后,再由外交部和水利部进行后续跟进解决,这无疑增加了水外交的实施成本并影响实施绩效。因此,水外交的实施主体的政府机构构成应把生态环境部门纳入,充分发挥其在气候变化类水冲突上的专业作用、功能和影响。例如,中国的生态环境部门就有"承担国家履行联合国气候变化框架公约相关工作,与有关部门共同牵头组织参加国际谈判和相关国际会议"[②]的重要功能。

第三,气候变化因素在水外交实施路径中的内容构成。水外交的实施路径是解决国家间水资源冲突的关键。水外交理论体系的原有实施路径包括政治沟通、经济合作、机制建设等传统方式,以及围绕水技术、水社会层面展开的合作。[③]但随着气候变化与水外交议题的冲突迁移性加深加强,气候类水外交议题冲突内容日益增多。因此,气候变化因素在水冲突的控制与利用变得格外重要。因此,水外交理论体系中的实施路径,还要将气候合作纳入其中,从而形成包含政治沟通、经济合作、机制建设、水技术、水社会、气候合作等全方位的水外交实施路径。

---

① 张励:《水外交:中国与湄公河国家跨界水资源的合作与冲突》,云南大学博士学位论文,2017年,第31、62页。

② 《应对气候变化司》,中华人民共和国生态环境部,2018年10月8日,http://www.mee.gov.cn/xxgk2018/xxgk/zjjg/jgsz/201810/t20181008_644817.html,访问时间:2019年4月21日。

③ 张励:《水外交:中国与湄公河国家跨界水资源的合作与冲突》,云南大学博士学位论文,2017年,第31页。

（三）气候治理与水外交的"融合边界"问题

气候变化因素在水外交理论中的纳入必须要处理好"融合边界"问题，即明确气候治理的处理议题和处理路径并非全部与水外交相关和重叠，水外交理论体系构建中只需纳入与水资源有关的气候变化类水冲突与处理路径即可，否则反而会致使水外交理论体系冗杂，并可能导致水外交实施的事倍功半。气候治理与水外交的"融合边界"问题，主要包括处理议题的融合边界和处理路径的融合边界。

第一，气候治理与水外交处理议题的"融合边界"。 气候治理与水外交处理议题的融合边界是指气候治理议题与水外交议题相互重叠和相互融合的边界问题。界定气候治理与水外交议题的融合边界，是将气候变化因素科学合理地纳入水外交理论体系使其更为完整的关键，也是有效发现气候变化类水冲突和提出应对策略的重要基础。气候治理议题范围涉及资源冲突、边界争端、领土损失、沿岸城市面临威胁、社会衰落、环境移民、激进行为等内容，[1]其议题的涵盖领域广阔，主要可分为与水资源相关和非水资源相关的。因此，气候变化因素在纳入水外交体系中，重点要关注的是涉及水资源相关的内容，即气候变化直接引起的海水倒灌、干旱发生、洪灾侵袭、鱼类减少等直接作用于跨界河流沿岸国，并引起水冲突发生、加剧，并导致水外交问题的重要内容。合理的处理议题边界的划分，将有助于在学理上构建更为清晰的水外交理论，并有助于明晰具体实施部门的职责和内容。

第二，气候治理与水外交处理路径的"融合边界"。 气候治理与水外交处理路径的融合边界主要指气候治理议题的处理部门、处理方式与水外交议题处理部门和处理方式相互融合过程中的边界问题。气候治理议题有其专门的管理部门和执行方式（例如中国的生态环境部），水外交议题亦然（例如外交部，以及水利部和公安部的支持）。但由于上述提及议题的相互交融，使得为了达到水外交最大的实施绩效，需要融入气候治理部门的支持。因此，在水外交理论体系构建升级中，需明确气候治理部门的融

① "Climate Change and International Security," *The Council of the EU and the European Council*, March 14, 2008, https://www.consilium.europa.eu/ueDocs/cms_Data/docs/pressData/en/reports/99387.pdf, 访问时间：2019 年 4 月 21 日。

入方式与涉及范围,否则将可能导致功能重叠、任务负荷过重、实施绩效递减的现象。首先,水外交的执行主体部门仍为外交部,生态环境部与水利部、公安部作为重要的水外交参与主体,并在涉及与自身有关的水外交议题时进行参与解决。例如生态环境部负责提供气候变化类水冲突的应对支持,水利部提供水利技术与能力建设支持,公安部提供水航道安全支持等。如此不但能加快水冲突的解决,还能有助于相关部门自身议题的解决,达到最大合力,并避免不必要的相互竞争和出现"九龙治水"的现象。其次,水外交的执行方式中应融入气候治理的管控方式,以管控气候变化类水冲突。例如,由生态环境部牵头承担国家履行联合国气候变化框架公约相关工作,组织开展应对气候变化能力建设、科研和宣传工作,承担碳排放权交易市场建设和管理有关工作等,突出此类工作在水冲突风险管控中的重要作用,使之效用最大化。

三、湄公河地区气候治理与中国水外交的互动

气候变化因素在水外交理论体系中的融入是升级新型水外交理论体系的关键,也是一国借助水外交形成更为有效的水冲突解决路径(尤其是对气候变化引起的水冲突)的重要条件。湄公河地区是全球四大水冲突地区之一[1],因气候变化所引起的水资源冲突不仅作用于中国与湄公河国家之间,还存乎于湄公河国家之中,具有典型性和破坏性。本部分以中国水外交在湄公河地区的实践为例,重点分析湄公河地区气候变化类水冲突的聚焦领域和中国水外交的应对现状,并基于新水外交理论体系提出针对性的实施路径。

(一)湄公河地区气候变化与水冲突的联动状况

湄公河(中国境内部分称为澜沧江)全长 4880 公里,是亚洲最重要的跨国水系,世界第七大河流,发源于中国,流经中国、老挝、缅甸、泰国、柬埔寨和越南,最后流入南海。湄公河地区位于亚洲热带季风区的中心,5 月至

---

[1] Benjamin Pohl et al., "The Rise of Hydro-Diplomacy: Strengthening Foreign Policy for Transboundary Waters," *Adelphi Report*, 2014, p.8.

10月为雨季,11月至次年4月为旱季(图1)。由于降雨时间分布不均,每年流域各地都要经历一次历时与强度不等的干旱并有时发生严重洪涝灾害。因此,湄公河深受气候变化因素的影响,并较易引起流域内水资源问题。

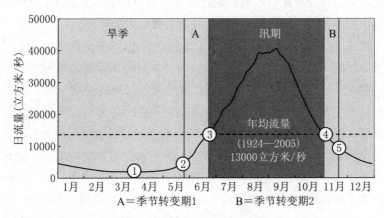

图1　湄公河水文年的四季①

资料来源:根据 P. T. Adamson, *An Evaluation of Landuse and Climate Change on the Recent Historical Regime of the Mekong*, Mekong River Commission, 2006,翻译、整理、制作。

随着全球气候变暖致使湄公河水资源问题变得更为严峻。根据世界银行发布的《降低热度:极端气候、区域性影响与增强韧性的理由》报告指出,目前全球气温已上升0.8度,至21世纪末将相较18世纪工业革命前上升4度。②这将严重影响全球水资源、农业生产、沿海生态系统和城市等。而湄公河地区是易受全球变暖影响的区域,将深受全球变化带来的海平面上升、极端酷热增加、热带飓风加剧等冲击,从而造成湄公河海水倒灌、干旱洪涝加剧、鱼类减少,以及湄公河三角洲农作物减少等,致使水资源冲突加剧。

(二)湄公河地区气候变化类水冲突的聚焦领域

由气候变化所引起的湄公河水资源冲突主要涉及干旱、洪涝、农业、

---

① 水文年是指按总体蓄量变化最小的原则所选的连续十二个月。

② The World Bank, *Turn Down the Heat: Climate Extremes, Regional Impacts, and the Case for Resilience*, June 2013, p.xi.

渔业等议题。气候变化作为自然因素相对人为开发因素较为隐性,因此当气候变化引起(或部分引起)干旱、洪涝、农业产量缩减、鱼类减少等水资源冲突时,并在部分媒体、非政府组织和域外国家的影响下,流域内的部分民众易将气候变化问题与影响迁移甚至完全转化为水冲突问题,从而引起中国与湄公河国家间水资源开发和合作关系的紧张。

第一,湄公河干旱洪涝议题。正如前文所述,湄公河地区位于亚洲热带季风区的中心,由于降雨分布不均,每年都要经历强度不等的干旱与洪涝。随着气候变化影响的日益增加,湄公河地区遭受极端干旱和洪涝灾害事件的概率上升与频率增加。在 1993 年和 1997 年出现湄公河水位异常下降,2008 年湄公河洪水发生,2010 年湄公河部分流域出现大面积干旱以及 2013 年末出现水位激增等情况时,大量水舆情都较为偏颇地把原因归罪于中国在上游的"过度开发"[1],从而将湄公河干旱洪涝问题全部归罪于中国水资源开发影响,致使产生中国与湄公河国家之间的水冲突。2016 年,湄公河流域受厄尔尼诺现象影响,又遭遇极端干旱事件。根据世界气象组织(World Meteorological Organization)数据显示,其与有记录以来的最强的 1997—1998 年厄尔尼诺强度相当,且比前者的持续时间更长,覆盖面积更大(图 2)。[2]因此澜湄流域降雨量大幅减少,中国与湄公河国家受旱情影响严重。地处最下游的越南面临 90 年不遇的旱情。同时,湄公河国家间只顾自身渔业和农业利益,相互关系十分紧张。因此,本应向位于其上游国家泰国、老挝求助的越南转而请求中国开闸放水,尽管中国面临自身困境仍积极作出响应,于 2016 年 3 月开始实施应急补水,缓解了下游旱情,虽然得到了湄公河国家的欢迎,但仍旧有部分群体将原因推诿于中国并对中国应急补水效果产生怀疑。[3]

---

[1] Pichamon Yeophantong, "China's Lancang Dam Cascade and Transnational Activism in the Mekong Region: Who's Got the Power," *Asian Survey*, Vol.54, No.4, July/August 2014, pp.711—712.

[2] The Mekong River Commission and Ministry of Water Resources of the People's Republic of China, *Technical Report—Joint Observation and Evaluation of the Emergency Water Supplement from China to the Mekong River*, 2016, p.12.

[3] 张励、卢光盛:《从应急补水看澜沧江湄公河合作机制下的跨境水资源合作》,《国际展望》2016 年第 5 期,第 95—112 页。

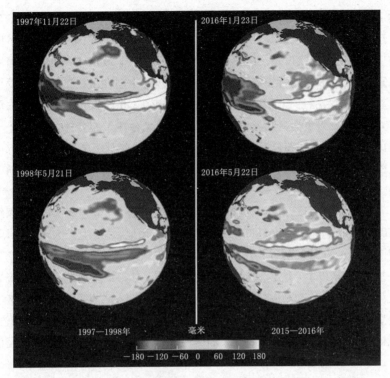

图 2　1997—1998 年和 2015—2016 年厄尔尼诺现象引起太平洋海平面高度偏差对比

资料来源：根据 The Mekong River Commission and Ministry of Water Resources of the People's Republic of China，*Technical Report—Joint Observation and Evaluation of the Emergency Water Supplement from China to the Mekong River*，2016，p.13，翻译、整理、制作。

第二,湄公河渔业发展议题。渔业是湄公河国家最为关注的议题之一。湄公河国家中约有三分之二的人群从事渔业相关活动,占柬埔寨和老挝国内生产总值的 10% 左右。同时河流中常见的鱼类约有 1000 种,还有一些来自海洋的鱼类,是世界上最多产和多样化的流域之一。[①]此外,鱼类是居住在湄公河国家人群的动物蛋白质摄入主要来源。在越南,从鱼类摄入蛋白质人数占总人口数的 60%,在老挝和柬埔寨的一些地区更高

[①]　Martin Parry et al., eds., *Climate Change 2007：Impacts，Adaptation and Vulnerability*，Cambridge：Cambridge University Press，2007，p.279.

达 78% 和 79%。①随着气候变暖、水温度上升以及氧含量下降,影响了鱼类正常生长,有些鱼体尺寸甚至会有所减小。但由于中国在湄公河上游建造水坝速度较快再加之一些别有用心的媒体、非政府组织与域外国家的宣传,使得部分来自湄公河国家的群体认为中国在上游的大坝建设导致对鱼类自然栖息地的破坏,营养物质的流失,并使得部分鱼类无法洄游,致使湄公河鱼类急剧减少。②同样的指责也存在于湄公河国家之间③,但由于目前中国在湄公河建造大坝数量较多,因此对于中国的关注较高。这引起了部分下游国家民众对于生计的担忧,并成为中国与湄公河国家间重要的水外交议题之一。

第三,湄公河三角洲农业议题。湄公河三角洲位于越南南部,面积约36000 平方公里,其中 20000 平方公里为农业用地,并以生产大米为主,为越南提供了约 53% 的谷物产物和 75% 果树产量。④而湄公河三角洲低于海平面 10 米以上,十分易受气候变化的影响。如果海平面上升 1 米,将导致湄公河三角洲(2500 平方公里)红树林面积的近一半损失,约 1000 平方公里的耕地和水产养殖区将成为盐沼⑤,以及 15000 至 20000 平方公里土地被淹并影响 350 万至 500 万人的居住。⑥正如前文所述目前全球气温已

---

① Brooke Peterson and Carl Middleton, "Feeding Southeast Asia: Mekong River Fisheries and Regional Food Security," *International Rivers*, https://www.internationalrivers.org/sites/default/files/attached-files/intrivers_mekongfoodsecurity_jan10.pdf,访问时间:2019 年 4 月 21 日。

② "Chinese Dams on the Mekong Threaten Fisheries, Communities," *Asia News*, January 9, 2018, http://www.asianews.it/news-en/Chinese-dams-on-the-Mekong-threaten-fisheries,-communities-42782.html,访问时间:2019 年 4 月 21 日。

③ 老挝境内建立了多座湄公河大坝直接切断 110 多种鱼类的自然迁徙路径,并将造成80 万吨的渔获量损失,相当于湄公河总渔获量的 42%。详见 Brian Eyler, "China Needs to Change Its Energy Strategy in the Mekong Region," in Isabel Hilton, ed., *The Uncertain Future of the Mekong River*, March 2014, p.16, http://www.thethirdpole.net/wp-content/uploads/2014/03/mekong_new14-2.pdf,访问时间:2019 年 4 月 23 日。

④ 越南芹苴大学(Can Tho University)李英俊博士(Le Anh Tuan)在 2012 年 12 月 12日在"湄公河观察"(Mekong Watch)举办的"构建东亚民间社会网络,探讨湄公河可持续自然资源管理"(Establishing East-Asia Civil Society Network to Discuss Sustainable Natural Resources Management in Mekong)国际研讨会上的报告。

⑤ 盐沼是地表过湿或季节性积水、土壤盐渍化并长有盐生植物的地段。

⑥ Martin Parry et al., eds., *Climate Change 2007: Impacts, Adaptation and Vulnerability*, Cambridge: Cambridge University Press, 2007, p.59.

上升0.8度,现有气候变化的影响下所导致的海平面上升、海水倒灌与土地盐碱化,已影响到湄公河三角洲的农业发展。①但气候变化作为自然因素相对于人为因素较为隐性,且在部分媒体与非政府组织的炒作下使得人们过度聚焦于人为因素,并将气候变化产生的矛盾全部迁移和转嫁至水资源冲突——即水利设施建设。例如,一些观点认为中国利用小湾水坝蓄水,造成湄公河水流量减少,海水倒灌以至影响越南农业发展②(同样也有越南学者提出位于其上游的老挝沙耶武里大坝(Xayaburi Dam)和栋沙宏大坝(Don Sahong Dam)一旦建成蓄水将对越南农业产生更为严重的影响③)。因此,湄公河三角洲深受气候影响的农业问题"转变"为了中国与湄公河国家"水资源冲突"问题。

(三)中国水外交应对气候变化类水冲突的现状

中国在湄公河地区的水外交经历了从20世纪80年代的"有限接触"到2015年起的"全面推进"阶段。由于篇幅所限以及2015年前中国在湄公河水外交针对气候变化类水冲突的实施内容相对有限,本部分主要关注2015年之后中国在应对气候变化类水冲突的实施内容。

第一,构建应对气候变化类水冲突管理和交流平台。一是中国与湄公河国家建立了澜沧江—湄公河环境合作中心与澜湄水资源合作中心,前者包含气候变化的议题,后者则专门涉及水旱灾害、水资源利用和保护等方面。两个中心的创立,为流域内六国共同探讨解决气候变化类水冲突提供了良好的管理与风险管控平台。二是中国通过举办首届澜湄水资源合作论坛,搭建了相互间的交流平台。2018年11月首届澜湄水资源合作论坛在中国举行,来自流域六国的政府部门、科研机构、学术团体、企业以及相关国际组织近150名代表参加论坛。会上发布的有关水资源议题的重要倡议——《昆明倡议》中指出了六国面临洪旱灾害、水生态系统退化、水环境污染以及气候变化带来的不确定性等挑战,迫切需要采取共同

①　To Minh Thu and Le Dinh Tinh, "Vietnam and Mekong Cooperative Mechanisms," *Southeast Asian Affairs*, Vol.2019, pp.402—403.

②　张励、卢光盛:《"水外交"视角下的中国和下湄公河 国家跨界水资源合作》,《东南亚研究》2015年第1期,第45页。

③　To Minh Thu and Le Dinh Tinh, "Vietnam and Mekong Cooperative Mechanisms," *Southeast Asian Affairs*, Vol.2019, p.402.

行动。同时呼吁澜湄合作成员国增加投入,提高应对水资源挑战和气候变化风险的能力,保障各成员国的水安全。①

　　第二,设计应对气候变化类水冲突的合作内容。中国通与湄公河国家签订文件、发布宣言等方式,共同设计应对湄公河气候变化类水冲突的合作内容。一是在纲领性合作文件与重要宣言中强调六国应对气候变化类水冲突的合作内容。在 2016 年 3 月 2 日于中国海南省召开的"澜沧江—湄公河合作(简称澜湄合作)首次领导人会议"上发布的"三亚宣言"就提出对气候变化、环境问题的重视。②在 2018 年 1 月,流域六国领导人共同参与的"澜沧江—湄公河合作第二次领导人会议"上又发布了重要的《澜沧江—湄公河合作五年行动计划(2018—2022)》,其中在"4.2.5 水资源"板块中特地指出要"促进水利技术合作与交流,开展澜沧江—湄公河水资源和气候变化影响等方面的联合研究,组织实施可持续水资源开发与保护技术示范项目和优先合作项目。"③二是在具体合作规划中设计应对气候变化类水冲突的内容。2019 年 3 月,湄公河流域六国经过磋商正式通过《澜沧江—湄公河环境合作战略(2018—2022)》,该文件指出要在气候变化适应与减缓领域开展合作,除了支持《联合国应对气候变化框架公约(UNFCCC)》及《巴黎协定》外,还设计了 5 条详细的合作内容,以增强对气候变化应对与水环境管理。④

　　第三,联合研究气候变化类水冲突极端事件。2016 年 3 月,湄公河

---

① 《首届澜湄水资源合作论坛在昆明开幕》,新华网,2018 年 11 月 1 日,http://www.xinhuanet.com/fortune/2018-11/01/c_1123649862.htm,访问时间:2019 年 4 月 23 日;《澜湄六国通过〈昆明倡议〉共同推进水资源合作》,新华网,2018 年 11 月 2 日,http://www.xinhuanet.com/politics/2018-11/02/c_1123656204.htm,访问时间:2019 年 4 月 23 日。
② 《澜沧江—湄公河合作首次领导人会议三亚宣言——打造面向和平与繁荣的澜湄国家命运共同体》,中华人民共和国外交部,2016 年 3 月 23 日,https://www.fmprc.gov.cn/web/gjhdq_676201/gj_676203/yz_676205/1206_677292/1207_677304/t1350037.shtml,访问时间:2019 年 4 月 23 日。
③ 《澜沧江—湄公河合作五年行动计划(2018—2022)》,中华人民共和国外交部,2018 年 1 月 11 日,https://www.fmprc.gov.cn/web/ziliao_674904/1179_674909/t1524881.shtml,访问时间:2019 年 4 月 21 日。
④ 《澜沧江—湄公河环境合作战略》,澜沧江—湄公河环境合作中心,2019 年 3 月 27 日,http://www.chinaaseanenv.org/lmzx/zlyjz/lmhjhzzl/201711/t20171106_425930.html,访问时间:2019 年 4 月 21 日。

流域受厄尔尼诺现象影响,发生极端干旱,流域六国深受旱灾影响,越南向中国求助。中国在牺牲自身利益从景洪水电站开闸放水后仍旧引来部分国家和媒体的质疑。①2016 年 10 月,中国与由四个湄公河国家组建的湄公河委员会(Mekong River Commission)②共同发布《中国向湄公河应急补水效果联合评估》技术报告。③报告基于双方的资料交换、共享,表明此次干旱深受极端厄尔尼诺现象影响,中国在对下游应急补水增加了湄公河干流的流量,抬高了水位,并且缓解了湄公河三角洲的咸潮(Salinity Intrusion)入侵。与此同时,湄公河委员会在报告中还特别指出,中国在同样遭受旱情并影响到生活用水供应与农业生产的情况下,中国的应急补水表明了与下游国家合作的诚意,湄公河委员对此表示由衷感谢。④

(四)未来中国水外交在湄公河地区的实施路径

中国水外交在湄公河水资源合作与风险管控中已经开始有意识的将气候变化因素纳入其中,并在平台搭建、内容设计、联合研究等方面取得了初步的合作成效。但由于气候变化类水冲突是一种特殊的、短期内难以避免并可能持续发酵的水资源问题,且目前在有些领域,气候变化管理和水资源管理还存在并行不交叉的现象。因此,中国水外交应进一步研究气候变化因素与水外交的作用机理以升级水外交理论体系,同时明确职能部门分工,加强联合研究,公布信息等,以确保气候变化类水冲突的负面影响最小化,保证湄公河水资源的正常开发,以及澜湄国家命运共同体的构建。

第一,完善与升级中国水外交理论体系。 水外交理论是一门新兴的

---

① 张励、卢光盛:《从应急补水看澜沧江湄公河合作机制下的跨境水资源合作》,《国际展望》2016 年第 5 期,第 95—112 页。

② 湄公河委员会于 1995 年成立,致力于湄公河水资源开发和管理的组织机构,成员国包括老挝、泰国、柬埔寨、越南,观察国包含中国、缅甸。

③ The Mekong River Commission and Ministry of Water Resources of the People's Republic of China, *Technical Report—Joint Observation and Evaluation of the Emergency Water Supplement from China to the Mekong River*, 2016.

④ The Mekong River Commission and Ministry of Water Resources of the People's Republic of China, *Technical Report—Joint Observation and Evaluation of the Emergency Water Supplement from China to the Mekong River*, 2016, p.43.

理论,近年来随着国内外学界、政界研究与实践的加深,已经逐步开始形成了初步的体系,但尚待进一步提升。中国学界、政界在水外交上也做出了积极的探索,当下中国应进一步完善和升级水外交理论体系,除了本文对气候治理与水外交的内在共质、逻辑关联、内容构成、融合边界等议题的研究分析外,还应进一步确定气候变化类水外交的绩效评估评价体系。同时更可以通过实时跟踪湄公河地区气候变化类水冲突新态势以及研究全球其他地区气候变化类水冲突案例,从中提炼治理经验、规律模式等来不断丰富和完善中国水外交理论,以更为有效和科学地指导具体的水外交实践,确保水资源合作的成效。

第二,丰富和加强执行部门的分工合作。湄公河地区气候变化类水冲突涵盖的干旱洪涝议题,渔业发展议题,三角洲农业议题,无不离不开气候变化的影响。但当下气候变化风险管控与水资源风险管控基本属于两者并行,并缺乏重叠区域的有效合作,这使得很大程度上(或部分程度上)由气候变化引起的问题完全转变为由"人为引起的水资源问题",并对水资源的正常开发与合作造成影响。未来,中国水外交的实施主体除了外交部(实施水外交主体)、水利部(技术支持与交流培训)、公安部(航道安全维护)外,还可考虑纳入生态环境部门,主要就气候变化类水冲突提供技术支持,并通过在国际气候谈判、国际规则制定参与,以形成有利于水资源开发、避免水资源冲突误解的良好环境。

第三,开展和增强多层次的合作研究。湄公河常规水资源冲突与气候变化类水冲突都具有跨国性。因此,流域六国群策群力、共同协商与研究是构建互信,形成有效对策的良好前提。而中国作为六国中相对国力、资金、技术较为有优势的国家,要努力促成六国多层次的合作研究。首先,不断加强现有澜沧江—湄公河环境合作中心、澜湄水资源合作中心、水资源合作论坛的平台作用,加强流域六国政府部门、科研机构、学术团体、企业与相关国际组织的交流。其次,在重要合作规划、规则制定上,六国各界要加强气候变化与水资源的联合研究,形成有效的规则、权利与责任,例如在六国制定《澜湄水资源合作五年行动计划(2018—2022)》过程中,可以加强气候变化类水冲突的风险管控研究,形成有效的合作方案。最后,在极端气候类水资源事件中,要增强专题性的研究,例如《中国向湄公河应急补水效果联合评估》①技术报告,并以多语言的形式发布,以增强水资源合作的透明性,防止普通民众受到部分不实舆论的误导,避免水资源合作的关系紧张与合作停滞等。

---

① The Mekong River Commission and Ministry of Water Resources of the People's Republic of China, *Technical Report—Joint Observation and Evaluation of the Emergency Water Supplement from China to the Mekong River*, 2016.

共享安全视域下的中日能源安全合作[*]

魏 珊 陈 卓[**]

【内容提要】 全球化的能源发展带来的"普遍性威胁"与"生存性焦虑"的现实境遇产生中日能源"共存"与"共享"意识,使中日能源安全合作成为必然。中日在全球、地区、双边层面建立起多层面的合作路径,虽然两国能源安全合作仍然面临战略互信缺失、能源供应地区的安全性风险以及能源政策趋同性背景下的竞争,但是双方应秉持"共享安全"的合作理念,通过"共建"中日能源安全信息交流系统,"共创"能源合作新模式,促进传统安全与能源开发的"共和"与"共处",维护两国能源安全。"一带一路"倡议下的中日能源安全合作互动是两国加强合作的新方向,"中国方案"正在为中日能源安全合作打开新局面,并进一步为构建中日能源安全"命运共同体"奠定基础。

【关键词】 共享安全;能源安全;中日合作

【Abstract】 The globalization of energy development has brought about the reality of "universal threats" and "survival anxiety", resulting in the awareness of "coexistence" and "sharing" of energy between China and Japan, making China-Japan energy security cooperation inevitable. China and Japan have established a multi-level cooperation path at the global, regional and bilateral levels. Although the energy security cooperation between the two countries still faces obstacles such as lack of strategic mutual trust, security risks in energy supply regions, and competition in the context of energy policy convergence, the two sides should uphold the concept of "shared security" cooperation through Establish a China-Japan energy security information exchange system, "co-create" a new energy cooperation model, promote the "republic" and "coexistence" of traditional security and energy development, and maintain the energy security of the two countries. The Sino-Japanese energy security cooperation and interaction under the "Belt and Road" initiative is a new direction for the two countries to strengthen cooperation. The "China Plan" is opening a new phase for Sino-Japanese energy security cooperation and further laying the foundation for the construction of a Sino-Japanese energy security "community with a shared future."

【Key Words】 Shared security, Energy Security, Sino-Japanese Cooperation

---

* 本文系 2019 年国家社科基金青年项目(项目编号:19CGJ018)的阶段性研究成果。

** 魏珊,郑州大学马克思主义学院讲师;陈卓,西安外国语大学国际舆情与国际传播研究院专职研究员。

　　习近平主席在亚洲相互协作与信任措施会议第四次峰会上表示"中国将同各方积极倡导共同、综合、合作、可持续的亚洲安全观。搭建地区安全和合作新架构，努力走出一条共建、共享、共赢的亚洲安全之路"。在非传统安全视角下，脆弱性概念①更加适合于理解有关国际能源获得的持续性焦虑，中日两国在全球能源安全体系中都具有脆弱性，只是脆弱的程度与规模不同。关注中日两国在能源安全上的利益，找到双方能源安全合作的路径和方式，使两国能源合作成为超越传统所关注的国家间零和博弈的一种动力。"共享安全"是研究非传统安全的新范式②，全球化的能源发展带来"普遍性威胁"与"生存性焦虑"的现实境遇产生中日能源"共存"与"共享"意识。通过中日能源安全合作实现"共处"，面对异质性的能源安全问题双方探讨"共建"合作新模式，最终实现两国能源安全的"共赢"。本文对中日能源③安全合作的必要性和体系层面合作现状展开论述，就如何解决中日现存的能源安全问题或存在性威胁的影响进行分析，强调"共享安全"作为非传统安全理论的一个有益补充，在中日能源安全合作中具有重要意义，进一步拓展中日能源安全合作议题研究的理论深度和中国特色。

一、"共享安全"范式下中日能源安全合作的必然性

　　能源安全需要依靠世界各国相互合作，共同创造，也理应由世界各国相互协调，共同享用，能源安全"共建共享共赢"性日益增强。"共享安全"作为研究非传统安全的新范式，在理论层面与"共建共享安全"合作观相契合。在"共建共享安全"语境下，以"共享安全"理论为价值基点，中日能源安全就是两国行为体间在能源领域的优态共存，既包含能源供需安全

---

　　①　脆弱性概念指的是在将一个国家的能源安全进行概念化时，要将反对能源依赖和能源主导作为目标。
　　②　余潇枫：《共享安全：非传统安全研究的中国视域》，《国际安全研究》2014 年第 1 期。
　　③　本文探讨的能源主要指可以直接或经转换提供人类所需的光、热、动力等任意形式能量的载能体资源，即煤炭、石油、天然气、新能源。

和环境安全,也包含能源经济安全和能源国家安全。下面将从中日能源安全特征的"共性",中日能源安全关系的"共依",中日能源供应威胁的"共存",国际能源价格对中日经济利益的"共损"、中日能源结构转型过程中的"共险"等五个方面,阐明中日能源安全合作的必要性。

（一）中日能源安全特征的"共性"

能源资源的储存量、生产和消费的情况,是影响国家能源安全的重要因素。在不考虑进出口和储备量的情况下,能源储量是一个国家的禀赋,产量和消费量表明能源资源禀赋的消耗速度,储量与年度产量之比得出的储产比可以说明该国能源资源储量可供开采的年限。

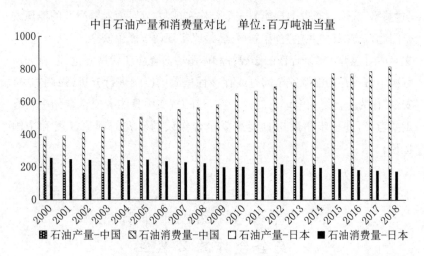

中日石油产量和消费量对比　单位:百万吨油当量

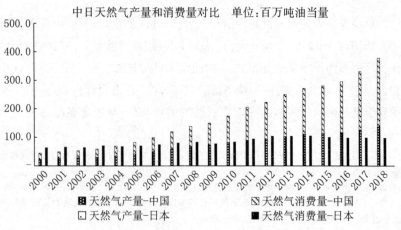

中日天然气产量和消费量对比　单位:百万吨油当量

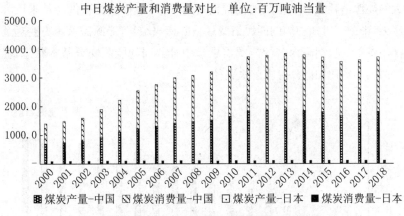

图 1　中日石油、天然气、煤炭产量和消费量对比（2000—2018）

资料来源：根据 IEA 和《世界能源统计年鉴》数据整理。①

　　从产量来看，2018 年中国石油产量为 1.9 亿吨，天然气为 1.39 亿吨油当量，煤炭为 18.3 亿吨油当量。日本的石油、天然气产量极少，煤炭只有 60 万吨油当量，石油对外依存度为 37.6%，一次能源自给率低于 15%②。从消费量来看，2018 年中国的石油消费量为 6.28 亿吨油当量，天然气为 2.43 亿吨油当量，煤炭则高达 19 亿吨油当量，日本石油消费量为 1.76 亿吨油当量，天然气 1 亿吨油当量，煤炭为 1.18 亿吨油当量。从探明储量来看，截至 2018 年底中国石油储量为 35 亿吨，按当年的生产规模来看，探明石油储量能维持生产 18 年；中国是天然气和煤炭储量大国，分别有 6.1 万亿立方米和 1388 亿吨的探明储量，煤炭储量仅次于美国、俄罗斯，居世界第三，其中天然气探明储量能维持生产 37 年，煤炭可以维持 38 年。日本则几乎没有石油和天然气储量，煤炭储量为 3.5 亿吨，但产量较少，储产比高达 336 年。可见，消费量和产量的巨大差额，表明中日都是能源高消耗的内需大国。日本是一个资源极度缺乏的国家，能源需求量大且自给率低。中国虽然有颇多的能源储量，但是经济发展和生活水平提高带来巨

<hr>

　　①　2019 年 BP 世界能源统计年鉴，BP 中国，bp.com/statisticalreview。由于日本的石油、天然气、煤炭产量低，较中国相比差距大，以百万吨油当量为单位，几乎为零，因而在图中无法明确显示。

　　②　日本经济产业省，https://www.meti.go.jp/statistics/index.html。

大的能源消耗量以及增长的能源消费趋势,都给本国能源供给带来巨大压力,由图 2 可知中国的能源消费量呈阶梯式增长,能源需求压力要远远高于日本。长期高内需的能源需求是中日共同的能源安全基本状态,促使两国不约而同向外寻求解决路径。

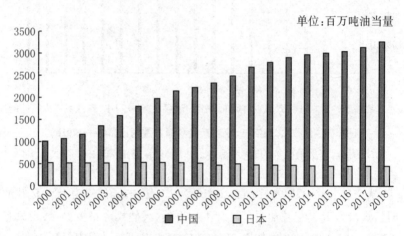

图 2　中日一次性能源消费量对比图(2000—2018)

资料来源:根据 IEA 和《世界能源统计年鉴》数据整理。①

(二)中日能源安全关系的“共依”

中日在能源安全领域的相互依存度高,互补性强。能源资源结构利用方面,煤炭是中日两国重要的能源来源,2018 年,中日进口煤炭交易量2.66 亿吨油当量,占世界总额的 31%。中国向日本出口煤炭量为 2.2 百万吨油当量,是日本主要的六大煤炭供应国之一。②与此同时,中国以煤炭为主要能源正面临着巨大的环保压力。在煤炭资源领域的相互依赖,不仅可以使日本从中国获取充足的煤炭能源,减轻能源供给压力,日本积极向中国推广的煤炭清洁利用技术还可以保护两国及周边地区的环境。

在节能环保领域,日本一次能源消费量和人均消费量均呈下降趋势,2007—2017 年均增长率分别为 - 1.4% 和 - 1.3%,中国一次能源消费量和

① 2019 年《英国石油公司(BP)世界能源统计年鉴》,英国石油公司(中国),bp.com/statisticalreview。

② 其余五国分别是澳大利亚、印度尼西亚、俄罗斯、美国和加拿大。

人均消费量则不断上升,2007—2017 年均增长率分别为 3.9% 和 3.3%,高于世界平均水平的 3.2% 和 2.2%。2018 年中国和日本能源消费量分别为 32.7 亿吨油当量和 4.6 亿吨油当量。①根据世界银行统计数据显示,2018 年中国国内生产总值 13.608 万亿美元,日本国内生产总值 4.971 万亿美元。②从而得出中日单位 GDP 使用的能源效率,中国每 1000 美元 GDP 能源消耗约 240 千克油当量,日本每 1000 美元 GDP 的能源消耗只有 91 千克油当量。可见,日本的能源利用率远远高于中国。这是因为日本采用了压缩式工业化发展模式提高能源消费率,发展节能技术降低工业化过程的能源消耗成本。日本电动汽车技术以及废弃物发电技术、太阳能光伏发电技术均已具备世界先进水平,在资金技术领域的优势、战略能源储备体系的完善与中国对先进能源技术的需求、庞大的市场等优势产生明显互补,两国合作不仅有助于中国降低社会能源消耗提高能源利用率从而改善能源结构,对日本能源技术的普及和高收益化也十分有益。

(三)中日能源供应威胁的"共存"

2018 年,平均每天进口石油中国为 1100 万桶,日本为 394 万桶,中日石油进口总量约占世界进口总量的五分之一;液化天然气进口量,中国是 735 亿立方米,日本是 1130 亿立方米,中日进口量占世界天然气进口总量的 40%;中国煤炭进口量为 1.47 亿吨油当量,日本 1.2 亿吨油当量,中日煤炭进口量占世界进口总量的 30%。③石油是一个国家经济发展的关键,占日本一次能源消费量的 40%,中国一次能源消费量的 20%。中日油气资源进口国相对集中,主要依赖中东地区。2018 年,日本从阿联酋、科威特等中东地区进口的原油量,在其原油进口总量占 87%;中国石油消费量逐年递增,2007—2017 年平均增长 4.9%,2018 年增长 5.1%,从沙特阿拉伯、伊拉克、科威特等中东地区进口的原油在原油进口总量中占 44%。④

中日能源对外依存度高,能源进口国的政治经济稳定性以及运输通道的安全性,对中日能源供应安全具有举足轻重的作用。首先,中日对中东地区石油的高度依赖,使两国石油供应结构呈现明显的脆弱性。中东

---

① ③ ④ 2019 年《英国石油公司(BP)世界能源统计年鉴》,英国石油公司(中国),bp.com/statisticalreview。

② 世界银行公开数据资料,https://data.worldbank.org.cn/。

表 1　中日能源进口来源比例（2018）

单位：% 百分比

能源进口国	石油 中国		石油 日本		天然气 中国		天然气 日本		煤炭 中国		煤炭 日本	
能源进口 1	俄罗斯	13.5	沙特阿拉伯	30.7	澳大利亚	43.7	澳大利亚	34.6	澳大利亚	35.4	澳大利亚	61.1
能源进口 2	西非	13.5	阿联酋	21.8	卡塔尔	17.3	马来西亚	13.4	印度尼西亚	31.3	印度尼西亚	14.9
能源进口 3	其他中东国家	12.8	其他中东国家	14.4	马来西亚	10.7	卡塔尔	12.0	蒙古	15.9	俄罗斯	9.8
能源进口 4	中南美洲	11.6	美国	7.2	印度尼西亚	9.1	俄罗斯	8.4	俄罗斯	11.7	美国	6.4
能源进口 5	沙特阿拉伯	11.2	科威特	7	巴布亚新几内亚	4.5	印度尼西亚	6.2	其他亚太和地区	3.3	加拿大	4.4
能源进口 6	其他亚太和地区	8.3	其他亚太和地区	5.8	美国	4.1	阿联酋	6.0	加拿大	1.3	中国	1.9
能源进口 7	伊拉克	8.3	俄罗斯	4.7	尼日利亚	2.1	文莱	5.0	美国	1.0	哥伦比亚	0.7
能源进口 8	科威特	4.7	伊拉克	1.4	俄罗斯	1.8	巴布亚新几内亚	3.8	哥伦比亚	0.1	其他亚太国家和地区	0.6
能源进口 9	阿联酋	3.9	中国	1.2	其他非洲国家	1.5	阿曼	3.7	其他独联体国家	0	其他非洲国家	0.4
能源进口 10	美国	3.4	中南美洲	1.1	其他欧洲国家	1.2	美国	3	世界其他地区	0	南非	0.1

资料来源：作者根据 UN Comtrade 和《英国石油公司（BP）世界能源统计年鉴》，英国石油公司（中国），bp.com/statisticalreview。①

① 2019 年《英国石油公司（BP）世界能源统计年鉴》计算。①

表 2　中日能源进口来源总量比较（2018 年）

能源进口国	石油　单位：百万吨		天然气　单位：十亿立方米		煤炭　单位：百万吨油当量	
	中国	日本	中国	日本	中国	日本
能源进口 1	俄罗斯 73.9	沙特阿拉伯 59.7	澳大利亚 32.1	澳大利亚 39.1	澳大利亚 51.8	澳大利亚 73.1
能源进口 2	西非 73.6	阿联酋 42.4	卡塔尔 12.7	马来西亚 15.1	印度尼西亚 45.9	印度尼西亚 17.8
能源进口 3	其他中东国家 69.9	其他中东国家 27.9	马来西亚 7.9	卡塔尔 13.5	蒙古 23.3	俄罗斯 11.7
能源进口 4	中南美洲 63.4	美国 14.1	印度尼西亚 6.7	俄罗斯 9.4	俄罗斯 17.1	美国 7.6
能源进口 5	沙特阿拉伯 61.2	科威特 13.6	巴布亚新几内亚 3.3	印度尼西亚 7.0	其他亚太和地区 4.8	加拿大 5.2
能源进口 6	其他亚太和地区 45.6	其他亚太和地区 11.2	美国 3.0	阿联酋 6.8	加拿大 1.8	中国 2.2
能源进口 7	伊拉克 45.2	俄罗斯 9.1	尼日利亚 1.5	文莱 5.7	美国 1.5	哥伦比亚 0.8
能源进口 8	科威特 25.6	伊拉克 2.7	俄罗斯 1.3	巴布亚新几内亚 4.3	哥伦比亚 0.2	其他亚太大国家和地区 0.7
能源进口 9	阿联酋 21.5	中国 2.4	其他非洲国家 1.1	阿曼 4.2	其他独联体国家 0.1	其他非洲国家 0.4
能源进口 10	美国 18.5	中南美洲 2.2	其他欧洲国家 0.9	美国 3.4	世界其他地区 +	南非 0.1

资料来源：作者根据 UN Comtrade 和《英国石油公司（BP）世界能源统计年鉴 2018》计算。　+ 表示低于 0.05。①

① 2019 年《英国石油公司（BP）世界能源统计年鉴》英国石油公司（中国）、bp.com/statisticalreview。

局势的持续性动荡,让中日共同面临着能源地的供给风险,原油供应随时存在终止的风险。其次,中日石油运输主要依赖于海上战略通道,运输通道的安全是两国石油进口稳定的重要保障。中日海洋运输航道途中经过的霍尔木兹海峡和马六甲海峡,存在着海盗活动猖獗、海上犯罪事件频发、运输路线长且运力不足以及战时封锁等安全困境,随时会出现能源供给的中断,中日两国也不具备单独打击海上恐怖主义、全面保护海运航线的实力。因此,中日在应对能源供应地危机和航道运输的风险方面存在共同利益,寻找互惠互利的合作方案,加强维护供应地和运输安全问题上的联动性是两国规避能源安全风险、保证能源稳定供应的最佳选择。

(四)国际能源价格对中日经济利益的“共损”

受多种因素的干扰,国际能源价格变动频繁波动幅度大(见图3和图4)。据摩根斯坦利的估算,国际原油价格每桶每上涨1美元中国的GDP就将损失0.06%。[1]中日都是能源进口大国,价格的不确定性会影响经济的稳定性。国际能源价格的长期高位运行,给中日两国带来风险和压力。另一方面,中东地区的主要石油输出国出售给亚洲国家的能源价格总是要比世界其他地区高,即所谓的“亚洲溢价”。自1988年以来,这种名为“亚洲溢价”的额外费用平均为每桶1.2美元。[2]也就是说亚洲国家购买每桶原油离岸价至少要比欧美国家高出1—2美元,这就意味着中国和日本在2018年要多支付1793万美元的石油差价,无疑是一笔不公正的经济负担。因缺乏定价权,天然气价格在亚洲交易市场上也高于欧美地区。2018年,美国亨利交易中心(Henry Hub)、英国均衡点(NBP)LNG现货全年均价每百万英热单位分别为3.16美元、8.05美元;而东北亚地区LNG进口均价为9.41美元,美、欧、亚三地市场价格比为1∶2.5∶3。[3]

由此可见,中日在国际能源市场上处于不利位置,长期受到能源价格不公以及价格波动的困扰。不仅造成国民收入的损失,加重经济运行的

---

① 祁景滢:《中国的能源安保与中日关系新忧思》,载中国社会科学研究会编:《21世纪东亚格局下的中国和日本》,社会科学文献出版社2006年版,第134页。

② 《亚洲实力增强　石油“亚洲溢价”将成历史》,人民网,http://energy.people.com.cn/GB/11764635.html。

③ 《天然气“亚洲溢价”是什么?》,《中国能源报》,https://www.xianjichina.com/news/details_120329.html。

成本负担,还会削弱本国产业的国际竞争力,带来输入性通胀压力,影响两国经济平稳增长。中石油在 2007 年就曾明确表示愿与日本能源巨头携手应对"亚洲溢价"。①通过统一协调的能源战略体系,形成整体的协商和

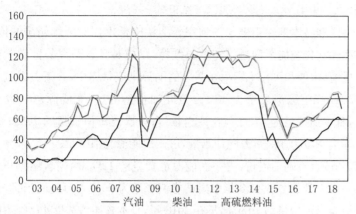

图 3　国际成品油价格波动

资料来源:《英国石油公司(BP)世界能源统计年鉴 2018》。②

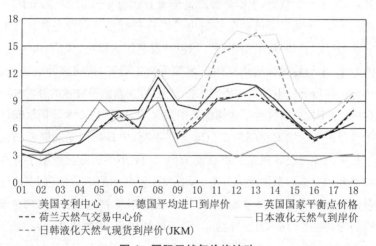

图 4　国际天然气价格波动

资料来源:《英国石油公司(BP)世界能源统计年鉴 2018》。②

① 高世宪:《中国—东北亚区域能源合作战略》,中国经济出版社 2014 年版,第 46 页。

② 2019 年《英国石油公司(BP)世界能源统计年鉴》,英国石油公司(中国),bp.com/statisticalreview。

购买力,加大亚洲国家在能源价格定价方面的国际影响力,共同推动国际能源价格市场化改革,提高国家应对能源价格冲击的能力,保障能源输入国共同的国家利益,是中日展开能源合作的基本出发点。

（五）中日能源结构转型过程中的"共险"

中国和日本都在积极开发利用新能源降低本国对传统能源的依赖,缓解两国在传统能源问题上竞争与摩擦,以应对日益严峻的世界能源形势。核能、水能和可再生资源在两国的能源供应整体中,日渐占据重要地位。2017年中国消费量为431百万吨油当量,占一次能源总消费量的14%,日本消费量为47百万吨油当量,占一次能源消费量的10%；2018年中国消费量为482百万吨油当量,占一次能源总消费量的15%,日本消费量为55百万吨油当量,占一次能源消费量的12%,两国新能源利用比率都呈现上升趋势。2018年中国核能消费量为66.6百万吨油当量,占据世界核能总消费量的10.9%,早在2010年,日本核能消费量就已经占能源消费总量的13%,占世界核能总消费量的10.5%。[①]日本全境有5000多个水系,河流多端而急促,水能资源理论蕴藏量达每年1357.50亿千瓦时。[②]中国的水能、核能以及可再生资源也已经具备规模开发的条件。日本不仅启动"光计划"和"新阳光计划",积极开发利用太阳能、风能、水力发电、温差发电、生物技能和地热利用技术等可再生资源,同时还开展潮汐、波浪、地热、垃圾等发电项目的研究工作。但是,在新能源技术的开发和应用过程中,由于技能掌握的不成熟极易引发风险,即便是日本等接触新能源技术较早的发达国家也不可避免地受到影响,中日共同面临能源结构转型过程中的能源技术风险。以核能为例,2011年的福岛核泄漏事件直接将核能利用安全问题推上风口浪尖,造成核能利用的不信任感上升,给世界各国核能的安全利用敲响警钟,日本核能消费量也因此由2010年的66.2百万吨油当量到2012年的4.1百万吨油当量,降幅达93.8%,呈现断崖式下降(见图5)。新能源技术开发利用带来的潜在风险,是中日今后维护能源安全共同面临的重要挑战。

---

① 2019年《英国石油公司(BP)世界能源统计年鉴》,英国石油公司(中国),bp.com/statisticalreview。

② 《中日韩坝工学术交流会简介》,《水利水电快报》2018年9月,第6页。

表3 中国和日本一次能源分燃料消费量(2017—2018)

单位:百万吨油当量 Mtoe

2017 年							
国家(地区)	石油	天然气	煤炭	核能	水电	可再生能源	总计
中国	610.7	206.7	1890.4	56.1	263.6	111.4	3139.0
日本	187.8	100.6	119.9	6.6	17.9	22.4	455.2
亚太地区	1651.3	660.6	2770.8	111.7	373.2	180.2	5748.0
世界总计	4607.0	3141.9	3718.4	597.1	919.9	490.2	13474.6
2018 年							
国家(地区)	石油	天然气	煤炭	核能	水电	可再生能源	总计
中国	641.2	243.3	1906.7	66.6	272.1	143.5	3273.5
日本	182.4	99.5	117.5	11.1	18.3	25.4	454.1
亚太地区	1695.4	709.6	2841.3	125.3	388.9	225.4	5985.8
世界总计	4662.1	3309.4	3772.1	611.3	948.8	561.3	13864.9

资料来源:作者根据《英国石油公司(BP)世界能源统计年鉴 2018》整理。①

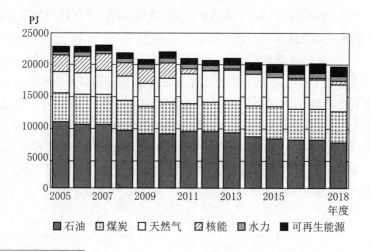

① 2019 年《英国石油公司(BP)世界能源统计年鉴》,英国石油公司(中国),bp.com/statisticalreview。

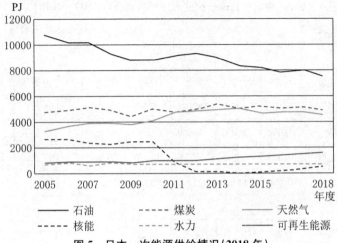

图5　日本一次能源供给情况（2018 年）

资料来源：日本经济产业省平成三十年度（2018 年）能源供需实绩。①

二、中日能源安全合作体系层次分析

随着能源安全问题全球化，中日能源安全合作不仅仅在双边范围内，而是全球、地区、双边层面承担着能源安全的脆弱性、外在性与风险，培植出不同程度的集体认同。

（一）全球层面的合作

在全球化时代，能源安全也具有全球属性，这使得开展全球能源安全合作成为解决中日能源问题的重要路径之一。中日通过国际能源署（IEA）、《能源宪章条约》（IEC）、国际可再生能源机构（IRENA）、国际能源论坛（IEF）等国际组织提供能源领域交流与合作的平台，加强各国间、国家与企业间、企业间的能源对话，以维持能源安全稳定为共同目标，分享能源研究的知识和技术。

---

① 平成 30 年度（2018 年度）エネルギー需給実績（確報）（令和 2 年 4 月 14 日公表）（2020 年 4 月 14 日），日本经济产业省，https://www.enecho.meti.go.jp/。

1. 中日在国际能源署框架下的合作

国际能源署(International Energy Agency，IEA)诞生于第一次石油危机期间，1974年成立。组织机构包括理事会、管理委员会、常设小组和秘书处。日本是IEA 16个创始成员国之一，积极参与IEA活动，所占份额仅次于美国，2019年为13.415%。截至2018年11月，在IEA的176名正式雇员中，有10名是日本人。①国际能源署最初于2012年提出建立联盟的倡议，邀请中国等七个伙伴国加入，2013年发布关于启动建立联盟磋商的多边联合声明。2015年，中国正式与IEA建立联盟关系，成为国际能源署联盟国。②

各成员国签署《国际能源纲领协定》，建立并规定石油应急储备反应体系的详细标准，IEA石油进口国必须保证90天的石油需求储备量。《国际能源纲领协定》第27—31条还规定了国际能源应急信息共享机制，成员国需定期向秘书处报告各国石油公司的所有经营情况，供理事会决策时参考。IEA对于中日能源安全至关重要，作为一个能源知识库和一个交换意见的国际性平台，每4至5年针对特定国家、地区的详细审查提出政策建议，不仅对中日能源政策具有重要的参考性，帮助两国准备和应对油气供应中断和市场分析等紧急情况，而且在中长期供需前景、能源多元化、能源技术与发展合作、电源安全、节能研究与推广、相互审查成员国的能源政策等领域积极开展活动。

2. 中日通过《能源宪章条约》展开合作

《能源宪章条约》(International Energy Charter，IEC)。IEC是一个国际性开放式的多边能源协定，也是一个推动能源多边合作的国际性组织，致力于加强能源生产国与消费国间、国家与企业间、企业之间多维度对话。条约的主要目的是为了建立一个法律框架来促进长期的能源合作，主要内容涉及保护和促进国际投资、贸易、过境运输、争端解决程序等方面，③确立了中日在国际法律框架内促进长期能源合作的权威性、合法性和有效性。日本是IEC五十二个成员国之一，1995年6月签署该条约，

---

① 国際エネルギー機関(IEA，International Energy Agency)の概要，日本外务省，https://www.mofa.go.jp/mofaj/gaiko/energy/iea/iea.html。

② 国际能源署：《欢迎中国成为国际能源署联盟国》，人民网，http://world.people.com.cn/n/2015/1119/c1002-27830904.html。

③ 国家发展计划委员会编：《能源宪章条约》，中国电力出版社2000年版，第3页。

并于 2002 年 7 月获得国会的批准，①为进一步改善日本公司的投资环境，并为吸引投资国吸引优秀外国投资创造条件提供重要的法律基础。中国于 2001 年 12 月受邀成为 19 个观察员国之一。2015 年 6 月，在能源宪章部长级会议上，中国签署新的 IEC 宣言，标志着中国由受邀观察员国变为签约观察员国，在国际能源治理的道路上迈出了新的一步。②

"能源宪章大会"定期为成员国提供交流和合作的平台，当有关各国在能源的投资、生产及运输领域发生争端时，将通过该大会进行磋商和协调。③该条约规定，调停过境运输争端的 16 个月内，过境国家不得为了满足本国的要求而干扰国境运输。如果隶属于某缔约方的外国投资者认为东道国政府没有完全履行投资保护条款规定的责任，投资者可以在东道国政府无条件同意下，按照以前协商同意的解决争端的程序，选择将争端提交仲裁法庭或者国际仲裁机构。④

3. 中日在国际可再生能源机构框架内的沟通性合作

国际可再生能源机构（International Renewable Energy Agency，IRENA）于 2009 年 1 月正式成立。自 IRENA 成立以来，日本就作为理事国积极支持参加 IRENA 活动，担任 2015 年 1 月举行的 IRENA 第五次全体会议主席，份额仅次于美国 2019 年为 10.923%，IRENA 约 90 名员工中，有 3 名是日本籍（截至 2019 年 8 月）。⑤2018 年日本自愿捐款支持可再生能源和氢能（技术和经济）研究的实施。在日本的支持下，IRENA 在 2018 年 1 月举行的 2018 年世界未来能源峰会（WFES）上组织了一个研讨会，日本介绍了使福岛县成为可预见未来新能源社会的典范创造基地的努力，同时传达了正在迅速重建的福岛状况。中国在 2013 年 IRENA 第三次全体会议上宣布加入该组织。⑥2019 年第九届 IRENA 会议发表《新

---

① 「国際エネルギー憲章」の署名，日本外务省，https://www.mofa.go.jp/mofaj/press/release/press4_002144.html。
② 《中国签署新的〈国际能源宪章宣言〉》，新华网，http://www.xinhuanet.com/politics/2015-06/02/c_127869549.htm。
③ 李霞：《东北亚区域能源安全与能源合作研究》，吉林大学 2012 年博士学位论文。
④ 罗英杰：《国际能源安全与能源外交》，北京：时事出版社 2013 年版，第 79 页。
⑤ 国際再生可能エネルギー機関（IRENA：International Renewable Energy Agency）の概要，日本外务省，https://www.mofa.go.jp/mofaj/gaiko/energy/irena/gaiyo.html。
⑥ 《中国加入国际可再生能源机构 IRENA》，中国新能源网，http://www.china-nengyuan.com/news/43202.html。

世界》的报告指出，中国已经在这场可再生能源竞赛中率先成为世界上最大的太阳能电池板、风力涡轮机、电池和电动汽车生产国、出口国和安装商，并因此提高了其地缘政治地位。①IRENA 为促进中日两国可再生能源（太阳能、风能、生物质能、地热能、水力发电、海洋利用等）的可持续利用，分享世界性可再生能源研究的知识和技术提供重要平台。

4. 中日在国际能源论坛的对话性合作

国际能源论坛（International Energy Forum，IEF）。国际能源论坛是世界主要石油生产国和消费国的能源部长和国际能源署（IEA）、石油输出国组织（OPEC）等国际机构代表共同参与的重要的"产消对话"合作平台。中日既是 IEF 正式成员国，又是理事会常任理事国。2002 年的第八次"国际能源论坛"上，中日韩和东盟十国发表了名为《中日韩与东盟国家间的能源合作》的联合声明，主要涉及提高天然气利用能力、建立能源应急网络、建设更加完备的石油储备等方面。②中国于 2020 年主办第 17 届国家能源论坛部长级会议。③

此外，G20 首脑峰会虽然是全球应对全球金融危机而成立，但现在也成为全球能源安全合作对话的平台。其数据缺口倡议建立起中日能源交流信息共享机制。这一系列全球性能源安全合作机制，为中日两国能源国际安全合作奠定了身份认同基础，并通过国际组织之间的交流对话以及全球性能源安全机制发挥实际作用。

（二）地区层面的合作

由于地理、文化、宗教、风俗等方面的相似性和共通性，地区能源合作更具现实性和可操作性，更易协调各方利益从而达成共识，④具有典型的多边能源合作特点。亚太地区的能源合作成为中日在能源合作发展的重

---

① 《第九届 IRENA 大会中国成为主席国，可再生能源技术降本推动全球能源结构转型》，国际可再生能源署，http://chuneng.bjx.com.cn/news/20190115/956682.shtml。

② Barry Barton. Energy Security：Managing Risk in a Dynamic Legal and Regulatory Environment，Cambridge：Oxford University Press，2004：426—427.转引自姚莹、焦杨：《东北亚能源合作法律机制研究》，《长春市委党校学报》2012 年第 4 期，第 50 页。

③ 《中国将主办第 17 届国际能源论坛部长级会议》，国家能源局，http://www.nea.gov.cn/2018-04/25/c_137136089.htm。

④ 李天籽、李霞：《东北亚区域能源安全与能源合作》，社会科学文献出版社 2014 年版，第 43 页。

要动力。

1. 东盟与中日韩(10＋3)框架内的中日能源安全合作

东盟(ASEAN)是亚洲最紧密的区域经济组织,也是东亚重要的能源产区,近年来成为中日能源合作的基础平台。2003 年,东盟与中日韩能源部长会议机制和亚洲能源合作工作组正式启动。其中,能源部长会议每年召开一次,由东盟成员国轮流主办,中国和日本于 2004 年 6 月加入该会议机制,共同构筑"亚洲·能源·伙伴关系"。东盟与中日韩能源合作的具体运作机构是能源高官会,在高官会下设有能源安全、石油市场、石油储备、天然气、可再生能源与能效五个论坛。[1]2011 年日本核泄漏事件后,同年 9 月第八次东盟与中日韩能源部长会议召开,认为由于日本核泄漏的不利影响,本地区能源安全面临高度的不确定性,并就加强新能源和可再生能源开发保护利用、提升煤炭利用率以及天然气合作方面达成多项共识。日本提出、由东亚-东盟经济研究中心(ERIA)编写的"EAS 中期能源政策研究路线图"于 2015 年通过,根据该路线图,将与各国(主要是 ERIA)的能源研究人员合作,加强能源政策研究。2016 年,日本提出、东亚—东盟经济研究中心(ERIA)实施的"关于在亚洲促进天然气使用的政策选择调查"的报告显示,截至 2030 年,天然气增长将是目前的两倍以上,需要在 LNG 领域投资超过 800 亿美元。[2]"东盟与中日韩清洁能源圆桌对话",作为区域清洁能源政策规划合作的长效平台,每年召开一届,是 10＋3 框架下首次由中方倡议主导的合作机制,实现了中国由参与到引领的跨越。[3]2019 年 9 月,日本提出在 10＋3 框架下,启动 CEFIA(Cleaner Energy Future Initiative for ASEAN:东盟清洁能源未来倡议)。[4]2019 年 11 月,第二十二届东盟与中日韩领导人会议上确定了能源转型对实现能源安全,经济效率,环境和安全的重要性。日本将通过促进氢和碳循环利用等

① 《东盟与中日韩能源部长会议:加强能源领域的合作》,中国政府网,http://www.gov.cn/jrzg/2009-07/30/content_1379058.htm。

② ASEAN＋3 及び东アジアサミットのエネルギー大臣会合が开催されました,日本产业经济省,https://www.meti.go.jp/press/2017/09/20170928004/20170928004.html。

③ 《第一届"东盟＋3 清洁能源政策圆桌对话"在新加坡召开》,中国水利水电规划设计总院,http://www.creei.cn/portal/article/index/id/23519/cid/3.html。

④ ASEAN＋3 及び东アジアサミットのエネルギー大臣会合が开催されました,日本产业经济省,https://www.meti.go.jp/press/2019/09/20190906003/20190906003.html。

创新,促进国际合作,创造环境与增长的良性循环。

2. 亚太经济合作组织框架内的中日能源安全合作

首先,确立 APEC 能源部长会议机制,进行更高层次的能源政策对话。能源部长会议已举行 12 届,中日两国作为该会议的承办国,为构建亚太地区能源安全系统提出了多项建设性能源安全合作建议。APEC 能源部长会议机制在能源供需前景预测、能源多样化、促进低碳能源的利用方面达成共识,促进亚太地区可持续能源的合作发展。主要包含以下内容:

(1)根据亚太能源研究中心(APERC)编制的地区能源供需前景预测,完善成员国能源结构从而克服能源供需结构的不足,促进节能工作,维护协调地区能源政策,确认各国长期能源合作愿景。

(2)确认能源多样化的重要性,以亚太经合组织区域核电作用的核框架文件以及氢、燃料电池能力建设、标准和标准等领域的临时合作框架文件为基础,促进成员国开展合作。

(3)为了实现长期的市场稳定,邀请国际能源署、石油输出国组织参加会议,加强国际组织之间的合作对话,促进对炼油设施等下游部门的投资。

(4)使用低碳排放能源,向低碳经济转化。通过促进页岩气等非常规天然气资源的开发利用增加天然气的生产和贸易比例,将安全有效地使用清洁高质量的核能作为基础负荷动力源,使用核能之外的碳捕集与封存(CCUS)、煤气化联合循环发电等低碳排放能源新技术,从而向低碳经济过渡。此外,开发和推广替代运输燃料,成立生物燃料特别工作组。预计到 2030 年,APEC 的能源结构中可再生能源比例应比 2010 年翻一番。

(5)建立能源效率同行评审(PREE)系统,促进能源贸易,扩大能源投资研究,并举办圆桌会议。通过重新设定能效目标,开展能效专家评审和效率设计合作,统一耗能设备的节能性标准,促进清洁煤技术和智能电网推广,进一步提高能源效率。

其次,APEC 成立能源工作组(EWG),旨在同时实现经济增长、能源安全和环境保护,为亚太地区经济与社会的发展提供支持,同时减轻能源供应对环境的冲击。其主要内容是各成员根据资源原则,提供彼此的能源政策与规划重点,分享彼此的资源供求资料,探讨区域能源政策影响及其他相关问题。工作组通过政府、专家学者、企业共同参与,为各成员提供合作平台。近年来,工作组对 APEC 十个经济体进行了能源效率同行评审,即评估经济体的政策实施状况并提出改进建议,在五个经济体可再生能源等低碳能源展开低碳能源同行评审。

3. 东亚峰会(EAS)框架内的中日能源安全合作

东亚峰会在加强能源合作,控制能源价格波动,提高能源效率方面为中日能源合作提供平台。2007 年第二届东亚峰会,各国签署《东亚能源安全宿务宣言》,设定节能目标和行动计划,表示要促进生物燃料的使用,在东亚峰会框架下建立能源部长会议机制,成立能源合作工作组。2008 年,能源合作工作组成立,工作组以《宿务宣言》为基础,在节能、生物燃料和能源市场整合领域展开合作。同年,第一届 EAS 能源部长会议的召开,标志着 EAS 能源部长会议机制正式成立。在 EAS 会议机制下,中日两国主要在以下四个方面展开能源合作计划:(1)推进节能。通过互派专家促进每个国家制定节能计划和开发系统。日本在节能领域积极利用日元贷款和国际协力银行(JBIC)投资融资,建立"亚洲节能合作中心"作为获取节能信息的单一联络点。(2)促进生物质能的发展。设立"亚洲生物质能研究部"进行生物燃料生产和标准的联合研究,培养生物质领域的专家,同时举办有关该领域的政策和技术实践的研讨会。为了顺利推进上述生物质能合作,成立"亚洲生物质能合作促进办公室"。(3)清洁煤炭利用。积极开展有关清洁煤的技术合作,建立"煤炭液化支援中心",以促进清洁煤炭商业化并培养专家。(4)消除能源贫困。通过能源相关 ODA 和 JBIC 的投资与 EAS 各国展开金融技术合作,包括电力设施维护、农村电气化等方面。通过该合作计划,中日两国的研究机构在节能领域展开合作,共同培养能源领域相关人才。

4. 中日韩框架下的能源合作

2008 年至 2020 年,中日韩三国领导人共举行了八次领导人会议。目前,中国与日本、韩国的能源合作基本上是以多边合作为主要形式、以新能源应用和节能减排为主要切入点,以三国业已形成的多边合作机制为框架进行的。通过中日韩领导人会议机制,在能源安全合作方面,中日签署了《通过加强可再生能源和能源效率合作实现可持续增长》《核安全合作》等附件。其中,《通过加强可再生能源和能源效率合作实现可持续增长》文件表示,必要通过引入可再生能源和提高能源效率来促进可持续增长,同时解决气候变化和自然资源的制约问题,以共同但有不同的责任和国家能力的原则实现环境保护和经济可持续增长。三国通过传播低碳技术和产品,更有效、全面地实现可持续增长,适当评估合作的有效性和效率;致力于通过现有的国际框架,如清洁能源部长级会议、亚太经合组织(APEC)和国际能效合作伙伴关系组织(IPEEC),在全球范围促进能源政策和计划的实施,以改善可再生能源技术和能源效率;科学技术合作方面将在日本举行绿色技术论坛,旨在分享基础研究成果,并在从业者和科学家之间建立紧密的网络,共享能源知识和信息合作。①

在核安全方面,《核安全合作》确认了"安全第一"核能发展原则,决定在以下三个方面就核安全开展合作:一是促进专家之间的磋商,讨论安全法规、应急准备、应急措施和其他核安全问题,以加强针对自然灾害的核发电安全,充分利用高级监管机构会议作为切实可行的具体合作框架,例如 2008 年 9 月建立的中日韩核安全监管方会议。二是加强信息共享合作,建立紧急情况下的早期通报框架,在发生核事故时立即交换有关气流轨迹分析和预测的信息。三是重申对核安全国际合作的支持,以及国际原子能机构(IAEA)在这方面的领导作用。②

此外,三国建立起共享核安全信息的新制度。在福岛核危机的冲击下,在日本东京召开第四次中日韩核安全监管高官会,三国一致同意在事故信息共享、核电站安全技术研究以及应对地震、海啸等导致的重大事故方面保持密切沟通,会议签署《中日韩核安全合作倡议书》。该《倡议书》涉及 10 个方面的内容,包括一国在发生一定规模的核电站事故后通报另外两国,以及日本应向中韩两国共享其正在进行的核电站耐性测试相关信息等内容。③

（三）双边层次的合作

1. 中日立法保障两国能源的多元发展和区域合作

2006 年,日本经济产业省出台的《新国家能源战略》全面反映了日本

---

① 再生可能エネルギー及びエネルギー効率の推進による持続可能な成長に向けた協力,日本外务省,https://www.mofa.go.jp/mofaj/area/jck/summit2011/energy.html。

② 原子力安全协力,日本外务省,https://www.mofa.go.jp/mofaj/area/jck/summit2011/nuclear_safety.html。

③ 《中日韩就交换核电站安全情报达成一致》,商务部网站,http://fukuoka.mofcom.gov.cn/article/jmxw/201111/20111107856215.shtml。

中长期能源发展方向,该战略的核心思想是实现能源安全,为国民经济提供安全保障,同时解决能源和环境问题为可持续增长奠定基础,为亚洲及世界克服能源问题做出积极贡献①,设定节能目标、减少石油依赖度、减少运输部门对石油的依赖、核发电和海外资源开发五个数值目标。为实现以上目标,日本政府制定了"节能先锋计划""次世代能源运输计划""新能源创新计划""国家核电计划"。日本经济产业省发表的各年度能源白皮书中,都反复强调多边和双边能源合作的战略意义,通过双边合作加强与亚洲国家合作,利用多边国际能源框架来确保稳定的能源供应。2007 年,中国国家能源小组办公室授权向社会公布《能源法》(征求意见稿)。2007 年10 月十届全国人大常委会表决通过的新版《节约能源法》在法律层面将节约资源确定为中国的"基本国策"。②中国积极制定完善《中外合资经营企业法》、《外资企业法》和《对外合作开采海洋石油资源条例》等对外开放的法规政策,依法保护参与合作开采外商的合法权益,为外商企业国际能源合作投资营造公平开放的环境并提供法律和制度保障。中国和日本同为能源需求大国,仅凭一国之力无法维护本国的能源安全,只有通过能源合作机制才能保持能源安全供应和利用的稳定性。

2. 中日政府间能源合作对话机制

能源对话是政府间就能源问题展开的专题高层会晤,对增进了解和互信,探索解决事关双方利益的重大能源问题有着重要的意义。③首先,中日建立了部长级能源政策高级别对话机制,推动双方能源合作。双方共同签署的《关于加强中日在能源领域合作的联合声明》表示,日本拥有世界上最先进的节能技术,能源使用效率处于世界最高水平,中国则把节能作为能源安全、经济发展和环境保护的基本政策,为中日两国节能减排的合作奠定了基础。其次,设立中日节能环境综合论坛作为中日能源领域交流与合作的平台,由中国国家发展改革委、商务部、中国驻日本大使馆与日本经济产业省、日中经济协会共同举办。为推动论坛产生实效,相关业界团体和企业组成中日节能环境产业推进协议会(JC-BASE)。中日节

---

① 经済産業省:《新国家エネルギー戦略》,日本经济产业省 2006 年版,第 15—19 页。
② 全国人民代表大会常务委员会:《中华人民共和国节约能源法》(2007 年修订),2007 年 10 月 28 日。
③ 罗英杰:《国际能源安全与能源外交》,时事出版社 2013 年版,第 221 页。

能环境综合论坛已举办13届,累计签署近386个合作项目。中日节能与环境综合论坛为两国政府、企业、研究机构在节能技术与提高能源利用效率领域的合作提供了重要平台。

3. 中日两国在节能技术与提高能源利用效率方面的合作

一方面,通过中日官方交流确立节能环保技术交流的重要性。2006年,中日两国签署《关于推进中日两国在节能领域合作的意向书》,提出加强双方在节能领域的交流与合作,重点是建立节能政策对话机制,开展节能人才培训。2016年,第十届中日节能与环境综合论坛上,两国签署《进一步深化中日在节能与环境领域的合作备忘录》,内容包括继续支持举办该论坛,促进两国公司与研究机构之间的进一步合作以及加强对绿色发展的人力资源培训。

另一方面,通过非官方机构和企业展开节能合作。中国钢铁研究总院与日本JICA共同实施冶金燃烧环保与节能技术项目,日方向中国派遣专家、提供设备材料以及接收中方进修人员。双方以设置于钢铁研究总院中的冶金燃烧环保节能技术中心为依托,开展提高改善燃烧技术的能力、掌握废气处理技术、掌握工厂燃烧、环境诊断技术以及进行冶金燃烧环保与节能技术的普及活动,使中国钢铁工业的节能环保技术水平得到提升。[1]此外,煤炭CCS(二氧化碳的回收和储藏)-EOR(石油增进回收方式)日渐成为能源环境合作新方式,中日间的CCS-EOR合作有:日本煤炭火力发电所提出回收二氧化碳用于石油增进回收的实证研究;实施场所为大庆油田和哈尔滨等煤炭火力发电厂;实施者为日本地球环境产业技术研究机构(RITE)、日挥、丰田汽车等,中国石油天然气股份有限公司;效果为原油增产150万—200万 t/年(3—4桶/日)、二氧化碳削减300万—400万 t/年。[2]

4. "一带一路"倡议下,中日能源与"第三国市场"的合作

2007年4月12日,中国石油天然气集团与新日本石油公司就开采海外石油及天然气资源以及在其他领域展开合作签订了一份长期性的谅解

① 张季风、吕丹:《中日在能源与节能领域的合作》,载张季风主编:《中日友好交流三十年(1978—2008)》经济卷,社会科学文献出版社2008年版,第346页。
② ポスト京都向け初の日中共同声明・東シナ海も前進、今後は? エネルギーと環境,2008年第5期,第15页。

备忘录。第三国市场合作是一带一路中日合作的基本形态。①2016 年,中法合作在英国建造核电站的例子,拉开了一带一路政策下中日第三国市场合作的序幕,标志着中国正在与发达国家建立平等的市场伙伴关系。2018 年 10 月,在北京召开第一届中日第三方市场合作论坛,签订了 52项第三国的合作项目协议。11 月,在北京召开的中日节能环保综合论坛上,两国关于第三国市场在能源领域的发展达成共识。能源领域作为第三国市场的合作重点,专注于以下第三国市场的基础设施建设、可再生能源、智能制造和物流以及金融等 52 个部分,投资金额大约在 2 万亿日元。伊藤忠商事株式会社与中国中信集团将共同投资"欧洲的可再生能源和下一代电力业务";丸红与中国光化协会将组成"第三国市场光伏发电领域的合作伙伴";三菱商事株式会社和中国建材集团将筹备"第三国基础设施建设和清洁能源综合项目开发战略联合磋商";横滨城市技术合作促进组织(YUSA)、江苏嘉诚建设管理有限公司和泰国 AMATA 公司就泰国工业园中智慧城市的发展签署了关于三公司协议的谅解备忘录。此外,JGC 和中国出口信用保险,电力发展和华军电力控股,东芝和中国电力建设集团分别在第三国市场签署了合作协议和备忘录。2019年 12 月 23 日,习近平主席在人民大会堂会见日本首相安倍晋三,特别指出双方要拓展务实合作,推进高质量共建"一带一路"和中日第三方市场合作。②

表 4　第一届中日第三国市场合作论坛上签署的《能源与环境领域谅解备忘录》(部分)③

中　国	日　本	文书名
中国石油化工集团有限公司	瑞穗金融集团有限公司	中国石油化工集团有限公司和瑞穗金融集团有限公司加强合作关系备忘录

① 国立研究開発法人科学技術振興機構中国総合研究・さくらサイエンスセンター編集:《一帯一路の現況分析と戦略展望》,東京:国際アジア共同体学会 2019 年版,第 56 頁。
② 《习近平会见日本首相安倍晋三》,新华社,http://world.chinadaily.com.cn/a/201912/23/WS5e00c91da31099ab995f3368.html。
③ 国立研究開発法人科学技術振興機構中国総合研究・さくらサイエンスセンター編集:《一帯一路の現況分析と戦略展望》,2019 年版,第 144 頁。

中　国	日　本	文书名
中国光伏行业协会	丸红株式会社	第三国市场中光伏发电领域的合作伙伴关系
中石化炼化工程股份有限公司	丸红株式会社	第三国市场的战略全面合作协议
中国电力建设集团有限公司	株式会社东芝	增加国际商机的战略合作协议
新中水（南京）再生资源投资有限公司	株式会社日立制作所、日立租赁（中国）有限公司	与第三国的节能、环境和废物发电等项目的合作
中国华电集团清洁能源有限公司	JERA燃料动力有限公司	关于第三国能源基础设施项目合作的协议备忘录
华润电力控股有限公司	电源开发株式会社	建立战略伙伴关系的框架协议
中国石油化工集团有限公司	JXTG能源株式会社	JXTG能源有限公司和中国石化集团的谅解备忘录

资料来源：日本经济产业省首届中日第三国市场论坛合作备忘录。①

　　综上所述，中日能源安全合作是两国合作的重要领域，已经形成全球、地区、双边的中日多重能源安全机制，在全球、地区、双边层面研究中日两国化石燃料、可再生能源资源等能源安全，以促使两国面临能源安全问题和竞争时不以损害对方利益来确保本国能源的获取，通过关注能源安全的多层面机制化合作路径，推动两国不仅考虑国家层面的能源安全问题，更多以国际合作的方式来加强能源安全合作。

三、影响中日能源安全合作的主要因素

　　从中日能源安全合作的体系层次现状分析，可以得知两国能源安全

---

　　① 第1回日中第三国市場協力フォーラム開催にあわせて締結された協力覚書，日本经济产业省，https://www.meti.go.jp/press/2018/10/20181026010/20181026010.html。

合作成果丰富,但依旧存在着一些冲突制约因素。

(一)中日战略互信的缺失

中日在传统安全领域始终存在结构性矛盾,钓鱼岛归属、东海专属经济区划界等问题上的重大分歧,对主权问题的敏感性使中日能源安全领域的合作屡次触礁,很难产生积极的认知和共同战略利益,从而导致两国的战略互信度严重不足。① 日本对历史问题的态度以及历史问题的"安全化",也是造成中日能源合作"遇冷"的直接原因,不利于构建中日能源安全合作的国民感情基础。日本虽然在地理上邻近中国,合作对两国能源领域的发展大有可为,但是域外一些政治家和企业家担心中国在全球寻找资源和能源会威胁本国的能源供应,中国在印度洋、南中国海和台湾海峡的军事能源展现将可能控制日本的能源"生命线",渲染"中国威胁论"在政治上刺激防范中国,认为中国经济的崛起会加剧双方能源纠纷,在经济命脉的能源问题上不能让步。

总之,在中日互信机制的构建中,日本受制于域外因素以及对中国的防范,中国受制于快速的发展引起其他国家对地区经济"零和"竞争的担忧。而且,双方传统性安全结构的摩擦和历史问题的影响,致使两国政治战略互信的严重缺失,导致双边关系时有波动,民间友好和相互认同不足,削弱了能源安全合作的政治意愿和行动力,从而导致中日缺乏能源安全领域必要的政策沟通与协调,且短期内很难得到根本改变,无疑对中日能源安全合作制度化水平的提升以及合作效率构成重大的挑战。

(二)中日能源供应地区的安全性风险

无论是中东、中亚地区还是中日海上运输通道,都面临着内忧外患的安全性风险。恐怖主义、极端主义、分裂主义等三股势力以及贩毒、走私等跨国境犯罪在这些地区滋生肆虐。中东地区动乱逼近主要产油区,威胁中日能源供应安全。动乱的隐隐错综辅助,既有国内经济、政治、宗教民族等内部矛盾,也有西方国家干预的外部因素。中亚接邻阿富汗、巴基斯坦、克什米尔,与阿拉伯半岛和中东地区相望,成为国际恐怖主义渗透和威胁尤其严重的地区。当地吸毒人员的犯罪活动,也给中日两国在中亚地区

---

① 魏志江:《中日韩三国的战略信赖度分析》,《东疆学刊》2011 年第 1 期,第 10—19 页。

的能源设施构成安全隐患。非洲地区由于一些资源国法律不健全,受资源民族主义的影响,在产量分配和服务报酬等方面很难达成合作共识。以上这些地区的安全性因素阻碍着中日能源安全合作进一步发展。

(三)中日能源政策趋同性背景下的能源竞争

20世纪70年代的石油危机增强了日本对依赖外国能源脆弱性的认识。之后,日本制定了非常成功的区域能源供给多元化战略。与此同时,中国的能源脆弱性不断上升,出于自身能源安全的考虑,避免过分依赖中东地区的石油进口与美国发生冲突,中国进一步加强国内资源勘测和开发的同时,在全球范围寻求新的合作。中国和日本均属能源进口方,又都属于能源进口和消费大国,在能源领域保持紧密的沟通与协调不仅符合双方的利益,也使维护世界能源市场稳定的需要。但是,由于双方都将对海外能源利益的追求置于国家和地区的战略高度,在对中东和俄罗斯等的能源外交中,经常因谋取利益的态度和方式有所不同而引发争论,最后甚至上升为政治分歧。①而且,同为石油和天然进口大国的中国和日本,都采取了相似的能源分散多元化战略,能源政策的"撞型"导致中日之间在俄罗斯输油管道、中亚地区、东海油田开发问题上的竞争更加激烈。

1. 俄罗斯东西伯利亚输油管线之争

俄罗斯能源储量丰富,是地区能源互相依赖角色中,依赖性较小的一方。俄罗斯利用这种非对称性依赖的优势地位,最大限度地追求和实现自己的国家利益,在一定程度上为中日能源合作带来了一定的变数及挑战。由此,中日两国围绕俄罗斯能源出口展开了激烈的争夺。例如,本来很顺畅的中俄能源合作由于日本的突然介入而在瞬间复杂化,并最终导致这项中俄间历时十年谈判的"安大线"项目流产。日本对华的这种竞争性思维和行为,结果就是中日两国的双输。俄罗斯在西伯利亚石油管线建设问题上凭借其能源供应国的优势地位,久拖不决,以石油供应为筹码,挑起中日能源竞争以获取更大利益。保罗·罗伯茨(Paul Roberts)在《华盛顿邮报》上发表题为《石油末日》的文章,称中日关于俄罗斯西伯利亚

---

① 中国社会科学院欧洲研究所、中国欧洲学会编:《欧盟的国际危机管理:2006—2007欧洲发展报告》,中国社会科学出版社2007年版,第103页。参考书中对中欧能源关系的叙述。

油田之争,是"未经宣战的石油战争",对不容乐观的双边关系来讲更是雪上加霜。①

2. 东海油田之争

中日两国之间引起争议最大的就是春晓油田。春晓天然气田位于浙江宁波市东南 350 公里的东海西湖凹陷区域内,总面积达 2200 平方公里,估计蕴藏的石油和天然气达 70 多亿吨。按照《联合国海洋法公约》第七十六条第五款的规定,东海大陆架是中国大陆在水下的自然延伸,大陆架所埋藏的油气资源是中国主权管辖下可由中国自由勘探、开采和利用的资源。日本以专属经济区的方式自我划定中间线,企图染指中国的油气资源。②为避免进一步冲突,中方提出"搁置争议,共同开发"的政策主张,先在没有争议的海域勘探和开发,然后共同开发有争议地区的方案。日方却依旧态度强硬,拒绝中国方案,理由是"春晓"气田一带属日本专有经济海域,蕴藏的石油和天然气有被中国吸过去的危险。与此同时,日本加快推动民间企业对东海油气的开采。中国不仅对日本擅自划分的专属经济区从来没有承认过,争议海域实为中方专属经济区,而且"春晓"距离中间线有 5 公里之遥,附近地壳构造"日低中高",不存在日本所臆想之现象。③经过数轮谈判,中日双方虽同意合作开发,但在出资比例、利益分配等问题上未能达成共识。之后又因为日本非法扣押钓鱼岛中国渔船和船长,谈判再次被搁置。

3. 中亚地区的能源竞争

中亚丰富的能源资源是吸引中日两国进入该地区的重要驱动力。中国与中亚各国在能源合作上,取得了显著的进展。第一,中国与中亚在油气输送管道领域的合作项目建设上取得了显著成果。例如,中哈原油管道项目、中国—乌兹别克斯坦天然气管道建设协议、中国—土库曼斯坦政府关于实施天然气管道项目和土对华出售天然气的总体协议等。第二,中国与中亚国家通过"以援助和贷款换油气"的新型模式实现能源合作。

---

① 《华盛顿邮报》2004 年 6 月 28 日。

② 张季风:《震后日本能源战略调整及其对我国能源安全的影响》,《东北亚论坛》2012 年第 6 期,第 10—17 页。

③ 祁景滢:《中国的能源安保与中日关系新忧思》,载中国社会科学研究会编著:《21 世纪东亚格局下的中国和日本》,社会科学文献出版社 2007 年版,第 130—169 页。

例如,中国的贷款及时有效地化解了安哥拉国际资源能源进出口价格波动对其政府和企业的风险。第三,中国与中亚国家还积极地在油气之外的能源领域开展合作。除了石油,哈萨克斯坦和中国将在铀领域和发电领域签署合作协议。①中国有望开发哈萨克斯坦的 Semis bay 铀矿。2008年11月,哈萨克斯坦 Kazatomprom 铀公司曾对外宣称,哈萨克斯坦和中国已同意合作开采铀矿并在哈萨克斯坦把铀加工成核燃料。②相比之下,日本在参与中亚的能源开发上效果一般,上海合作组织的成立和发展在客观上刺激了日本加大对中亚的外交力度。日本不愿意看到中国逐渐掌握中亚能源开发、运输与贸易的部分主导权,因此日本也积极参与该地区的油气资源争夺战,建立了"中亚 + 日本"对话机制。一方面,积极参与中亚国家的投资,在中亚国家对外资公开招标的油气田开发项目和管道基建项目中都能看到日本的身影。另一方面,日本还开展经济援助,用于帮助中亚各国的铁路、公路、电力等基础设施建设,例如实施了乌布哈拉炼油厂、舒尔坦天然气化工综合体建设项目,对费尔干纳炼油厂进行现代化改造,使乌兹别克斯坦的油气加工能力大大提高。③日本成为哈萨克斯坦、吉尔吉斯斯坦、乌兹别克斯坦最大的援助国家。日本为了与中亚国家建立密切的能源关系的种种作为,根本目的是将中亚培育成日本能源进口的新基地,削弱中国在中亚地区的影响力。

四、"共享安全"范式下的中日能源安全合作对策

"共享安全"原则建立在国家间安全的普遍性基础上,共同认知安全威胁、共同建构安全框架、共同享有安全利益,它不仅具有充分的历史哲学和政治思想的渊源,而且也具有东亚传统的以及新中国成立后外交实践的基础。"共享安全"体现了国家间不冲突、不对抗、相互尊重、良性互

① 戴轶尘:《日本的中亚外交政策及其与上海合作组织的关系》,载上海社会科学院世界经济与政治研究院编:《能源政治与世界经济新走向》,时事出版社 2010 年版。

② 陈其珏:《中哈两国有望签署更多资源合作协议》,《上海证券报》2009 年 4 月 21 日。

③ 日本对乌贷款、援助及投资情况,驻乌兹别克斯坦使馆经商参处,http://uz.mofcom.gov.cn/article/ddgk/201212/20121208496778.shtml。

动、合作共赢以及兼顾他国的安全关切和合理利益,追求安全环境的"共存"才能实现安全的"共治""共享""共赢"。①因此,在中日能源安全合作中,只有秉持"共享安全"原则,才能实现中日公共卫生安全的"共享"和"共赢"。

(一)树立"共享共建"意识是构建战略互信的关键所在

中日两国由于政治、历史以及领土问题导致战略互信不足,这是中日能源安全合作的主要障碍因素之一。增强战略互信、加强能源安全合作是中日两国需要解决的问题。根据本文的价值基点,即"共享安全"的价值前提是安全行为体对生态环境资源的"共有"、生存条件的"共依"、生存方式的"共存"以及安全的可持续发展。②共享安全的价值前提是以"全球命运共同体"为考量,寻求"共存""共依""共有""共和""共建""共创"的方式。③中日能源安全应当在加强能源安全合作的基础上,进一步实现可持续发展、深化合作内容,同时在与能源安全相关领域中不断加深合作。虽然中国的能源需求已经对日本构成巨大竞争力,但如果两大能源消费国之间的竞争过于激烈,在应对能源输出国集团压力时的选择就会很小,将不利于本国能源战略的执行。双方应减弱能源需求上的相互竞争性,拓展相互间能源开发与利用的领域,加强能源供应和消费的合作,促使相互利益的交汇,扩大共同利益的基础,树立共建共享的意识,进一步确保推进中日两国的能源安全合作内容落实在细节处。

(二)"共建"能源合作信息交流平台

中日应该以国际公认的法律法规为基础,充分利用已有的多边和双边合作机制和资源,最大限度地构建两国合作平台。例如,建立中日能源安全信息交流系统,通过系统化收集、组织、管理分析和传递能源安全数据与信息,促进能源安全的规划、评估、监测和实施,主要用于重大能源安全事故信息共享以及技术研究。中日可以这些数据为参考对能源安全问题进行监控评测,实现早期能源安全通报预警功能。在区域内外能源供

① 魏志江、魏珊,《非传统安全视域下中日公共卫生安全合作及其治理》,《国际展望》2020年第4期,第89页。

② 魏志江:《非传统安全研究中"共享安全"的理论渊源》,《国际安全研究》2015年第3期。

③ 余潇枫:《共享安全:非传统安全研究的中国视域》,《国际安全研究》2014年第1期。

应的过程中加强相互协调,以在应对能源供应国集团时形成合力,深化中日能源务实合作的广度和深度,实现"共享共赢"。

（三）"共创"合作新方式

能源配置的国际化驱使能源消费大国的中日两国,通过国家间合作努力保障本国能源安全。日本于 2004 年 8 月通过"中亚＋日本"倡议,加速对中亚的积极态度,以创建与上海合作组织不同的区域合作平台,但是中亚、日本与上海合作组织之间是可以"共创"新型合作伙伴关系,这是因为上海合作组织的崛起使日本得以在美国、俄罗斯和中国之间扮演关键的中介角色。例如,邀请日本外交大臣出席上海合作组织,与此同时,日本作为美国盟友说服美国不要将上海合作组织推到一个极端的位置,这将损害美日两国的共同利益,从而进一步推动上海合作组织与美国的合作关系。根据《上海合作组织宪章》第十四条,本组织可与其他国家和国际组织建立协作与对话关系,可向感兴趣的国家或国际组织提供对话伙伴国或观察员地位等内容,吸纳日本作为"对话伙伴"或者"观察员",在上海合作组织峰会上建立临时身份参与会前互动。[1]此外,上海合作组织与欧盟、美国、日本可以构建上合＋3 的合作机制,或者与其他地区组织(如东盟、六方会谈等)相结合,以重塑欧亚能源安全命运共同体。

（四）传统安全与能源开发的"共和"与"共处"

关于东海划界问题,两国领导人决定在不涉及主权权益问题的情况下,作出过渡性安排,进行相应区域的共同开发,避免这一问题成为影响中日关系稳定发展的障碍。根据两国政府商定的办法和原则,在共同开发区块内进行能源开发。中日两国应该抓住这一契机,采用多元多边合作理念,以政府、非官方机构和企业为主体在新能源的开发利用方面展开多维度合作。例如,通过向日本借鉴经验技术开发中国丰富的太阳能资源,降低中国对传统能源的依赖,在混乱的国际能源环境压力下确保国内能源的长期安定和短期能源稳定。

---

① Iwashita Akihiro, "The Shanghai Cooperation Organization: Beyond a Miscalculation on Power Games," Christopher Len, Tomohiko Uyama and Tetsuya Hirose eds, *Japan's Silk Road Diplomacy: Paving the Road Ahead*, Washington/Stockholm: Central Asia-Caucasus Institute and Silk Road Studies Program, 2008, pp.73—74.

（五）"共享"能源安全："一带一路"倡议下的中日能源合作新时代

2013年，习近平总书记提出"一带一路"倡议。这六年来，"一带一路"倡议为两国能源合作注入了新的动力，中日要继续深入推进"一带一路"能源合作，打造命运共同体，积极倡导构建国际能源治理新机制。"一带一路"以21世纪经济和社会双赢的"伙伴关系"为基础，区别于传统联盟，具有可持续的全球性和包容性。日本政府最初对中国的"一带一路"倡议没有表现出积极态度，但在2017年改变了立场。①首先，安倍首相派政府代表团参加2017年5月在北京举行的"一带一路"国际论坛。安倍表示"在第三国发展中日两国的联合业务，不仅对两国都有好处，也对目标国家的发展有利"。2017年11月制定参加"一带一路"的方针，支持中日两国私营企业之间的业务合作，具体领域包括促进能源节约和环境合作等。其次，在中日外交关系正常化45周年举行座谈会之际，决定成立"一带一路"日本研究中心。2018年4月28日"一带一路"日本研究中心正式在日本东京成立，能源为四大部门之一，前首相福田康夫为中心最高级顾问，隶属于亚洲研究总协会（GAIA）。②根据2018年1月3日日经新闻报道，日本政府已决定支持参与"一带一路"节能领域项目的日本公司。日本在第三方市场合作的兴趣增加，在2018年10月安倍首相访问中国期间，两国签署了52项第三国市场合作备忘录。最后，中国福建省福州市被选为中日两国建设"21世纪海上丝绸之路"的枢纽城市以及"一带一路"合作国际示范区，并开始具体项目。2019年8月22日，第18届中日地区交流促进研讨会在福州市开幕，中日将在福州新区新能源汽车零部件产业园展开合作。③"中国方案"正在为中日能源安全合作打开新局面。

---

① 背景原因有三：第一，中日邦交正常化45周年以及《中日和平友好条约》签订40周年之际，进一步推进中日关系。第二，为应对朝鲜的核导弹发展，有必要同中国建立良好的双边关系。第三，日本商界对"一带一路"倡议的商业兴趣浓厚。

② 一带一路日本研究センター，http://brijapan.org。

③ 福州市で中日「一带一路」協力国際モデル区計画始動，日本东方新报，https://www.afpbb.com/articles/-/3242276。

五、结　语

中日能源安全具有的内在脆弱性和外部敏感性，使能源安全成为中日两国共同面临的安全议题，合作已经成为中日两国维护能源安全的共识。中日能源合作的发展既是两国战略互惠关系的重要体现，又能推动中日在其他领域内展开合作，确保两国战略互惠关系的长久与稳定发展。目前，中日建立起全球性、地区性、多边以及双边层次的能源安全合作对话，在多重国际（地区）组织机构中全面展开多方位合作。如今，"中国方案"正在为中日能源安全合作打开新局面，在"一带一路"倡议下的中日能源安全合作机制的互动是两国加强能源安全合作的新方向，以共享共赢为价值目标，秉持构建人类命运共同体和"共存"、"共处"、"共建"理念，维护两国的能源安全，最终实现"共优"与"共赢"，为中日两国"能源安全命运共同体"的建构提供可能。

治理嵌构视域下中国社会组织参与全球气候治理的困境与应对策略*

李昕蕾**

【内容提要】 在后巴黎时代如何合理界定国家在全球气候机制复合体中的角色以及推进其同非国家行为体的嵌入式互动，已成为一国提升气候治理话语权和制度性引领力的重要考量因素。基于此，中国亟须提升本土社会组织参与气候治理嵌构的能力：在法律体系完善基础上分阶段提升社会组织的国际化程度；注重本土社会组织参与气候治理嵌构的专业性和权威性；重视提升在全球气候治理中的议题倡导和话语传播能力；通过网络协调策略来推进"一带一路"复合型气候公共外交的发展。

【关键词】 治理嵌构；气候治理；社会组织；国际非政府组织；网络式嵌入

【Abstract】 In the Post-Paris Era, how a country rationally to define its role in the global climate regime complex and to promote its embedded interaction with non-state actors have become an important consideration for this country to enhance its discursive power and institutional leadership in climate governance. Based on this, we need to enhance the capacity-building of social organizations to participate in climate embedding governance; to promote the internationalization of social organizations step by step on the basis of improving the legal system; to focus on the professionalism and authoritative construction of social organizations; to enhance the agenda-initiative ability and discourse communication capacity in global climate governance; and through network coordination strategy to promote complex climate public diplomacy in the framework of "belt and road initiatives".

【Key Words】 Embedding Governance, Climate Governance, Social Organizations, International Non-governmental Organizations, Network Embedding

* 本文系山东省社会科学规划研究项目重大委托专项课题"人类命运共同体视域下中国共产党外交领导力与话语权研究"（项目编号：SDQDSKL35）及山东省高等学校优秀青年创新团队项目"'一带一路'框架下山东省与沿线国家城市外交研究"（项目编号：2020RWB001）的阶段性成果。
** 李昕蕾，山东大学政治学与公共管理学院教授。

2009 年以来,全球气候治理逐步由一种谈判推动治理模式转变为治理实践深入影响谈判进程的模式。气候变化问题的本质性解决同能源消费结构和生产生活方式的低碳化转向紧密相关,其最终应对要落实分解到国家内部社会和市场中的利益攸关方和地方行为体。因此,气候治理格局的发展有时超越了一种"自上而下"的国际权威调控,而是通过一种"自下而上"的治理嵌构方式来相互竞争、自适和协调,从而形成一个气候治理的复杂机制复合体。2015 年《巴黎协定》提出的非缔约方利益相关者(Non-Party Stakeholder,NPS)概念即是对于以非政府组织、城市、跨国企业为代表的非国家行为体参与全球气候治理积极性作用的肯定。在强调"自下而上"巴黎模式中,更为多元的跨界性弥散性治理诉求就要求主权国家之外,还需要其他社会力量的参与和协助。在后巴黎时代,如何合理界定和安排国家在全球气候治理机制复合体中的角色以及推进同其他行为体的嵌入式互动,已成为一国理性发挥治理建构作用的重要考量因素。在这种治理嵌构发展态势下,相比于欧美国家,中国还缺乏长期同非国家行为体互动的经验以及相应的治理能力。随着发展中国家在全球气候治理中的权重不断提升,我们需要认识到如何处理同非政府组织以及本土社会组织的互动关系,将会影响发展中国家在后巴黎时代气候政治格局中的话语权提升。本文基于全球气候治理嵌构的理论框架,对中国本土社会组织参与气候治理的演进阶段与发展特点进行梳理,并分析中国社会组织参与气候治理嵌构的困境与挑战。最后,提出后巴黎时代提升中国社会组织治理嵌构能力的路径选择,旨在使其成为复合型气候公共外交中的重要支持性力量。

一、全球气候治理嵌构的概念界定及其发展态势

全球治理中的碎片化主要意味着国际关系特定领域的权力流散化、制度分散化与行为体多元化的趋势。[①]这种气候治理碎片化趋势表现在:

---

① Fariborz Zelli and Harro van Asselt, "The Institutional Fragmentation of Global Environmental Governance: Causes, Consequences and Responses," *Global Environmental Politics*, Vol.13, No.3, 2013.

一是除了联合国治理框架之外,全球气候治理中涌现出许多地区性平台、跨国城市网络、跨国政策倡议网络、全球伙伴关系等。二是除了国家行为体之外,非政府组织、社会团体、市场部门、以城市为代表的次国家行为体等原本被排除在气候治理体系之外的治理者纷纷进入气候治理领域。在机制复合体演进中,以非政府组织、企业等为代表的非国家行为体日益相互联合形成网络化伙伴关系,并将自身的气候实践嵌入多维治理体系,对于后巴黎时代的气候治理格局形成不可小觑的影响。

（一）气候治理机制复合体演进中的气候治理嵌构

美国学者罗伯特·基欧汉和戴维·维克托认为目前的全球气候治理正处于一种完全一体化的综合性机制与完全碎片化的机制之间的中间状态。这种机制复合体是一个松散联结在一起的制度体系,各制度之间没有清晰的等级划分,也没有核心制度存在。①弗兰克·比尔曼等学者指出,全球气候治理制度碎片化代表了一种"碎"而不"乱"的格局,并不意味全球气候治理失灵。②虽然碎片化格局日益复杂,但是碎片化的不同协调状态最终决定了治理体系的成效。这需要参与治理的所有行为体尽量避免一种冲突性的碎片化,而是将消极性合作碎片化推向一种积极性合作碎片化,最终实现一种协同型碎片化格局。

基于气候治理机制复合体理念,肯尼斯·W.雅培指出其存在有三个前提:第一,全球治理体系不同问题领域、不同维度、不同空间尺度的规则制定和执行系统相互影响、渗透、缠绕,基本不可能单独获得解决。其中各种问题相互贯穿、渗透,不再有纯粹的政治、经济、贫困或者环境问题。第二,很多核心国际机制建立过程中存在"战略模糊"和不确定性,后期的治理框架落实需要更加细致的协议和文本予以支持。为了更好应对未能预料的新情况,就需要衍生协议、各类次级机制的支撑,这些次级机制需要特定政治机会结构来加强同核心机制的互动。第三,原初机制在吸引更多数量和类型的行为主体参与以提升自身的合法性和治理效能的过程中,政府、市场和非政府等不同行为主体类型之间多元多层的关系需要协

① Robert O. Keohane and David G. Victor, "The Regime Complex for Climate Change," *Perspectives on Politics*, Vol.9, No.1, 2011, pp.7—23.

② Frank Biermann, et al., "The Fragmentation of Global Governance Architectures: A Framework for Analysis," *Global Environmental Politics*, Vol.9, No.4, 2009, pp.14—40.

调,从而推进了一种网络化协作的发展。①

如何促成气候变化机制复合体中的不同行为主体之间的积极性碎片化协调是近期机制复合体研究的核心议题。面对气候治理格局的碎片化,肯尼斯·W.雅培等学者认为由国家、非政府组织、企业、城市等多元行为体组成的各类跨国倡议网络、跨国伙伴关系,以及跨国政策网络是促进碎片化格局积极性协调的黏合剂。基于此,肯尼斯提出了气候变化跨国治理复合体的概念(transnational regime complex for climate change,简称 TRCCC),②强调分享着相似的原则、规范、规则和决策程序的各类网络性跨国性气候治理组织和伙伴关系等是协调机制复合体的重要组成部分,③对于推进气候机制复合体碎片化格局中的积极性互动具有重要作用。各类气候类跨国组织往往采取自愿性原则而非约束性原则,充分调动了私营部门和社会层面的积极性治理力量,并在塑造创新性规则的同时积极参与行动落实。

马克·格兰诺维特④将行为体同社会网络的动态互动过程称为嵌入。嵌入式治理既不等同于强调"自上而下"的权力等级式治理路径,亦不等同于强调"自下而上"的基于社会组织的规范式治理路径,⑤而是侧重于论述在一种多元网络秩序的机制复合体中,来自公共部门、私营部门、社会组织的多维力量相互协作,并将自身影响力内嵌入国际—国内—次国家的各个层面。考虑到全球环境治理的多元复杂性和跨界弥散性,马加利·德尔马斯(Magali Delmas)和奥兰·扬(Oran R. Young)曾提出一种基于机制互动的视角来看全球环境治理的理想模式,即公共部门(包括国

---

① André Broome, Liam Clegg, and Lena Rethel, "Global Governance and the Politics of Crisis," *Global Society: Journal of Interdisciplinary International Relations*, Vol.26, No.1, January 2012, pp.3—17.

② Kenneth W. Abbott, "Strengthening the Transnational Regime Complex for Climate Change," *Transnational Environmental Law*, Vol.3, No.1, 2014, pp.57—88.

③ Alter, Karen J., and S. Meunier. "The Politics of International Regime Complexity," *Perspectives on Politics*, Vol.7, No.1, 2009, pp.13—24.

④ Mark Granovetter, "Economic Action and Social Structure: The Problem of Embeddedness," *American Journal of Sociology*, Vol.91, No.3, 1985, pp.481—510.

⑤ 曹德军:《嵌入式治理:欧盟气候公共产品供给的跨层次分析》,《国际政治研究》2015年第3期,第62—77页。

家和次国家层面的政府权威)同私营部门(包括市场投资者、跨国公司、产业联盟等)和市民社会(包括非政府组织和各类社会团体)的机制性互动不断增强。①基于此,**气候治理嵌构**可理解为在气候治理机制复合体中的多利益攸关方(特别是跨国行为体)同各种治理机制(组织层面、制度层面以及规范层面)之间的网络性嵌入和治理性重构的进程。肯尼斯·W.雅培对近70个跨国气候治理组织进行分析并建立数据库。霍夫曼对六十个"气候实验"进行分类,其中大多数涉及政府间组织或跨国组织。②托马斯·黑尔(Thomas Hale)和罗格将这些数据集合在一起,对75个跨国气候倡议组织进行了界定。③可以说,从地方到全球、从社会到大型跨国网络囊括了不同行为主体(国际组织、非政府组织、企业、城市等),扩张的复合多元主义和全球治理空间重新组织在治理实验创新领域做出巨大贡献,新的更加多元的治理路径和集体行动准则正在开启。

(二)全球气候治理嵌构的发展态势:开放框架与多元行动

首先,就气候治理的核心机制《联合国气候变化框架公约》的开放性而言,随着气候议题的全球性扩散,气候治理机制已经从一种单中心机制演进为多元弱中心的气候治理机制复合体④,主要包括两个部分,一是《公约》下的政府间治理及其相关外延机构;二是各类非国家和次国家行为体之间融合加剧,出现了各种跨国性的合作倡议网络及低碳治理组织,如不断涌现出的跨国低碳政策网络、跨国气候治理倡议网络、气候合作伙伴关系、气候治理实验网络等。⑤自2014年利马会议(COP20)以来,越来越多的学者开始提出这两个领域可以相互强化,即公共和私营部门行为体采

---

① Delmas, Magali A., and Oran R. Young, *Governance for the Environment: New Perspective*, Cambridge University Press, 2009.

② Matthew J. Hoffmann, *Climate Governance at the Crossroads: Experimenting with a Global Response after Kyoto*, New York: Oxford University Press, 2011, p.83.

③ Hale, Thomas, and C. Roger. "Orchestration and Transnational Climate Governance," *Review of International Organizations*, Vol.9, No.1, 2014, pp.59—82.

④ Andrew J. Jordan, et al., "Emergence of Polycentric Climate Governance and its Future Prospects," *Nature Climate Change*, Vol.11, No.5, 2015, pp.977—982.

⑤ Michaelowa, Katharina, and A. Michaelowa, "Transnational Climate Governance Initiatives: Designed for Effective Climate Change Mitigation?" *International Interactions*, Vol.43, No.1, 2017, pp.1—27.

取联合行动,从而形成更具韧性的治理网络。①利马会议推动了《利马巴黎行动议程》(LPAA)的达成,支持由次国家和非国家行为体所进行的个体或者集体性气候行动。②2015 年达成的《巴黎协定》明确提出"自下而上"提交国家自主贡献目标的新模式,同时鼓励"非缔约方利益相关方"(NPS)的积极参与。③2016 年的马拉喀什会议作为后巴黎时代的首次气候大会,旨在全面动员更多利益相关者的广泛参与以加强 2020 年前减排行动力度,突出表现在建立了马拉喀什全球气候行动伙伴关系(MPGCA),促使国家和非国家部门联手促进《巴黎协定》的后期落实。2017 年的波恩会议着重就"塔拉诺阿对话"(Talanoa Dialogue)进行讨论,以提倡包容、鼓励参与、保证透明为原则,使包括非政府组织在内的对话参与方可以增进互信并共同寻求解决问题的办法。对话的政治进程侧重评估现有的集体努力和长期目标的差距,并探索如何通过充分发动国家、社会和市场的多方力量来强化气候行动,弥补差距。2018 年波兰召开的卡托维茨会议重点落实了《巴黎协定》的"规则书"细节谈判,在达成的关键性成果之中包括建立首个缔约方得以追踪、汇报气候进展的统一系统,而且透明度问题和全球盘点的重要性得到重视。在其落实过程中,非国家行为体可以通过提供科学性的方法、规则和标准对政策落实给予支持。促进性对话机制为非缔约方利益相关方(NPS)提供了更多规范融合和机制互动的契机,很大程度上提升了他们正式参与气候治理渠道的制度化程度。

其次,从多元行为体的参与实践而言,治理性嵌构实践已经成为推动气候变化跨国治理复合体不断演进的重要动力。一是国际非政府组织把握契机不断提升自身在政策制定中的参与度,如他们以政府部门临时工作小组的方式加入气候议程的设定和气候政策的制定过程。联合国在气候峰会召开前也会专门邀请国际非政府组织以第三方监督者的身份参与,平衡发达国家与发展中国家的声音,以保证谈判达成的协议公平有

① Sander Chan, Clara Brandi, and Steffen Bauer, "Aligning Transnational Climate Action with International Climate Governance: The Road from Paris," *Review of European Comparative & International Environmental Law*, Vol.25, No.2, 2016, pp.238—247.

② LPAA, Lima-Paris Action Agenda: Joint Declaration, 2014, http://www.cop20. pe/en/18732/comunicado-sobre-la-agenda-de-accion-lima-paris/.

③ UNFCCC, *Adoption of the Paris Agreement*, Decision 1/CP.21.

效。如包括 120 个国家的 1100 多个非政府组织在内的气候行动网络（CAN）积极推进 1.5 摄氏度目标的政策讨论，最终将其纳入《巴黎协定》。世界资源研究所（WRI）在波恩会议上提出的在 21 世纪下半叶达成碳平衡的长期目标，为发达国家和发展中国家的彼此认同搭建了桥梁，此提议也被原封不动地纳入《巴黎协定》，体现出其政策影响力。①二是非国家行为体通过影响气候治理实践的标准和规范来提升自身在后巴黎时代的话语权。如温室气体协议（PROT）是由世界资源研究所（WRI）和世界可持续发展工商理事会（WBCSD）共同联合创立的，旨在为如何衡量管理和报告温室气体排放设立一个全球标准。这一标准得以迅速扩散，世界各地的数百家公司和组织正在使用 PROT 标准和工具来管理其碳排放量。②气候披露标准委员会（CDSB）是由商业行为体和环境非政府组织共同组成的国际财团，致力于将气候变化相关信息整合进主流的企业报告，从而为市场提供对决策有用的环境信息，来提高资本的有效配置、优化企业绩效。三是网络化嵌构态势对于气候谈判集团策略选择也产生不可小觑的影响。欧盟开始注重在一种日益多元治理格局中提升联盟构建和机制沟通的能力。这种气候谈判战略的改变不仅体现在强化同小岛国联盟以及非洲中小发展中国家、最不发达国家的立场协调和结盟合作；同时也体现在作为规范性力量的欧盟同非国家行为体的互动方面。得益于欧洲民主协调的传统以及更为成熟的社会组织，基于欧盟的国际非政府组织、跨国倡议联盟以及跨国城市网络的发展规模和网络化程度均优于世界上其他地区。③非国家行为的网络化发展强化了自身的杠杆性影响力，使欧盟意识到同其建立伙伴关系并进行协调行动是维持自身领导力的重要路径之一。欧盟指出会同关键合作伙伴一道，强化《巴黎协定》模式下未来技术和低碳市场的发展，④如推动包含公共部门、私营部门与社会组织在内的包容性跨国网络关系的发展，其代表有可持续低碳交通伙伴关系（SLoCaT）、

---

① 李昕蕾、王彬彬：《国际非政府组织与全球气候治理》，《国际展望》2018 年第 5 期，第 136—156 页。

② The website of Greenhouse Gas Protocol：http://www.ghgprotocol.org/about-us.

③ 欧盟内部的气候治理项目往往通过竞标和咨询外包的形式交由非国家行为体来具体执行，撰写调研报告、提供评估反馈以及提出政策咨询建议。

④ Oberthür, Sebastian, "Where to go from Paris? The European Union in climate geopolitics," *Global Affairs*, Vol.2, No.2, 2016, pp.1—12.

21 世纪可再生政策网络(REN21)等。

二、中国社会组织参与全球气候
治理的演进及特征

目前,在我国的法律法规语境中,没有关于"非政府组织"的概念,非政府组织统一划归为社会组织或民间组织的范畴。①因此,本文使用本土社会组织的概念以区别于国际非政府组织。20 世纪 90 年代以来,民间的环境社会组织从无到有在中国成长起来,以多种形式进行公众环境教育,包括倡导绿色生活理念、宣传保护生物多样性等。进入新世纪后,本土社会组织将活动重点由提升环境意识转向增强环保行为能力,特别是随着中国成为碳排放大国,中国需要社会行动配合官方外交去推动低碳转型与树立绿色形象。在中国参与全球气候治理进程中,既有国际非政府组织的积极参与,也有中国本土社会组织的广泛加入。前者开展工作较早且影响相对较大,包括世界自然基金会、绿色和平、能源基金会、气候组织、乐施会等知名国际非政府组织。他们通过设立分支机构或办事处、开展项目活动等方式在中国境内活动。后者在气候变化领域较活跃的本土社会组织有全球环境研究所、公众环境研究中心、创新研究院、自然之友、地球村、绿家园等。同国际非政府组织相比,其国际化程度和治理能力仍处于初步发展阶段,具有自身独特的演进路径与发展特点。

(一)进入新世纪后具有国际化视野的本土社会组织开始涌现

自 1990 年以来,中国政府持续参与国际气候变化谈判,并于 1992 年和 1998 年分别签署了《联合国气候变化框架公约》和《京都议定书》。②在批准《京都议定书》的过程中,中国认识到气候变化议题对于一国经济能源格局、低碳转型与可持续发展的重要影响,特别是自 2000 年波恩会议(COP6)之后,开始对清洁发展机制(CDM)等国际气候合作项目表现出积

---

① 中国的管理体系把社会组织分为:社会团体、基金会、民办非企业单位、外国商会。民间组织和社会组织在实践中可以相互替换使用,本文统一使用社会组织的概念。

② 张海滨:《气候变化与中国国家安全》,时事出版社 2010 年版,第 191—195 页。

极肯定性态度。2002 年中国批准《京都议定书》之后,开始将遵守国际气候变化机制与解决国内环境问题结合起来,具体体现为将气候变化问题纳入国家可持续发展战略框架以及社会经济发展规划中。中国开始关注颁布、实施和完善有关气候问题的法律文件,如颁布和修改《节约能源法》、《可再生能源法》、《循环经济促进法》、《清洁生产促进法》等相关法律法规,从而促进经济与产业结构升级并推进国内节能减排与低碳转型的进程。

在这一背景下,一些具有国际视野的本土社会组织开始出现。如成立于 2006 年的公众环境研究中心(Institute of Public and Environmental Affairs,简称 IPE),致力通过企业、政府、公益组织、研究机构等多方合力,撬动大批企业实现低碳转型,促进环境信息公开和环境治理机制的完善。IPE 于 2008 年就发布空气污染地图,研发污染源信息公开(PITI)指数;2011 年研发空气质量信息公开(AQTI)指数并发布蓝天路线图,对于气候变化和雾霾问题的协同治理提供专业性的智力支持和公正性的信息披露。2017 年 12 月,IPE 发布研究报告,建议在全国碳交易市场即将启动之际,尽快同步推进企业温室气体排放信息披露制度建设,以达成通过碳排放权交易市场实现减排的目标。①2018 年 10 月,IPE 与全球环境信息研究中心(CDP)共同发布《供应链气候行动 SCTI 指数》报告,对 IT、纺织行业118 个品牌的温室气体管理情况进行研究,呼吁政府加快推进企业级温室气体排放数据的监测、报告与核查,进而通过持续披露,验证其减排的数量和可信度。②

又如成立于 2011 年的创绿中心(Greenovation Hub)秉承生态、创新、协力的价值观,致力于提供创新的工具、方法和渠道,融合社会、企业和政府的力量,共同推动中国的可持续发展。创绿中心团队主要分布在北京和广州。北京为创绿研究院,负责统筹可持续金融及气候变化方面的工作,是最早参与气候治理的中国环保机构之一。他们展开独立议题

---

① 公众环境研究中心(IPE):《全国碳市场呼唤企业排放信息披露》,2017 年报告,http://www.ipe.org.cn/reports/report_19476.html。

② 公众环境研究中心(IPE):《供应链气候行动 SCTI 指数》,2018 年 IPE 报告,http://www.ipe.org.cn/reports/report_19688.html。

研究,跟进气候谈判,组织跨界讨论,推进有策略的气候传播工作。①创绿研究院下设中国气候政策工作组(CPG),旨在提高社会组织参与国际谈判和国内政策倡导的能力,并推动与国际非政府组织之间的协同合作。2013年创绿推出《中国气候快讯》,迄今共发布200余期中国气候快讯,所关注的议题涵盖对全球及中国气候治理具有影响力的重大事件、各国气候政策和低碳转型实践以及应对气候变化的协同效益等。凭借具有国际视野的及时分析,促成一系列围绕气候行动与能源转型的讨论。②

（二）巴厘气候大会后社会组织参与治理日益活跃且出现网络化倾向

2007年12月的巴厘气候大会的召开标志着国际社会正式开始制定"后京都机制"框架;特别是"巴厘路线图"的出现为后京都谈判铺平了道路。③巴厘大会之所以成为气候谈判进程的重要分水岭,也是得益于发展中国家首次表示愿意讨论它们的减排量议题(自愿减排承诺)。④同年,中国国务院决定成立国家应对气候变化领导小组作为国家应对气候变化工作的议事协调机构,发布中国第一个应对气候变化的政策倡议《中国应对气候变化国家方案》。2008年,国家发展和改革委员会在机构改革中设立应对气候变化司。这一系列的国内政府机构革新以及中国官方立场的国际宣示都为国内社会组织参与全球气候治理释放了积极信号。

此时,中国本土社会组织开始强化其在气候变化领域中的实质性活动,组织间进行网络性联合的趋势日益明显,体现为三个重要气候网络的出现:中国公民社会应对气候变化小组、中国民间气候变化行动网络和青年应对气候变化行动网络。2007年3月,八家中国本土社会组织和国际非政府组织(自然之友、地球村、世界自然基金会、绿家园、公众与环

① 创绿研究院:《关于我们》,https://www.ghub.org/about_ghub#a1。
② 创绿研究院:《中国气候快讯》,https://www.ghub.org/wire?cat=14&ctabs=1#possa。
③ 1997年签署并于2005年生效的《京都议定书》面临着其第一承诺期将于2012年失效的尴尬境地,因此于2007年巴厘气候大会开启关于《京都议定书》第二承诺期的谈判,又称后京都机制谈判。
④ 中国和其他发展中国家首次同意讨论在可持续发展的前提下适合本国的自愿减排行动,并由技术、资金和能力建设协助达成,采取可衡量、可报告和可核查的方式。

境研究中心、乐施会、绿色和平、行动援助）共同发起成立中国公民社会应对气候变化小组。①公民社会小组具有三个特性：一是突出跨国性联系（本土社会组织与国际非政府组织驻华机构的合作）；二是突出了网络化趋势（组成公民社会小组）；三是显示了议题综合化（包括环境保护与扶贫发展等议题）。2007年12月20日，该小组发布报告《变暖的中国：公民社会的思与行》，并将其在巴厘岛大会的边会上发布。②2009年底，公民社会小组又针对哥本哈根大会发布《公民社会立场》，这意味着中国本土社会组织开始通过持续性提出自己的政策主张来参与全球气候治理。③

表1　中国民间气候变化行动网络（CCAN）成员构成

中国国际民间组织合作促进会 China Association for NGO Cooperation (CAN-GO)	上海绿洲生态保护交流中心 Shanghai Oasis Ecological Conservation and Communication Center(Oasis)	磐石环境与能源研究所 Rock Environment and Energy Institute
厦门市思明区绿拾字环保服务社 Xiamen Green Cross Association(XMGCA)	绿家园志愿者 Green Earth Volunteers (GEV)	丽江市能环科普青少年绿色家园 Lijiang Green Education Center
环友科学技术研究中心 Enviro Friends Institute of Environmental Science and Technology	江西山江湖可持续发展促进会 Promotion Association for Mountain-River-Lake Regional Sustainable Development(MRLSD)	镇江市绿色三山环境公益服务中心 Zhenjiang Green Sanshan Environmental Public Welfare Service Center

---

① 赖钰麟：《政策倡议联盟与国际谈判：中国非政府组织应对哥本哈根大会的主张与活动》，《外交评论》2011年第3期，第72—87页。

② 中国民间应对气候变化：《中国公民社会发布应对气候变化立场》，http://ccsccvip.blog.sohu.com/74091929.html。Miriam Schroeder，"The Construction of China's Climate Politics：Transnational NGOs and the Spiral Model of International Relations"，*Cambridge of International Affairs*，Vol.21，No.4，2008，p.518。

③ 付涛、刘海英：《公民社会在行动：气候变化对中国的影响及中国公民的思与行》，第16页，http://www.chinadevelopmentbrief.org.cn/userfiles/031220071.pdf。中国民间应对气候变化：《2009年中国公民社会应对气候变化立场》，http://ccsccvip.blog.sohu.com/137016583.html。

续表

自然之友 Friends of Nature(FoN)	上海长三角人类生态科技发展中心 Shanghai Yangtze Delta Ecology Society(YES)	云南思力生态替代技术中心 Pesticide Eco-Alternatives Center
北京地球村环境教育中心 Global Village of Beijing (GVB)	绿色浙江 Hangzhou Eco-Culture Association (Green Zhejiang)	甘肃省绿驼铃环境发展中心 Green Camel Bell
道和环境与发展研究所 Institute for Environment and Development(IED)	全球环境研究所 Global Environmental Institute(GEI)	北京市朝阳区公众环境研究中心 The Institute of Public & Environmental Affairs(IPE)
山水自然保护中心 Shanshui Conservation Center	创绿中心 Greenovation Hub(GHub)	三亚市蓝丝带海洋保护协会 Blue Ribbon Ocean Conservation Association (BRO-CA)
江苏绿色之友 Friends of Green Environment Jiangsu	广州公益组织发展合作促进会 Guangzhou Association for NGO Development Cooperation	重庆市可再生能源学会 Chongqing Renewable Energy Society
四川省绿色江河环境保护促进会 Greenriver Environment Protection Association of Sichuan	根与芽北京办公室 Roots and Shoots Beiing Office	世青创新中心 The Youthink Center
安徽绿满江淮环境发展中心 Green Anhui Environmental Development Center	天津绿色之友 Friends of Green Tianjin	杨凌环保公益协会 Yangling Environmental Protection & Public Welfare Association
中国青年应对气候变化行动网络 China Youth Climate Action Network(CYCAN)		深圳市大道应对气候变化促进中心（北京）C Team aka. China Champions for Climate Action

资料来源:中国民间气候变化行动网 http://www.c-can.cn/member/。

在中国国际民间组织合作促进会（China Association for NGO Coop-
eration，简称 CANGO）的推动下，中国民间气候变化行动网络（China Cli-
mate Action Network，简称 CCAN）于 2007 年 3 月成立。CCAN 以形成
应对气候变化的基础联合力量为目标，旨在加强社会组织在气候变化的
科学、政策及公众工作的知识和能力；推动社会组织在国际上对气候变化
相关问题的讨论；提高社会组织协同合作的能力。①2011 年 6 月，CCAN
参与了近 30 家中外民间环保组织发起的"C＋气候公民超越行动"倡议，
旨在发动社会组织的力量，鼓励各行各业行动起来，成为气候公民，在各
自的领域积极采取应对气候变化的行动，帮助政府达到甚至超越目前的
应对气候变化的目标。该倡议包括 C＋气候公民超越行动框架②、C＋审
核认证体系③、C＋政策研究及推动等系列行动安排。在 2011 年 12 月德
班气候变化大会上，CCAN 组织了 C＋气候公民超越行动边会，不仅展示
C＋案例，同时还向其他国家发出气候公民超越行动的倡议，建立审核体
系和标准，每年推出案例集。④至 2017 年，CCAN 已经拥有 31 家网络成
员，覆盖全国 15 个省市，关注议题涉及能源、碳市场、农村气候变化适应、
青年参与应对气候变化等。

第三个重要的网络是青年应对气候变化行动网络（China Youth Cli-
mate Action Network，CYCAN），这是由一群心系气候变化及能源转型
的中国青年人于 2007 年 8 月发起创立，是中国第一个专注于推动青年应
对气候变化的非营利性环保组织。CYCAN 主要通过气候倡导、在地行

---

① 参见中国民间气候变化行动网络（CCAN）2017 年年报，http://www.c-can.cn/media/2017CCAN%E5%B9%B4%E6%8A%A51101.pdf。
② C＋气候公民超越行动包括一系列各种不同群体的应对气候变化的行动，一套独立的 C＋审核和认证体系和 C＋相关的政策研究和推动。
③ C＋将建立独立的审核认证体系，由专业的机构对此项工作进行研发、指导及实施。同时培养中国社会组织自身的参与审核的能力。力求 C＋的所有行动都能产生真实，可量化的效果。
④ C＋本身有三层内涵：第一层含义即超越国家目标（Beyond Government Commit-ment），C 可代表政府制定的应对气候变化的各种量化目标，如碳减排目标、节能目标、清洁能源目标、投资量等。第二层含义即超越气候变化（Beyond Climate Change）。C＋指的是在应对气候变化的同时，应该寻求转变经济发展模式，走低碳绿色的可持续发展之路。第三层含义即超越中国国界（Beyond China），C 在这里指中国。在气候变化的国际舞台，无论是中国政府、企业和公众组织，虽然作用日益凸显，但依然未能发挥出足够积极、主动的领导力作用。

动、行业探索和国际交流四个工作领域，有力地推动青年人了解、认识并积极参与应对气候变化的进程，为有志青年提供引领绿色变革的平台。目前已有超过 500 所中国高校参与到 CYCAN 发起的行动中来，影响超过数十万青年。2010 年，CYCAN 制定《中国青年应对气候变化行动网络过渡期章程》，并选举产生了理事会和监事会及新的秘书处执行团队，致力于成为一个成员驱动，民主治理，广泛参与，积极创新，开放透明的青年气候行动网络搭建平台。①CYCAN 发起高校节能、IYSECC、COP 中国青年代表团等优秀项目，它已经成为中国青年气候行动者的大本营，为致力于实现中国的绿色变革而努力。

（三）哥本哈根会议后中国政府在气候谈判中逐步重视同社会组织的互动

2009 年哥本哈根会议见证了国际气候谈判格局从发展中国家与发达国家之间的对立转变为排放大国与排放小国之间的对立，以中国为代表的新兴发展中大国面临更大的国际压力。会上虽然中国首次宣布自愿性国家气候减排行动的定量目标，②但该目标却被认为仍然没有达到哥本哈根会议的预期高度。作为温室气体排放量首次超过美国的发展中大国，中国被以英国首相戈登·布朗为首的西方国家公开指责拖累国际气候谈判。基于此，中国政府鉴于 2009 年以来中国在气候谈判上的话语权缺失以及国际形象受损等问题，开始调整气候谈判策略，特别是开始重视社会组织与国际媒体在气候谈判中的灵活性作用。政府与非政府组织制度性互动渠道的拓展，可以使在华非政府组织和本土社会组织的程序议题主张得到重要官员的正面回应，在民间行动受到激励的同时也推动了中国政治环境的日益开放，促进多元主体共同参与气候外交格局的形成。③如在 2010 年天津气候大会上，中国政府开始通过气候大会之前同国内本土组织的见面会，鼓励非政府组织的倡议行动以及举办气候边会等形式加

---

① 青年应对气候变化行动网络（China Youth Climate Action Network，CYCAN）官方网站 http://www.cycan.org/aboutus/ourteam。

② 即承诺到 2020 年将单位国内生产总值耗费的二氧化碳排放量与 2005 年相比削减 40%—45%（碳强度降低），并到 2020 年实现非化石燃料占能源总量的 15%。

③ 赖钰麟：《政策倡议联盟与国际谈判：中国非政府组织应对哥本哈根大会的主张与活动》，《外交评论》2011 年第 3 期，第 72—87 页。

强同他们的互动。2010 年 10 月 8 日国家发展和改革委员会副主任解振华首次在气候谈判会议中与社会组织代表见面，接见了包括绿色和平、自然之友、GCCA 全球气候变化联盟、乐施会在内的 21 个来自国内外的非政府组织与社会组织代表。①与此同时，中国社会组织和非政府组织也充分利用天津主场会议的契机，共组织了二十多场联合活动，充分发挥社会力量在气候治理中的积极性作用。

自 2011 年德班会议以来，中国政府首次以政府代表团名义在气候变化缔约方会议期间举办题为"中国角边会"的系列展示、交流与宣传活动。特别注重同非政府组织、本土社会组织、地方政府、研究机构以及企业等非国家行为体合作，旨在以德班气候会议为平台，全方位、多角度、多层次地开展与国际社会的沟通与交流，向国际社会全面展示中国应对气候变化政策、行动与进展。首届"中国角边会"系列活动为期 9 天，共举办 23 场主题活动。②在边会活动中，中国非政府组织把握机会积极登台，讲解中国应对气候变化政策和感受，向国际社会介绍中国应对气候变化的具体措施，吸引了大量与会代表，成为展示中国气候变化的一个窗口。又如 2018 年波兰召开的卡托维茨气候大会上，"中国角"共举办 25 场角边会活动，全面介绍中国在节能减排、绿色发展、推动应对气候变化中的实践与经验。③如中国民间气候变化行动网络（CCAN）主办题为"全球气候治理与非政府组织贡献"的边会，突出非政府组织在气候治理中的特殊作用。这些角边会活动展现了中国民间环保意愿和环保行动，丰富了国际社会对中国气候治理现实情况的认识，促进了联合国、国际非政府组织和公益机构对中国国情的了解和对中国气候变化内政外交的善意理解。

（四）利马会议后中国社会组织参与气候治理的国际化导向日益增强

2013 年以来，习近平主席在中央周边工作会议上开始倡导奋发有为

① 新浪环保：《解振华与 21 个参与天津会议 NGO 座谈》，2010 年 10 月 9 日，http://green.sina.com.cn/news/roll/p/2010-10-09/163121240721.shtml。
② 此次"中国角边会"系列活动，涉及南南合作、适应活动、节能服务、技术创新、地方行动、国家战略、气候融资、碳交易与碳市场、低碳城市建设等多个主题。
③ 关婷、黄海莉：《卡托维茨联合国气候变化大会侧记》，中国绿色创新夏季学院，2018 年 12 月 14 日，http://wemedia.ifeng.com/93067858/wemedia.shtml。

的大国外交,在多次国际场合中表明推动与引领全球气候治理的积极态度。习近平主席和美国总统奥巴马在 2014 年北京亚太经合组织峰会上签署了《中美气候变化联合声明》,对推进 2015 年《巴黎协定》的签署起到重要的大国协调和推动作用。2016 年 9 月二十国集团(G20)杭州峰会正值联合国可持续发展目标与巴黎协定达成后的落实元年,作为轮值主席国,中国释放了应对气候变化、推动全球可持续发展的诸多积极信号。在中国官方大力推进气候外交的同时,中国本土社会组织参与气候治理的国际化程度也不断提升,不仅派代表参加重大国际气候变化会议(如边会和相关研究性国际会议),而且注重发展全球伙伴关系,推动南南合作模式创新,在国外独立开展国际援助项目,推动环境、气候变化、清洁能源等议题的国际合作。

此阶段,本土社会组织日益注重发展全球合作伙伴关系,如中国民间气候变化行动网络(CCAN)作为独立的中国网络与国际气候变化行动网络(CAN) 开展交流与合作,从而提升自身在气候变化大会上的政策倡议、议题设置等能力。与此同时,本土社会组织还注重参加各类多边国际合作平台,包括二十国集团民间社会会议、金砖国家民间社会论坛等新兴国际倡导平台中的政策倡导等,通过进一步拓展伙伴关系来强化自身在国际上的影响力。这类全球合作伙伴关系网络的拓展,为处于国际化起步初期的本土社会组织带来了更多可调度的资源并提供多元国际影响渠道。如 2017 年国际乐施会和美国环保协会开始支持 CCAN 中的社会组织参与联合国气候大会,两家机构共资助 9 位 CCAN 代表参加波恩气候大会。期间,CCAN 参与主办了多场边会,包括联合国边会和中国角边会,介绍了中国社会组织应对气候变化的成果。[1]2018 年波兰卡托维茨会议上,CCAN 继续同 CAN 进行合作,支持了 7 家本土社会组织参与气候大会,并代表 20 家中国民间机构向联合国气候变化公约秘书处官员递交了中国社会组织的立场书,显示了中国社会组织群体在全球气候治理中的集体倡议发声,有力地配合了中国政府的气候谈判进程。[2]

① CCAN:《波恩气候大会开幕——中国民间组织共话谈判关键议题》,2017 年 11 月 8 日,http://www.chinadevelopmentbrief.org.cn/news-20384.html。
② CAN 支持了来自安徽绿满江淮、丽江绿色家园、四川绿色江河、北京自然之友、创绿研究院、中国绿色碳汇基金会、青年应对气候变化行动网络这 7 家环保非政府组织参与气候大会。

　　本土社会组织在参与气候援助和南南合作方面贡献了很多创新模式。2015 年巴黎气候大会中国政府宣布将在发展中国家启动开展 10 个低碳示范区,100 个减缓和适应气候变化项目及 1000 个应对气候变化培训名额的合作项目,继续推进清洁能源、防灾减灾、生态保护、气候适应型农业、低碳智慧型城市建设等领域的国际合作。这些都为本土社会组织在气候变化领域参与更多的公共外交活动提供了越来越多的契机。如全球环境研究所(Global Environmental Institute,简称 GEI)的海外项目分布在东南亚和南亚地区,涉及生物多样性保护、能源与气候变化、投资贸易与环境及能力建设等多个领域。GEI 通过授人以渔和融入当地社区的工作方式,不仅使当地环境得到明显改善,也使当地政府和公众对中国产生了好感。2017 年 GEI、中科院广州能源研究所与缅甸教育部研究创新司(DRI)签署了关于推动缅甸可再生能源规划的合作协议。三方于 2018 年联合举办"推动缅甸可再生能源发展主题研讨会",为推进应对全球气候变化的地方治理实践和"南南合作"创新模式做出有益尝试。①

三、中国社会组织参与气候
治理嵌构的困境与挑战

　　中国本土社会组织在"走出去"参与全球气候治理的过程中,还面临很多的困境与挑战,其中既有外部环境的制约,也有自身实力的不足。目前同西方国际非政府组织相比,中国本土非政府组织国际化程度低,并且在全球气候治理的制度化参与水平、网络化程度和话语权建构等方面都较为薄弱。特别是在目前气候治理嵌构发展大势之下,尽管中国为全球气候治理做出了很大贡献,但由于我国社会组织在全球气候治理方面的专业性权威、议题设置能力、协调性策略和网络伙伴联络等方面不足限制,从一定程度上致使中国政府在气候外交开展、气候改善方案提出、气候议程管理等方面受到各种制约。

---

　　① 北京市朝阳区永续全球环境研究所(GEI):《GEI 与 DRI 联合举办"推动缅甸可再生能源发展主题研讨会"》,2018 年,http://www.geichina.org/workshop_in_myanmar/。

（一）社会组织的发展缺乏体系化法律保护与政策支持

目前中国的社会组织发展仍缺乏完善的法律体系支持，社会组织如何行使相应权力，管理如何配套，尚缺少具体细化的法律法规；有些法律带有较强的政治和行政色彩，缺乏政府官员与非政府组织人员之间的职务和责任关系的规定。2016 年 3 月颁布的《慈善法》和 2017 年 4 月颁布的《境外非政府组织境内活动管理法》是政府引导非政府组织健康发展的重要举措。这意味着更加明确非政府组织和社会组织的宗旨、职能、性质、权利与义务等内容，把其纳入制度化、规范化和法律化的轨道，确保其合法地位并保障其正常的运行环境，但未来仍任重道远。以《境外非政府组织境内活动管理法》的颁布为例，这是中国大陆第一部专门针对境外非政府组织的法律，表明政府提升了对于非政府组织的重视，促进其加入全球治理体系以提升治理方式的多元化。但在具体实施过程中仍存在取得登记的境外非政府组织占比偏低、获得业务主管单位支持难度高、业务活动范围匹配困难等问题。面对业务活动范围跨领域的境外非政府组织，后续开展业务活动可能需要其业务主管部门牵头协调其他有关部门，这需要我国进一步细化业务主管的职责和要求。①

另外，相对于欧美国家，保护中国本土社会组织在境外活动、参与援外项目的法律法规更是几乎没有。社团、民非和基金会三个管理条例中均没有给社会组织在海外设立办事处或分支机构提供政策依据，而且审批程序也不完整。本土社会组织在参与境外活动时，一旦发生突发状况，难以以合法身份得到国内法律的保护。同样，合法身份的缺失也难以得到援助国、项目参与地的相关政策支持。而在北美和欧洲，在基于法律保障的基础上，政府的官方发展援助资金有相当一部分是通过社会组织走向世界来实施的。如美国国际开发署（USAID）在推动非营利组织走向国际方面，政府立法先行。早在 1981 年，美国公法（97—113）②就规定，USAID 年度预算的 12%—16% 给予私人志愿组织，由各种非政府组织实施以社团为基础的援助活动及从事基础设施援助活动等。USAID 在援助

---

① 张涓：《境外非政府组织境内活动注册问题研究——以环保类为例》，《环境保护》2017 年第 17 期，第 60—62 页。

② 黄浩明、赵国杰：《美国非营利组织国际化发展现状与趋势》，《中国行政管理》2014 年第 3 期，第 115—118 页。

中的主要职责是提供资金、规划项目、选择适合的实施机构以及对项目进行管理和监督。①与之相比,中国政府官方发展援助资金运作主要由政府机构负责实施,对外援助中缺少民间参与的活力,也并未给社会组织制度性参与渠道;而且中国本土社会组织的国际化程度较低,在缺乏法律与政策保障前提下的"走出去"项目均风险较高,且缺乏稳定资金与人才资源等方面的支持。

（二）社会组织的专业化管理水平和国际化程度均有待提升

尽管随着中国经济体量的增大以及国际地位的不断提升,必然要求中国政府、社会组织以及企业等多元行为体更多地参与全球治理,发挥中国负责任大国的角色。但是受法律支持、资金来源以及人才招募等方面的影响,中国社会组织的国际化程度较为缓慢,其活动能力和国际视野都有待加强。这在很大程度上阻碍了社会组织在应对国际性治理议题中的能动作用。从中促会的统计来看,大多数社会组织参与国际事务都局限于参加国际会议和区域活动,还没有真正形成实体类的社会组织在海外设立的办事处和工作执行机构。

这种国际化程度低的根源很大程度上与上面提到的支撑性法律体系和政府政策不完善相关,但从本质上而言可以归结为本土社会组织的专业化管理水平欠佳,内部运作能力不足主要表现在:其一,很多本土社会组织定位模糊,缺少切实可行的中长期目标。组织内部凝聚力不足,成员培训目标不明确,难以成为专业权威的发声组织。其二,部分社会组织缺乏确实可行的管理章程,许多组织章程形同虚设,组织行事风格受官僚行政影响深刻。由于历史发展阶段的原因,部分社会组织曾是政府的下属机构,陈旧的管理模式限制了组织国际化发展。如组织领导人出国审批手续繁琐,还要求每年只能出国一次等。②其三,无政府背景的本土社会组织中,组织创办人往往对组织管理有绝对权力,对人事任免、组织发展有强烈的人治风格,缺少像国外非政府组织那样有明确规章制度与监督体制。其四,社会组织开展和参与国际议题缺乏专业人才。社会组织参与国

---

① 张霞:《美国国际开发署与非政府组织的合作模式》,《国际资料信息》2011 年第 1期,第 13—17 页。
② 黄浩明、石忠诚、张曼莉等:《我国社会组织国际化战略与路径研究》,2015 年 12 月28 日,http://www.chinanpo.gov.cn/700103/92507/index.html。

际事务,要求一批综合素质较高的人才,包括宽阔的国际视野、博大的知识面、良好的政治素质、专业化知识和良好的多语言能力,除此之外还需要工作人员拥有丰富的参与经历、熟练的沟通能力、较强的合作意愿和较好的人际关系网络等。显然,中国社会组织的人才现状与上述要求差距甚远。

具体到全球气候治理领域,本土社会组织在气候治理中的国际化程度、权威水平、动员策略均有待提升。只有持续推动社会组织的国际化和专业化水平,才能有助于提高中国在全球气候治理的话语倡议能力。专业性权威是非政府组织国际影响力的根基之一,而本土社会组织由于自身发展需求往往过多关注国内环保议题,缺乏对气候议题的长期追踪积累,在具有国际视野的议题中失语较多。即使参与国际气候谈判,大多社会组织只是将组织目标限定在场外倡议和宣传活动,或是气候领域的人文交流,而在权威报告推送、政策倡议、规则诠释、标准设定和监督方法设定上的经验非常有限。这种专业素质的缺乏和人才缺口很大程度上限制了中国社会组织的国际影响力发挥。而在国内层面,社会组织应对气候变化的活动也存在内容单一,持续时间短,与公众需求和现实脱节等问题。深层次的活动策划欠佳,后续追踪不够,导致发动面有限,民众参与度也有限。

(三) 社会组织参与气候治理嵌构的议程倡议能力有限

国际议程倡议是指相关行为体将其关注或重视的创新性议题通过倡议的方式融入国际既有政治议程,从而获得优先关注的过程。①政策倡议能力是社会组织参与气候治理嵌构,提升自身治理性话语权的重要手段。中国本土社会组织的政策倡议能力取决于其同国外行为体(国际组织、外国政府、国外非政府组织与国外媒体)之间的互动路径选择以及对外政策倡议的接纳程度高低。整体而言,中国社会组织对国外行为体的表达途径有如下五种方式:一是直接向国际组织提交意见与倡议;二是在国际场合与外国重要官员对话与说服;三是借由举办角边会等相关活动提出政策倡议与问题解决方案;四是参加国外非政府组织所举办的活动并试图

---

① Steven G.Livingston,"The Politics of International Agenda-Setting: Reagan and North-South," *International Studies Quarterly*, Vol.36, No.3, pp.313—315.

与之联手倡议;五是借由国际媒体报道与其他行为体沟通。①

由于本土社会组织综合性国际人才匮乏、对于气候议题的长期性追踪不够、权威性研究实力不足且国内层面的政策支持有限,致使其在国际气候谈判会议中参与度较低,发声较少,从而导致社会组织在同国际组织及其重要官员的互动过程中,所能把握的倡议嵌入时机有限,有效对话合作空间受制约,对气候话语的引导力严重不足。在组织气候边会以及参与国际非政府组织所举办的相关活动过程中,中国社会组织缺乏灵活策略和倡议联盟建构来共同提出联合性政策倡议与独特的问题解决方案。当然,国际非政府组织(网络)也存在"南方"代表性不足和隐形"南北差距"的问题。国际非政府组织高层人员中来自发展中国家的较少,能够从发展中国家利益出发,为发展中国家做出的成绩和发展成果说话的高层声音就更少,且存在发言偏向性问题,即对发展中国家的不足和发展缺陷方面批评性表述比较多。

中国社会组织同媒体合作能力,特别是同不同的国际媒体沟通能力仍然极为有限。尽管由社会组织推动的中国气候公共外交可以发挥配合官方外交并维护国家利益的作用,但如果在理念创新和话语传播中只关心本国面临的问题,对其他地区和全球问题漠然置之,则很难引起国际社会的共鸣和响应。另外,即使有天下胸怀,还要注重政策倡议的客体接纳度,做到到什么山上唱什么歌。②这意味着本土社会组织同国际媒体互动过程中,其话语塑造中最为重要的关注点应是以传播对象为中心,需要通过话语转化和多元传播手段来设计不同的传播策略并有所重点地施加影响。同时,本土社会组织对信息化建设的重视程度不足。互联网时代,国内外民众往往首选通过浏览其网站或者公众号来了解社会组织的运行机制与活动状态。但即使是中国民间促进会(CANGO)、中国发展简报、中国民间气候变化行动网络(CCAN)这样有威望的社会组织也存在信息更新不及时、活动数据陈旧、新闻链接无法打开等问题,而且核心的章程文件、活动项目与成效、资金使用情况等都缺乏相应的英文国际化网页;也

---

① 赖钰麟:《政策倡议联盟与国际谈判:中国非政府组织应对哥本哈根大会的主张与活动》,《外交评论》2011 年第 3 期,第 72—87 页。

② 王义桅:《中国公共外交的自信与自觉》,《新疆师范大学学报》(哲学社会科学版) 2015 年第 2 期,第 74—78 页。

未能重视同新媒体时代接轨，加强自身在微信公众号、微博、抖音等多元平台上的倡议宣传。

（四）社会组织参与气候治理嵌构的网络协调能力欠佳

全球气候嵌入式治理本质上强调了物质和社会关系是如何通过动态的过程产生行为体间的结构。①嵌入式治理过程就分析各类行为体如何在多层网络治理体系中进行互动，特别是侧重于非国家（市场、社会）行为体如何融入治理机制复合体。非政府组织在进行关系性嵌入、结构性嵌入和规范性嵌入的过程中，为了提升自身的资源调动能力和杠杆性影响力，往往同其他非政府组织（网络）、国际组织等结成网络性伙伴关系，发挥着一种重要的网络性协调力。从根本上而言，提升中国本土社会组织在全球气候治理中的议程倡议能力除了提升本身的"走出去"（参与性）和"喊出来"（倡议性）之外，同国际组织和国际非政府组织之间的互动嵌构性塑造也非常关键。

具体而言，关系性嵌入是指治理机制复合体中行为体之间的联系强度，即联系频率和联系稳定程度的高低。治理中各行为体间信息、技术与知识的分享与交流越频繁，越有利于强化共享语言和共同目标，从而建立更为紧密的网络性联系并促进信任的产生。②目前中国本土社会组织同国际组织和国际非政府组织之间的互动频率仍然比较低，只有通过制度化的项目合作、会议交流、经验分享等才能拉近各主体间的距离，加强相互联系与认识，提高知识信息沟通效率，为建立信任和推动协调奠定基础。

结构性嵌入主要关注行为体在机制复合体中所处的位置与其治理效果之间的关系。网络位置是各行为体互动过程中主体间所建立的关系的结果，其中制度性嵌入是最为重要的体现形式，比如同核心行为体的制度性互动和协调，机制化参与渠道的建立（包括科学报告发布、政策倡议、政策咨商、政策评估反馈）。我国本土社会组织由于取得联合国咨商地位的

---

① 参见陈冲、刘丰：《国际关系的社会网络分析》，《国际政治科学》2009 年第 4 期，第 92—111 页。

② Brian Uzzi, "Social Structure and Competition in Interfirm Networks: The Paradox of Embeddedness," *Administrative Science Quarterly*, Vol. 42, No. 1, 1997, pp.35—67.

成员很少,①因此同核心机制之间的制度性互动程度很低,也未能同联合国机构等核心机制建立较为稳定性的合作关系。值得注意的是城市网络、跨国企业以及国际非政府组织网络得益于自身较强的治理实力,在机制复合体中的结构性嵌入均呈上升趋势,但是中国社会组织同上述网络的伙伴关系建设滞后,在获得资金技术信息、社会/商业性网络资源等方面有很多制约。

最后,规范性嵌入是指在参与到国际体系文化环境的过程中,行为体对体系中核心价值规范(价值观、规则和秩序)的认知、融入和适应以及能动性影响。在这一过程中不仅仅是行为体被动接受相应的规范,同时也是推进规范创新扩散以及实践学习的过程。不可否认,中国社会组织受到中国政治文化和政治体制的影响,对于中国政府与国外行为体往往采取有节制的而非逾越界线的温和性表达途径。本土社会组织往往缺乏辩证性将中国基层实践创新提升到规范倡议和规范引领层面的能力,在规范性嵌入上仍处于较为被动的地位,同时对于国内政策的单纯阐释而非学术性、专业性的提炼与升华也不利于中国规范性话语的扩散。

四、后巴黎时代提升社会组织
治理嵌构能力的路径选择

2016年二十国集团杭州峰会后,习近平总书记在参加中共中央政治局第三十五次集体学习时提出,中国要提高参与全球治理的能力、增强国际规则制定的能力。②虽然中国在全球气候治理中发挥越来越重要的作用,但在国际制度中的建章立制以及同非国家行为体的良性互动等方面还缺乏经验,治理能力和策略选择都亟待提升。特别是在后巴黎时代,随

---

① 联合国经社理事会可以授予国际非政府组织三种咨商地位认证:"全面咨商地位"、"特别咨商地位"和"名册咨商地位"。咨商地位的不同种类决定该组织可参与的联合国活动的领域范围。

② 习近平:《加强合作推动全球治理体系变革共同促进人类和平与发展崇高事业》,习近平在中共中央政治局第三十五次集体学习中的发言,新华社,2016年9月28日,http://www.xinhuanet.com/politics/2016-09/28/c_1119641652.htm。

着多元行为体参与的网络化治理嵌构已经成为气候机制复合体的发展新态势,中国本土社会组织在走出去的过程中需要更加注重提升自身的治理嵌构能力。

（一）在法律体系完善基础上分阶段推进本土社会组织的国际化程度

在推进国际化方面,在加强法律保障和资金扶持的基础上,要遵循由易到难、选好突破口、善找帮手的原则。不能盲目地推动大批社会组织走出去,切忌急功近利和采取大跃进的方式。可以根据不同社会组织的特点制定发展方向和发展重点,通过专项资金、项目招标、国际会议支持等方式来循序渐进地推动国际化进程,当然也鼓励本土社会组织积极寻求国际资源和来自私营部门的支持。如侧重支持行政背景色彩较淡且专业性较强的本土社会组织作为国际化示范,然后再引领其他社会组织有序登上国际舞台。在自身条件发展成熟之后推出去的社会组织才能够较快地站住脚跟并稳固发展。

发展政府部门针对本土组织国际化的相关协调和引导机构。可以以推进社会组织参与气候援助为突破口,通过"民办官助"的形式推进社会组织参与国际化的气候治理项目。首先,需要从法律上保证社会组织的合法性参与,特别是社会组织参与国家对外援助的立法工作。与此同时,通过国家多部门协调来尽快制定社会组织参与对外援助的具体法规和实施细则,形成社会组织实施国际化战略的法律基础,从而保证社会组织"走出去"有法可依。其次,从顶层设计层面考虑,建立社会组织国际化战略工作的部级协调机构,也可以利用现有的援外部级协调机制。加强参与国际化战略实施的社会组织能力建设,利用政府与民间合作基金,鼓励一批优秀的社会组织利用官方发展援助开展国际交流、人道主义援助和人力资源培训事务。最后,鼓励、支持我国社会组织拓宽与知名的国际组织、国际性社会组织的合作,形成与发达国家、发展中国家社会组织网络的交流机制。如加入国际和区域社会组织联盟,争取国际组织的咨商地位或参与国际机构社会组织工作小组等,从而获得更多的机会参与国际事务和议程设定。

（二）注重本土社会组织参与气候治理嵌构的专业化和权威性

气候变化研究是一个依赖于交叉学科的专业性很强的治理领域,会涉及技术标准、技术合作、专家培训、资源调查、援建科研机构、联合研究等各方面,只有建立在专业性之上的社会组织才会更具权威性,更被认可。只有通过提升自身专业知识与议题应对科学性,提出具有参考价值与说服力的建议,才能提升中国社会组织在全球气候治理中的倡议能力。因此,我们需从根本上提升本土社会组织的专业性权威和品牌化发展。

第一,注重社会组织的功能定位和品牌化建设。根据自身组织的优势和特长来确定核心业务领域,不能对环境领域所有的问题都涉猎,对待环境问题也应持续性地研究追踪。同时,注重专业知识的创新性学习与研究,而不仅仅是对于政府政策的诠释,所提出的政策倡议需要基于严谨的调研和科学性研究。然后通过专业报告、指数排名以及政策倡议等方面将专业性和权威性研究成果推广出去。注重加强国内外智库交流,引导国际学术界展开同气候善治和生态文明的相关研究和讨论,加强相关外文学术网站和学术报告建设,扶持通过多元方式面向国外推介高水平研究成果。①第二,需要从根本上加强社会组织人才队伍建设等工作。中国社会组织中专业素质的缺失和人才缺口很大程度上限制了其国际影响力的发挥,如在法律规则诠释、专项技术合作、标准设定和监督方法设定上的经验非常有限。因此人才水平的提高将极大地影响社会组织的国际化水平,需要积极寻求同国内有关高校及科研院所等教育平台合作,设立涉及社会组织与全球治理相关的专业方向,从而培养具有专业能力、国际视野和家国情怀的复合型人才,并吸引其参与社会组织的实习与实践。第三,通过制度性管理优化和综合性发展网络的建构来提升社会组织的品牌化建设。中国社会组织的制度建设需要学习和汲取国际非政府组织的经验,参考相关的科学合理的组织架构模式并确定好自身的功能性定位,在明确优势领域突破基础上来提高社会组织行动效率和办事能力。特别是通过有效的国际网络融合来拓展气候治理的国际发展资源、强化信息资源与最优实践交流、推进某一气候治理领域国际合作性项目的开展,从而提升本土社会组织在气候治理领域的口碑和品牌性影响。

① 习近平:《在哲学社会科学工作座谈会上的讲话》,人民网,2016 年 5 月 18 日,http://politics.people.com.cn/n1/2016/0518/c1024-28361421-2.html。

（三）重视提升在全球气候治理中的议题倡导和话语传播能力

成功的议程倡导一般涉及两个维度：一是在倡议议题选择与内涵框定环节，二是对倡议议题提出的"切入点"选择。具体而言，一是要注意选择那些既与本身利益密切相关，又能引起国际社会广泛关注的议题，特别是设法将选择的议题界定为具有"公共物品"属性的议题，或将一个纯粹的技术议题上升为政治或伦理问题。①二是倡议切入点选择包括全球知识生产场所，跨国网络及国际主流传媒，关键的国际组织、国际会议或联盟活动。②这意味着本土社会组织在参与气候治理过程中，要注重科学与政治互动过程中对于关键进程的把握，要注重节点性的重要事件以及针对性的影响策略：如国际会议的主场外交、重大宣传活动、系列性研讨会的新闻信息发布，突发性事件的报道和危机公关，国家领导人在国际重要场合的演讲等都有利于引发国际社会对于特定议题的关注并纳入国际政治议程。③相比于西方，中国社会组织在提出政策倡议、进行网络活动、组织边会、同国际媒体互动等方面处于起步和学习阶段，仍需系统性的学习与培训。值得一提的是，由中国民促会推动于 2009 年建立的中国发展有效性网络（CEDN），旨在通过一系列倡导活动、论坛、培训及对话，为中国公民社会组织的发展、援助有效性的完善提供平台。

议程倡议能力同专业传播能力紧密不可分。得益于本土社会组织具有更强的民间交往能力，可以以一种更加亲民的方式表现真实的中国，讲述生动的中国故事。④传播能力的提升要注重以下几个方面：一是在气候传播中加强同政府、国内媒体和国际媒体的合作性互动，在信息传播上力求专业性和细致性。特别是在走出去过程中要注重同国外媒体记者、国

———————————

① 陈正良、高辉、薛秀霞：《国际话语权视阈下的中国国际议程设置能力提升研究》，《中国矿业大学学报》（社会科学版）2014 年第 3 期，第 93—98 页。

② John A. Vasquez and Richard W. Mansbach, "The Issue Cycle: Conceptualizing Long—Term Global Political Change," *International Organization*, Vol.37, No.2, 1983, pp.257—261；参见韦宗友：《国际议程设置：一种初步分析框架》，《世界经济与政治》2011 年第 10 期，第 38—52 页。

③ 李旭：《议程管理与政治认同》，《南通大学学报》（社会科学版）2017 年第 4 期，第 65—69 页。

④ Liping S., "Still Water Runs Deep: On Practices of Innovative Development in People-to-People Diplomacy of Henan", *International Understanding*, No.2, 2017, pp.53—56.

际非政府组织人士和国际组织官员进行有效互动与沟通。二是重视传播中的话语转化技巧,即不同文化背景下话语对接的可能性和可行性。中国公共气候外交中,部分工会、共青团、妇联、残联、科协等枢纽型群众团体和社会组织受国内体制文化以及自身传播能力的影响,走出国门后还不能灵活转换话语体系,用国际社会听得懂、易接受的语言开展沟通交流,导致不能充分发挥其特殊的话语传播优势。在传播中国气候治理民间贡献时不仅要突出本土社会组织的实践创新之处,还要结合不同国家的文化背景和语言习惯进行针对性传播。三是国际化长效性传播平台的建构。本土社会组织虽然注重参与每年的缔约方气候谈判并积极组织相应的边会活动,但是其持久性和长效性不强。毋庸置疑,传播平台的机制化发展可以促进话语传播的长效性影响,如可以通过科学联盟、议题联盟网络等各类传播平台构建来拓展中国研究的国际影响力。①

(四)通过网络协调策略来推进"一带一路"复合型气候公共外交

鉴于治理嵌构的态势,应该注重通过网络协调策略来推进多元行为体协同参与的气候治理模式。一是中国本土社会组织之间的网络协调机制,充分发挥骨干型社会组织的枢纽功能和引领作用。通过社会组织之间的多中心网络分工协作,加强政府与社会组织之间的信息交流和沟通,提升多部门协同能力。如定期召开外交部门与相关社会组织的工作协调会,与骨干型社会组织建立稳定的合作伙伴关系。二是加强企业与社会组织之间的协调,推动中国企业在海外的气候友好行。社会组织通过协助企业履行企业环保社会责任、开展国际公益慈善,参与三方利益协商和对话协调,提供政策建设咨询等形式回馈企业。三是加强中国社会组织与国际组织、国际非政府组织、国际政策倡议网络、气候与低碳全球伙伴关系网络之间的协作。其中突出的案例表现为,中国民间气候变化行动网络(CCAN)已经成为全球气候变化行动网络(CAN)的中国分支,在网络协定性行动和全球治理嵌构的参与程度上都上升很快。只有不断提升本土社会组织的国际化和专业化水平,不断通过网络协调策略强化气候治

---

① Steven G.Livingston, "The Politics of International Agenda-Setting: Reagan and North-South," *International Studies Quarterly*, Vol.36, No.3, 1992, pp.314—326.

理的嵌构程度,才能有助于强化中国在全球气候治理中灵活性的话语倡导和规则制定能力。

"一带一路"沿线国家多为气候脆弱型的发展中国家,减缓和适应气候变化的能力均有待提升。将绿色"一带一路"建设过程同中国民间气候治理实践"走出去"相结合,有助于中国民间组织在推进"一带一路"复合型气候公共外交过程中发挥更大的作用。从治理嵌构的发展态势来看,我们可以从区域气候善治角度出发,统筹公私社媒力量,通过推进地方政府、本土社会组织同国际非政府组织、企业等私营部门、高校智库、国内以及国际媒体进行互动强化,来推进一些基于地区伙伴关系网络的创新性治理模式建构。如 2016 年多家国内及国际智库、环保组织和公益基金会等单位启动"一带一路"绿色发展平台,以实现联合国 2030 可持续发展和《巴黎协定》为目标,着眼"一带一路"所涉及的生态环境保护、气候变化应对、能源转型、绿色金融和产业合作等领域的多元合作。①在 2017 年波恩气候大会上,该平台组织了"一带一路"绿色发展与气候治理系列边会,邀请了气候变化、能源、金融等领域专家和发展中国家政府代表,共同探讨带路绿色发展与气候治理相关的机遇与挑战。②不仅吸引众多机构和媒体的积极参与,也得到带路沿线发展中国家以及相关非政府组织和企业的关注。此类创新型伙伴关系的建构可以团结国内外力量,并调动多元资源来推进气候善治,在推动"一带一路"的绿色发展的同时,提升中国在全球绿色治理中的引领倡导性权威,是中国参与气候治理嵌构的重要着力点。

五、结　　论

在全球气候治理日益发展成为一种机制复合体的过程中,民间行为体的治理实践是通过一种嵌入方式同其他关系网络进行联系,同时不断

---

① 全球绿色影响力:《"一带一路"绿色发展平台项目介绍》,2017 年 1 月 13 日,http://www.chinagoinggreen.org/?p＝6966。

② 全球绿色影响力:《"一带一路"绿色发展与气候治理系列边会·德国波恩 COP23》,2017 年 12 月 1 日,http://www.chinagoinggreen.org/?p＝7353。

重构治理体系的过程。在气候治理机制复合体的演进过程中,非国家行为体参与的网络化拓展及其治理性权威的上升,对于后巴黎时代的气候治理格局产生不可忽视的影响,如非国家行为体所推动的地方气候治理实践及其所承载的低碳规范标准,将在很大程度上推动并影响气候治理的演进。同时,国际非政府组织在后巴黎时代的细则谈判落实和盘点监督机制中拥有更多话语权,其国际法主体地位和软法影响力不断提升。不同跨国合作机制通过网络式嵌入的方式,加强了全球气候治理体系的机制韧性和治理弹性,有助于强化多元行为体和多维机制的聚合与协调。这种多元行为体之间的网络化嵌构态势也影响了气候谈判集团的策略选择,如欧盟日益通过引领协调型政策强化同国际非政府组织之间的互动,以保持自身的话语权。

不可否认的是,在气候治理嵌构发展大趋势下,发展中国家将面临更为复杂的气候谈判格局,同非国家行为体的互动能力将影响一国在后巴黎时代气候谈判格局中制度性权力的获得。中国同国际非政府组织的互动和合作经验相对较少,并且本土社会组织的国际参与和影响力发挥仍相当有限。基于此,中国在参与全球气候治理嵌构过程中需要认识到本土社会组织国际化的必要性及同其进行良性互动的重要性,从而与官方的气候外交形成更好的互补作用。为了大力推进本土社会组织"走出去"并更为深入地嵌入全球气候治理实践,社会组织需要注重提升四种网络性参与能力:一是全面提升国际化视野与参与能力,二是强化专业性和权威性能力,三是拓展议题倡导与话语传播能力,四是通过网络协调策略来推进"一带一路"复合型气候公共外交的发展。最终通过本土社会组织的跨国伙伴关系网络建构和制度嵌入性能力强化,从而更为灵活而务实地提升中国在后巴黎时代气候治理中的结构性影响力和话语性引导力,"润物细无声"地讲好气候应对中的中国故事。

国家形象、规则塑造能力与中国碳市场演进

罗天宇　秦　倩[*]

【内容提要】　中国碳市场的演进,既受国内行政因素的影响,也与全球气候治理、国际能源形势密切相关。本文力图从国家形象与规则塑造能力两个层面考察国际因素对中国碳市场演进的影响,并在对比 2009 年以来中国碳市场与全球气候领域发生的重要事件的基础之上,分析中国碳市场与国际因素的互动机制。本文认为,中国碳市场的成功推进有利于中国塑造一个负责任的排放大国的形象。同时,一个健全的碳市场也有助于中国在气候领域获得相应的规则塑造能力。对国际因素的回顾能帮助我们更好地理解中国碳市场发展的脉络,并在此基础上进一步探讨未来中国碳市场发展的可能方向。

【关键词】　中国碳市场;国家形象;规则塑造;国际因素;发展历程

【Abstract】　The evolution of China's carbon market is not only influenced by domestic administrative factors, but also closely related to global climate governance and international energy situation. This paper tries to investigate the influence of international factors on the evolution of China's carbon market from the perspective of national image and rule-shaping capacity, and analyzes the interaction mechanism between China's carbon market and international factors based on the comparison of the important events in China's carbon market and global climate field since 2009. This paper argues that the successful promotion of China's carbon market is conducive to China's image as a responsible emitter. At the same time, a sound carbon market will also help China gain the rule-shaping capacity in the climate governance. The review of international factors can help us better understand the development of China's carbon market and further explore the possible future development direction of the carbon market on this basis.

【Key Words】　Chinese Carbon Market, National Image, Shaping the Rules, International Factors, Development History

*　罗天宇,清华大学社会科学学院博士生;秦倩,复旦大学国际关系与公共事务学院副教授。

一、引　言

随着经济与社会发展,气候问题已经成为全球性问题。根据《京都议定书》的谈判和评估结果,市场手段是解决该问题最灵活、高效、公平的方式,2009 年的哥本哈根会议所达成的协议虽然并未获得通过,但其所确立的 2 摄氏度升温目标在气候变化临界点与温室气体排放总量关系日益清晰的今日,实际上是对全球碳排放总量的确定(即使计算方式不同,也仍有一个阈值)。2011 年德班平台进一步明确于 2015 年达成 2020 年后对所有缔约方具有法律约束力的全球气候协定,从而为全球碳市场的发展奠定了基础。①由于碳税对于排放总量控制的不确定性,越来越多的政策制定者试图使用基于总量控制的碳交易政策。

中国的碳市场建立经历了相对较长的一段铺垫时间。最初就《联合国气候变化框架公约》谈判之时,中国主要将其看成一个环境问题,并没有意识到背后蕴含的政治与经济影响。《京都议定书》的签署让中国模糊地认识到经济发展和贸易在未来可能受到气候变化的影响。但是由于"共同但有区别的责任"这一原则的存在,前两期中国相应的减排义务较少,甚至还有一定的减排富余可以转而与高排放量的国家进行交易,所以中国进入世界碳交易体系最初主要是以清洁能源机制(CDM)中单纯卖家的身份,并没有考虑自身的碳市场的构建。而在欧盟对来自中国的 CDM 项目进行限制以后,且随着全球气候治理领域的形势出现了变化,中国开始推进自身碳市场的建设。2011 年中国国家发改委批准北京、天津、上海、重庆、湖北、广东和深圳共七个省市开展碳排放权交易试点工作,2017年 12 月 19 日全国碳排放权交易市场率先从发电行业启动。

诚然,中国碳市场的发展离不开国内的政策因素。但是,作为排放大国,中国在全球气候治理领域扮演了重要的作用,撇开国际因素的考虑,难以全面地讨论中国碳市场的发展逻辑。本文希望从国际互动这一角度

---

① 彭斯震、常影、张九天:《中国碳市场发展若干重大问题的思考》,《中国人口·资源与环境》2014 年第 9 期,第 2 页。

出发,考察中国碳市场变迁中的国际因素,以及这种互动机制对我国未来的影响。本文将首先从国家形象与规则塑造能力两个层面分析国际因素对中国碳市场发展造成影响的原因,并在此基础上进一步将可能出现的国际因素归类;接着将列出自 2009 年哥本哈根气候大会以来中国碳市场与全球气候政策领域相关重要事件的对照表;下一节通过对比分析中国碳市场与国际因素互动的机制。最后的第五节将总结全文,并展望中国碳市场未来的发展。

二、国际因素与中国碳市场的互动媒介: 国家形象与规则塑造能力

中国的生态环境较为脆弱,受气候变化影响负面较大。极端天气气候事件会造成极大的经济损失和人员伤亡。以 2011 年为例,该年共有 4.3 亿人次不同程度地受灾,直接经济损失高达 3096 亿元。[1]遏制温室效应的恶化有利于中国未来的生存环境。因此,中国碳市场发展首先受到国内现实需求驱动。

但是,如威廉·诺德豪斯所言,应对全球气候变化是一种典型的全球性公共产品,在他的定义下,此类公共产品是"添加剂"式的,即其生产是不同贡献者的总和。这一类型的公共产品往往面临搭便车的风险。[2]因为无论各国提供的公共产品的份额是否具有差别,最终它们需要面对的结果是一致的。[3]就"添加剂"式的公共产品而言,不能忽视国际因素的影响。然而,相关文献对中国碳市场与国际因素的互动历程及其发展机制的讨

① 国家发展和改革委员会:《中国应对气候变化的政策与行动 2012 年度报告》,2012 年 11 月,http://www.cec.org.cn/d/file/huanbao/hangye/2012-11-26/3e8dc7ba7d6a67af-416fda6e1603302c.pdf。

② William D. Nordhaus: Paul Samuelson and Global Public Goods, A commemorative essay for Paul Samuelson, http://www.econ.yale.edu/~nordhaus/homepage/homepage/PASandGPG.pdf.

③ 需要强调的是,在微观层面,不同的国家对全球变暖的承受力是不同的,比如小岛国联盟对全球变暖就是最不能接受的。相关分析可见张莉:《发展中国家在气候变化问题上的立场及其影响》,《现代国际关系》2010 年第 10 期,第 26—40 页。

论不足,即使偶有文献涉及这一领域,也多呈碎片化,着眼于具体的核心议题,比如《巴黎协定》或是"一带一路"倡议。①对国际因素的总体性讨论通常聚焦在中国构建碳市场的意义与碳市场的比较研究之上。②目前并无文献对中国碳市场发展中的国际互动机制作较全面的阐述。

那么,国际因素会对中国碳市场的发展产生什么影响呢? 在何等情况下,中国碳市场的发展会受到制度性的约束? 这些问题可以从国家形象与规则塑造能力两个层面进行分析。

首先,在气候问题日益引起全球重视的大背景下,中国在气候问题上的表现成为影响中国国家形象的重要因素之一。其中,碳市场的推进发展与中国在气候问题上所作的承诺密切相关,会对中国的国家形象产生影响。总体来看,作为一个排放大国,中国面临的减排压力随时间的推移呈不断上升趋势。③一方面,中国需要与传统发达国家就排放的历史责任

① 对于国际上各个碳排放机制之间链接的现状及其对中日韩三国未来之间的合作的指导意义,可参见叶楠:《中日韩碳排放权交易体系链接的评估与路径探讨》,《东北亚论坛》2018 年第 2 期,第 116—126 页;对于中国在"一带一路"倡议背景下讨论碳交易体系的合作,可参见郑玲丽:《全球治理视角下"一带一路"碳交易法律体系的构建》,《法治现代化研究》2018 年第 2 期,第 46—56 页。其他关于《巴黎协定》的研究,可参见党庶枫、曾文革:《〈巴黎协定〉碳交易机制新趋向对中国的挑战与因应》,《中国科技论坛》2019 年第 1 期,第 181—188 页;田永:《美国退出〈巴黎协定〉与全球碳定价机制的宏观解析》,《价格理论与实践》2017 年第 10 期,第 30—33 页。

② 高山指出有三个理由说明我国发展碳市场的必要性:一是巨量的 CER 被低价出售给发达国家,被他们转手获取高额利润;二是建立碳市场可以更好地应对国际上气候谈判的压力与解决相应的贸易纠纷;三是建立中国碳市场有利于融入全球碳市场体系。在此基础上,高山指出中国碳市场发展中各自为政、交易机制落后、企业积极性不高等问题,并提出构建全国碳交易市场的对策。见高山:《我国碳市场发展对策研究》,《生态经济》2013 年第 1 期,第 78—81 页。荆克迪采取理论与实证相结合的方式,运用定性及定量的研究方法,在分析中国碳交易市场发展的历程的基础上,将其与国际碳排放机制进行对比,并使用博弈论的方法对国家间减排合作进行模型分析,同时还对国内碳交易试点进行了案例分析。见荆克迪:《中国碳交易市场的机制设计与国际比较研究》,南开大学 2014 年博士学位论文。其他相关研究可参见:张健华:《我国碳交易市场发展的制约因素及路径选择》,《金融论坛》2011 年第 5 期,第 3—7 页;于同申、张欣潮、马玉荣:《中国构建碳交易市场的必要性及发展战略》,《社会科学辑刊》2010 年第 2 期,第 90—94 页;王文举、邓艳:《全球碳市场研究及对中国碳市场建设的启示》,《东北亚论坛》2019 年第 2 期,第 97—112 页;易兰、杨历、李朝鹏、任风涛:《欧盟碳价影响因素研究及其对中国的启示》,《中国人口·资源与环境》2017 年第 6 期,第 42—48 页。

③ 2008 年中国二氧化碳碳排放量超过美国,成为全球最大的二氧化碳排放国。见潘家华、张丽峰:《我国碳生产率区域差异性研究》,《中国工业经济》2011 年第 5 期,第 47—57 页。

进行博弈,另一方面,发展中国家在气候问题上并未形成一个如"伞形集团"一般的利益共同体。"小岛国联盟"面临生死攸关的危局,某些发展中国家则对于国际气候援助资金分配不满。①中国面临的减排压力同时来自发达国家与发展中国家。而通过建设碳市场,中国能表达低碳建设的决心,以此落实我国在相关气候谈判上的承诺,树立起一个负责任大国的形象。

而从规则塑造能力这一角度来看,碳排放交易市场的份额随着国际社会的不断重视而日益加大。对于中国而言,碳市场的演进最初与清洁能源机制(CDM)密切相关。虽然中国的实体经济企业为碳市场创造了众多的CDM减排额度,但彼时中国在国际CDM市场处于相对弱势的地位,相应地也难以谈及规则的塑造能力。而在欧盟出台关于采购CDM项目的禁令以后②,中国"被迫"需要思考碳产业发展的新方向,也有了更多的机会参与碳交易规则的塑造。

据世界银行测算,全球二氧化碳交易需求量预计为每年7亿—13亿吨,这个数字意味着国际温室气体贸易市场的年交易额在140亿—650亿美元之间。不论在中国还是在全球,碳交易市场都会成为一个潜力巨大的金融与贸易战场。③随着碳定价机制覆盖的全球排放份额不断增加,构建一个碳市场不仅可以在配额拍卖中获得一定的收入,同时碳交易所衍生出的金融产品也能带来较高的经济利益。当前从市场本身的角度分析中国碳市场的文献为数不少④,但是却鲜有从规则塑造能力的角度对碳市

① 张莉:《发展中国家在气候变化问题上的立场及其影响》,《现代国际关系》2010年第10期,第26—40页。

② 见《中国CDM大户或被拒欧盟门外》,http://www.ccchina.org.cn/Detail.aspx?newsId=25572&TId=58。

③ 联合国开发计划署:《中国碳市场研究报告2017》,第20页。见https://www.undp.org/content/dam/china/docs/Publications/UNDP-CH-Environomist%20China%20Carbon%-20Market%20Report%202017_En.pdf。

④ Alex Y. Lo与Xiang Yu指出中国正在为建立一个有效的碳市场而努力,但是中国碳市场的发展中缺乏具备专业金融知识的机构制度化的过程,企业对与排放权交易相关的高级金融服务需求疲弱。因此中国碳市场存在流动性不足的缺点,国内金融机构在市场发展中并未扮演重要角色。见Alex Y. Lo Xiang Yu, "Climate for Business: Opportunities for Financial Institutions and Sustainable Development in the Chinese Carbon Market," Sustainable Development Vol.23, 2015, pp.369—380;王嘉泽指出中国的试点碳市场存在(转下页)

场的讨论。

世界银行《碳定价的现状与趋势》2016 版中详细论述了国内的碳政策及其他政策是如何联动促进减排目标的实现。但是世行在 2017 年也指出,对于发展中国家来说,单纯的国内政策对低碳经济的建设是不够的,国际合作也不可或缺。气候融资和全球气候市场是两个至关重要的工具。[1]在当前全球现有碳交易机制下碳价波动很大的机遇期[2],逐步构建一个覆盖全国的碳交易市场,对于中国参与全球碳定价有积极意义。从这一维度上说,在全球气候治理领域获得相应的规则塑造能力可视为推动中国碳市场发展的一大因素。

三、中国碳市场发展进程

中国碳市场已有较长时间的规则制定和运行的试点。一国碳市场的构建——包括针对国际上的新变化或新问题进行的调整——自然会受国内政策的影响。尽管如此,正如上文所讨论的,各种国际因素的影响一直不可忽视。例如,联合国气候变化会议是每年全球气候政策领域最重要的事件之一。不过,由于会议往往在年末举行,其对中国碳市场的影响经常在后续的年份体现。

下表对照的是自 2009 年起中国碳市场发展与国际气候政策领域同碳市场有关的一些重要事件。

(接上页)价格失灵问题,无法有效地进行价值投资,却鼓励频繁交易,其投机氛围较为浓厚。为此,建立全国统一碳市场时应充分考虑"新常态"下的经济环境、着力构建动态配额供给机制、引导价格预期,并通过逐步提高拍卖配发碳配额的比例,加快碳配额衍生品市场的发展,完善碳市场的价格功能,见王嘉泽:《中国碳市场价格行为分析》,吉林大学 2017 年硕士学位论文;其他可见邓茂芝、贾辉:《拍卖机制在我国试点碳市场配额分配中的实践与建议》,《中国经贸导刊》2019 年第 5 期,第 34—36 页;陈欣:《中国碳交易市场价格研究:定价基础、影响因素及定价效率》,陕西师范大学 2016 年博士学位论文。

① World Bank: *state and trends of carbon pricing 2017*,http://documents.worldbank.org/curated/en/468881509601753549/State-and-trends-of-carbon-pricing.

② 2016 年,每吨 CO_2e 的价格跨度从不足 1 美元到 131 美元,大约有 3/4 的排放量价格低于 10 美元/t CO_2e,见联合国开发计划署:《中国碳市场研究报告 2017》,第 18 页。

中国碳市场发展与国际气候政策领域重要时间对照

年份	国际气候领域大事记	中国碳市场发展大事记
2009年	**COP15 丹麦哥本哈根:**达成一份不具有法律约束意义的《哥本哈根协议》,尽管该协议在某种程度上确立了未来国际气候制度的大致轮廓。	
2010年	**COP16 墨西哥坎昆:**申明气候变化是我们时代最大挑战之一,要求发达国家发挥率先作用,同时强调适应与缓解应当同样优先处理;加强技术开发和对发展中国家缔约方转让技术,以便能够开展缓解和适应行动;为发展中国家提供充足的资金。还决定设立绿色气候基金,为发展中国家提供援助,《坎昆协定》虽然有一些不圆满之处,但是总体确认了2013年至2020年应对气候变化合作的大框架。 **欧盟对部分 CDM 项目下达禁止令:**11月25日,欧盟委员会发布提案,要求从2013年1月起,全面禁止特定工业气体减排用于欧盟排放权交易体系(EU-ETS)。该提案禁止的特定工业气体范围包括三氟甲烷(HFC-23)分解项目和乙二酸生产中的氧化二氮(N_2O)减排项目。	**碳市场试点通知发布:**国家发改委发布《关于开展低碳省区和低碳城市试点工作的通知》确定首先在广东、辽宁、湖北、陕西、云南五省和天津、重庆、深圳、厦门、杭州、南昌、贵阳、保定八市开展低碳试点工作。
2011年	**COP17 南非德班:**从2013年1月1日开始实施《京都议定书》第二承诺期,发达国家在第二承诺期进一步减排;进一步启动绿色气候基金,这一基金规定,从2013年到2020年,发达国家每年要向发展中国家提供1000亿美元,用于帮助发展中国家适应和减缓气候变化。坚持公约、议定书和"巴厘路线图"授权,坚持了双轨谈判机制,坚持"共同但有区别的责任"原则。建立德班增强行动平台特设工作组,在2015年前完成2020年之后的国际气候谈判制度。	**七地开始碳市场试点:**2011年10月29日,国家发改委同意北京市、天津市、上海市、重庆市、湖北省、广东省及深圳市开展碳排放权交易试点。要求各试点地区抓紧组织编制碳排放权交易试点实施方案,明确总体思路、工作目标、主要任务、保障措施及进度安排,同时,要着手研究制定碳排放权交易试点管理办法,明确试点的基本规则,测算并确定本地区温室气体排放总量控制目标,研究制定温室气体排放指标分配方案,建立本地区碳排放权交易监管体系和登记注册系统,培育和建设交易平台。

续表

年份	国际气候领域大事记	中国碳市场发展大事记
2012年	**COP18 卡塔尔多哈**:从形式上继续推进国际气候变化多边进程,为京都第二承诺期和巴厘路线图画上句号,并启动后2020国际气候协议的工作计划,但实际上日本、俄罗斯、加拿大、新西兰退出《京都议定书》第二承诺期,欧盟虽然保留相比1990减排20%的目标,但是已然完成18%的排放,澳大利亚定下的减排目标极其微弱。此外,资金问题仍然严峻。 **欧盟决定自2012年1月1日起征收国际航空碳排放税**	《中国温室气体自愿减排交易活动管理办法(暂行)》出台:2012年6月21日,《中国温室气体自愿减排交易活动管理办法(暂行)》正式颁布,《办法》明确国家发改委为中国碳市场的主管单位,并明确自愿减排项目的备案制,同时鼓励国内外机构、企业、团体与个人均可参与温室气体自愿减排量交易。
2013年	**COP19 波兰华沙**:各国意识到2015年应当达成一项适用于所有缔约方的议定书,同时各国意识到地方政府在应对气候危机的时候可以发挥重要的作用,决定加强各地方政府之间的合作;此次会议就发展中国家受到气候变化损害提出"损失损害补偿"机制,但这一机制的资金并未落实到位;各国同意建立一个帮助发展中国家停止森林采伐的"基于结果的气候金融"机制。挪威、英国和美国政府已经宣布提供2.8亿美元的新资金用于这项机制的初期建设。	**各碳交易试点相继运行**:2013年深圳碳交易试点率先运行,拉开碳交易试点的序幕,随后上海、北京、广东、天津相继启动,湖北、重庆两个试点在2014年投入使用。
2014年	**COP20 秘鲁利马**:对于利马气候大会而言,可以看成承前启后的一次大会,一方面,它决定2015年12月巴黎气候大会谈判基础——案文草案,另一方面,华沙大会决定每个有条件的国家都应在2015年3月之前提出国家自定贡献(INDC),利马大会则进一步明确对自定贡献的一系列评定标准,同时,适应的重要性在利马大会再一次被强调,将其与减排同等重视。 **全球石油价格下跌**:2014年迎来自2009年以来全球最大的石油价格下跌,油价下跌一方面冲击天然气和煤炭消费,另一方面,非化石能源的消费也会因此受到影响。根据IAMC模型模拟,石油价格长期维持在50美元左右的话,石油在一次能源消费中的比重可能攀升至23%左右。	《国家应对气候变化规划(2014—2020年)》出台:2014年9月国家发展改革委颁布的《国家应对气候变化规划(2014—2020年)》中提到,中国将积极参与全球性和行业性多边排放交易规则和制度的制定;密切跟踪其他国家(地区)碳交易市场发展情况;根据我国国情,研究我国碳排放交易市场与国外碳排放交易市场衔接可行性;在条件成熟的情况下,探索我国与其他国家(地区)开展双边和多边碳排放交易活动相关合作机制。 **发布《全国碳排放权交易管理暂行办法》**:为全国碳市场交易成形作出铺垫,同时指出,初期的交易产品为排放配额和国家核证自愿减排量,适时增加其他交易产品。 **中美气候变化联合声明**:宣布中国计划2030年左右二氧化碳排放达到峰值且将努力早日达峰,并计划到2030年非化石能源占一次能源消费比重提高到20%左右。①

① http://www.china.org.cn/chinese/2014-12/09/content_34268965.htm《中美气候变化联合声明》(全文)。

续表

年份	国际气候领域大事记	中国碳市场发展大事记
2015 年	**COP21 法国巴黎**:2015 年 12 月 12 日各缔约方通过《巴黎协定》,比较重要的是其第 2 条:(a)把全球平均气温升幅控制在工业化前水平以上低于 2 摄氏度内,并努力将气温升幅限制在工业化前水平以上 1.5 摄氏度内,同时认识到这将大大减少气候变化的风险和影响;(b)提高适应气候变化不利影响的能力并以不威胁粮食生产的方式增强气候抗御力和温室气体低排放发展;(c)使资金流动符合温室气体低排放和气候适应型发展的路径。①此外,该协定通过强调"自愿性"、"渐进性"原则最终使得各方都能接受。	**强化应对气候变化行动——中国国家自主贡献**:2015 年 6 月 30 日,国务院提出中国应对气候变化的强化行动和措施,作为中国为实现《框架公约》第 2 条所确定目标作出的、反映中国应对气候变化最大努力的国家自主贡献,同时提出中国对 2015 年协议谈判的意见,中国确定到 2030 年的自主行动目标:二氧化碳排放 2030 年左右达到峰值并争取尽早达峰;单位国内生产总值二氧化碳排放比 2005 年下降 60%—65%,非化石能源占一次能源消费比重达 20% 左右,森林蓄积量比 2005 年增加 45 亿立方米左右。② **中美元首气候变化联合声明**:2015 年 9 月 26 日在华盛顿发布,中国计划 2017 年启动全国碳排放交易体系,覆盖钢铁、电力、化工、建材、造纸和有色金属等重点工业行业,承诺将推动低碳建筑和低碳交通,到 2020 年城镇新建建筑中绿色建筑占比达 50%,大中城市公共交通占机动化出行 30%。③
2016 年	**《巴黎协定》签署与正式生效**:2016 年 4 月 22 日,170 多个国家领导人齐聚纽约联合国总部,共同签署气候变化问题《巴黎协定》,2016 年 11 月 4 日,《巴黎协定》生效。 **国际民航组织第 39 届大会**:10 月,在蒙特利尔召开的国际民航组织第 39 届全体大会通过《国际民航组织关于环境保护的持续政策和做法的综合声明——气候变化》和《国际民航组织关于环境保护的持续政策和做法的综合声明——全球市场措施机制》两项重要决议,确定"国际航空碳抵消及减排机制"的实施框架,建立第一个全球性行业市场减排机制。 **COP22 摩纳哥马拉喀什**:马拉喀什谈判的一大目标即是确立《巴黎协定》之后的规则,为履行协定的主要承诺制作流程;同时,发达国家此前承诺至 2020 年前每年拿出 1000 亿美元资金用来帮助发展中国家应对气候变化,也在此次会议中得到落实。	**启动碳市场的预先准备工作**:据国家发改委通知,全国碳排放权交易市场第一阶段将涵盖石化、化工、建材、钢铁、有色、造纸、电力、航空等重点排放行业。 **中美元首气候变化联合声明**:2016 年 4 月 1 日在华盛顿发布,值得一提的是,声明强调双方对《蒙特利尔议定书》下符合"迪拜路径规划"的氢氟碳化物修正案和国际民航组织大会应对国际航空温室气体排放的全球市场措施的支持。④ **碳金融创新**:全国首个碳排放现货远期产品 4 月 27 日在湖北武汉上线。 **中国批准加入《巴黎协定》** **《"十三五"控制温室气体排放工作方案》出台**:11 月 4 日,国务院日前印发《"十三五"控制温室气体排放工作方案》,对"十三五"时期应对气候变化、推进低碳发展工作做出全面部署。方案指出,要建设和运行全国碳排放权交易市场,2017 年启动全国碳排放权交易市场。

① http://unfccc.int/resource/docs/2015/cop21/chi/l09c.pdf.

② http://www.xinhuanet.com/politics/2015-06/30/c_1115774759.htm.

③ http://www.mfa.gov.cn/chn//gxh/zlb/smgg/t1300787.htm《中美元首气候变化联合声明》。

④ http://www.fmprc.gov.cn/web/zyxw/t1352385.shtml《中美元首气候变化联合声明》。

年份	国际气候领域大事记	中国碳市场发展大事记
2017 年	**美国退出《巴黎协定》**：2017 年 6 月 1 日，美国总统特朗普宣布美国退出《巴黎协定》，特朗普声称，《巴黎协定》将使美国国内生产总值减少 3 万亿美元，并使工作岗位减少 650 万个，但竞争对手中国和印度等国家的相关待遇却好得多。他表示，"为了履行我对美国及美国公民的庄严职责，美国将退出巴黎气候协定"，"但将开启谈判，以重新进入《巴黎协定》，或对美国公平的全新交易"。① **COP23 德国波恩**：作为美国退出《巴黎协定》后的第一次气候变动大会，COP23 的重要性毋庸置疑。但是会议未能达成原定目标——各成员国没有拿出切实可行的路线图说明如何完成减排目标，发达国家也没有说明援助资金将如何落实，同时随着美国的退出绿色基金缺乏资金来源，会议设立"塔拉诺阿"对话机制，但是群龙无首的气候会议还是反映了各国均寄希望于 2018 年与 2019 年的会议。	**全国碳交易市场启动**：国家发改委 12 月 19 日宣布，以发电行业为突破口，全国碳交易市场正式启动。在此前印发的《全国碳排放权交易市场（发电行业）》中明确，我国碳市场将由 3 个主要制度以及 4 个支撑系统构成运行骨架。3 个主要制度为碳排放监测、报告与核查制度，重点排放单位的配额管理制度，市场交易相关制度；4 个支撑系统为碳排放数据报送系统、碳排放权注册登记系统、碳排放权交易系统和碳排放权交易结算系统。②
2018 年	**COP24 波兰卡托维兹**：缔约国就《巴黎协定》的规则书"文本"达成共识，但是全球统一碳市场的讨论由于巴西的坚决反对而被推到下一届大会讨论。同时，中国在大会上作出重要让步，同意放弃《京都议定书》以来的双轨制，小岛国联盟对大会的结果并不算满意。	**碳市场建设由生态环境部接管**：2018 年 3 月，十三届全国人大一次会议审议通过国务院机构改革方案。应对气候变化和减排职责由国家发展和改革委员会转入生态环境部，后者将继续推进全国碳市场的建设。③ 证监会要求研究发展碳期货④ 国家自愿减排交易注册登记系统完成系统升级并开通运行⑤

---

① 《特朗普宣布美国退出巴黎气候协定》，新华网，2017 年 6 月 2 日，http://www.xinhuanet.com/world/2017-06/02/c_129623889.htm。

② 《全国碳排放交易体系下启动 中国碳市场会是什么样？》http://www.xinhuanet.com/fortune/2017-12/20/c_1122137497.htm。

③④⑤ 中国碳论坛：《2018 年中国碳价调查》，第 4 页，http://www.efchina.org/Attachments/Report/report-lceg-20181112/2018%E5%B9%B4%E4%B8%AD%E5%9B%BD%E7%A2%B3%E4%BB%B7%E8%B0%83%E6%9F%A5-v4.pdf。

年份	国际气候领域大事记	中国碳市场发展大事记
2019年	**COP25 西班牙马德里(原地点为智利):**与会各国最终没有就重大问题达成一致,其中包括 COP24 大会遗留的关于《巴黎协定》第 6 条的实施细则,即各国如何通过市场机制开展国际碳减排合作。 **欧盟委员会发布《绿色协议》:**被视为欧盟的新发展策略,在 COP25 期间发布,旨在 2050 年之前实现碳中和。	**生态环境部:一系列碳市场制度体系建设文件将会加快出台** **将应对气候变化融入"十四五"规划** **《中国能源电力发展展望 2019》:**能源清洁化率将加速提升

资料来源:作者自制。

就全球气候治理来说,2009 年、2015 年与 2017 年是三个重要的时间节点。2009 年丹麦哥本哈根气候大会没有达成预期结果影响了多国对于全球气候治理的态度。2015 年《巴黎协定》的签署标志着全球气候治理发展取得阶段性成果。在这一时期,虽然各方仍然推诿不断,但总体来说无论是发达国家还是发展中国家都在寻找使得各方都能接受的平衡点。而 2017 年,美国总统特朗普宣布退出《巴黎协定》,增加了全球气候治理合作前景的不确定性。

四、中国碳市场与国际因素的互动机制

通过对比分析 2009 年至 2018 年国际气候领域与中国碳市场中发生的重大事件,我将会影响中国碳市场发展的国际因素分为制度性与政策性两类。这两类因素通过影响中国的国家形象和规则塑造能力与中国碳市场的推进形成了互动。

(一)制度性因素对中国碳市场的影响

制度性因素对中国的约束主要来自全球关于减排的共识——排放大国需要承担更多的减排责任。中国的排放量增长迅速,2001 年美国退出《京都议定书》的一大重要理由就是发展中大国如中国、印度、巴西没有有效被纳入减排机制。

国际体系对于碳排放大国的压力随着时间的推移不断加大。2009 年丹麦哥本哈根气候大会就是一个明显的例证。南北阵营之间根深蒂固的矛盾、双轨制与并轨制依然没有结局的争论使得中国并未在此次大会上实现预期目标。尤其是在此次大会上发展中国家内部也出现了矛盾,如小岛国家图瓦卢代表提出要全球达成强制减排协议。与"伞形集团"等不同,发展中国家在气候谈判中集团的产生并非依托于气候治理中的共同利益,而是源于经济发展水平,这使得各国的诉求完全不同。发展中国家因而存在被发达国家"分而治之"的可能,在大会上也难以形成对于发达国家的共同压力。会后有文章指出,中国成了气候大会没有取得圆满目标的替罪羊。[1]因此,对于中国来说,基于减排是人类共同的目标的共识,进一步建立和完善国内应对气候变化机制的必要性更加凸显,而国内碳市场无疑就是重要机制之一。

此外,一国本身对现行制度的态度也会影响制度性因素的作用。就气候治理而言,中国在相应谈判上的对外承诺也会增强制度性因素的影响力。而这种承诺是与中国的国家形象相联系的。2011年德班会议上中国作出承诺,表示在一定前提下中国可以在2020年之后接受有法律约束力的全球减排协议,这一承诺及时地反馈到国内的政策层面,直接的结果就是2011年与2012年《中国应对气候变化的政策与行动年度报告》文本的不同,在2011年,该报告只提到各地应积极推进低碳发展,并无明确措施,而在2012年的文本中直接出现了关于推进碳排放交易的内容。

而《巴黎协定》的签署是另一个重要的例证。在前列几次会议的铺垫下,《巴黎协定》的成功签署建立在"华沙机制"的确立与利马大会上完善的国家自主贡献(INDC)。从协定文本来看,协定对于发达国家和发展中国家的区别进行了弱化处理,转而强调"排放大国"的概念。在具体谈判中,小岛国家联盟等最容易受气候变动影响的国家继续向中国、印度等施压,体现了"共同但有区别的责任"原则的变化。中国积极推进《巴黎协定》的签署也可与中国进一步推进碳市场的行为联系起来。《协定》的签

----

[1] Ailun Yang, "China ended up as a useful scapegoat", 19 December, 2009, https://www.theguardian.com/commentisfree/2009/dec/19/copenhagen-climate-summit-ailun-yang.

署加速了中国碳市场的发展,各方达成关于控制全球温度升温不超过2摄氏度的共同决议意味着排放大国应该承担更多的责任。与《巴黎协定》签署同期的《"十三五"控制温室气体排放方案》的出台明确2017年启动全国碳排放交易市场,这是在2015年9月26日中美元首联合声明之后又一次在官方文件中明确碳市场的启动时间,在协定的成功签署之后,中国需要进一步向国际社会表明诚意,一个逐步推进的碳市场无疑是一个很好的标志。

综合来看,虽然国际上并不存在一个对各国均有约束力的硬性制度,也没有一个超越国家之上的执法机构,但是减排本身的正当性及相应的国际共识可以视为一种软性的制度约束。而于中国而言,因其希望树立起一个负责任的大国的形象,其自会更为重视国际舆论,在这样的情况下,这类制度性因素与中国碳市场的互动主要从中国的国家形象出发。

(二)政策性因素对中国碳市场的影响

本文所指政策性因素,主要针对各国针对全球气候治理的总体情势采取的一些措施。与制度性因素带来的减排共识不同,政策性因素有其突然性。此处以欧盟2010年对部分CDM项目下达禁制令与美国2017年退出《巴黎协定》为案例进行分析。

自2009年全球经济衰减以来,作为全球碳市场最大的买方欧盟一直面临着经济下滑的问题,碳市场上出现供大于求的状况。另外,2010年在墨西哥坎昆举办的COP16通过的《坎昆协定》下的《〈京都议定书〉下对发展中国家的能力建设》表露出各缔约方对于打破CDM市场失衡局面的愿望。欧盟委员会在2010年11月25日所提提案中禁止的CDM项目,绝大多数来自中国。同时,在COP17德班会后欧盟进一步申明在2012年后不再购买来自中国和印度新注册项目的核证减排量,加拿大、日本先后退出《京都议定书》的第二承诺期意味着这些国家不再需求减排量。这意味着中国在CDM项目上遭受了严重打击。照映到中国国内,从历年《中国应对气候变化的政策与行动年度报告》来看,在2012年以前,开展清洁发展机制项目合作都呈列于报告的正文中,然而在2013年以后,这一条就不再出现。这表示中国在低碳领域建设重心的转移。

单纯的CDM项目卖家身份在碳价值链上处于弱势的地位,极易受到买方国家政策的影响。中国希望在全球气候治理中发挥更重要的作用,显然它需要对自己在全球碳价值链上的角色进行重新定位。在 2013 年之后,中国逐步推进低碳试点。同时,随着对 COP19 波兰华沙大会上加强各个地方政府之间的合作的提议的呼应,中国在 2014 年出台的《国家应对气候行动规划(2014—2020)》中提出了中国将密切关注国外碳市场的运行情况,寻找与自身碳市场可能衔接的地方。①2016 年 9 月中日韩三国对碳定价等措施进行了经验探讨,并力图更进一步寻找三国碳市场可能的合作机会。②2017 年,中国与新西兰签署双边气候协定,共同构建碳市场。

美国 2017 年退出《巴黎协定》是另一个对中国碳市场产生巨大影响的政策因素,作为位列世界三甲的碳排放大国,美国的退出对于全球环境合作是一个十分消极的信号。从短期看,这会影响全球在气候领域合作的规模与深度。但低碳经济的发展目前来看仍然是世界各国发展的主要目标,美国的行为可能抑制其在新能源技术上的投入,使得这些技术逐渐向中国、欧洲转移。而美国的退出也使得中国更有机会在提升其在气候领域塑造规则的能力,取得一定程度的领导权。2017 年底,中国宣布全国性碳市场以发电行业为突破口成立。纳入发电行业已使得中国碳市场将成为全球最大规模碳市场。这将使我国在碳市场运行,以及碳交易规则制定上的分量进一步增加。

(三)中国碳市场与国际因素的互动机制

通观自 2009 年至 2018 年中国碳市场发展与国际因素的互动情况,可以发现中国碳市场受到国际因素的影响经历了从宏观,到中观,再到微观的发展过程,即随着时间的推移,国际因素越来越难以在大方向上影响中国碳市场的政策。中国碳市场的推行与否受到国际因素影响较大,而在其正式运行之时,由于具有一定的制度惯性,国际因素对其影响有所削弱。但是,这并不意味着对国际因素的考察是无意义的,因在政策的施行中,随着国际形势的变化,一些微调无疑是必须的——这包括推行新战略、利用政策文件对外界释放信号等。

---

① 中国国家发展和改革会员会:《国家应对气候变化规划(2014—2020 年)》,2014 年 9 月,http://www.ndrc.gov.cn/gzdt/201411/W020141104591413713551.pdf。

② World Bank：State and Trends of Carbon Pricing 2017，http://documents.world-bank.org/curated/en/468881509601753549/State-and-trends-of-carbon-pricing-2017.

国际因素主要通过与中国国家形象与规则塑造能力互动对中国碳市场演进产生影响。而从中国碳市场发展历程来看,其关注的重心逐渐从国家形象向规则塑造能力转移。这种转变并非割裂的两个子过程,当中国的侧重点放在规则塑造能力时,并不意味着其就忽视了国家形象,从一开始,这两者就并行不悖。从哥本哈根大会开始,在气候政策领域树立起一个负责任排放大国的形象已成为必然选项。而自欧盟针对部分种类的CDM项目下达禁止令,进一步表明了在低碳市场中获得相应规则塑造能力的重要性。在这一背景下,中国的碳市场体系开始搭建,并至 2017 年底,全国碳交易市场已然率先在发电行业启动。减排的决心也日趋明朗。

而就规则塑造能力来看,欧盟关于 CDM 的禁止令则直接反映了让碳交易在国内循环的重要性。因体量庞大,一个成熟的碳市场于中国来说意味着对全球低碳经济的重大影响,而随着碳市场之间的链接,这种影响力还会得到扩张。当前,由于同时有多个并行的碳市场在运行,可以说还处于"群雄并起"的阶段,这时候的参与才可能在市场机制设置之时,引领制定维护中国等发展中国家合法权益的规则。因此一方面中国积极地向碳市场发展的先行者引进技术,比如 2016 年欧盟就向中国提供构建碳市场的技术支持。另一方面,中国也积极尝试在这一时期让自身的碳市场规则在国际合作中"走出去",提升国家在气候政治领域的话语权。这种从单向的影响为双向的互动转变的过程,体现了中国碳市场发展过程中重心从国家形象向规则塑造能力转移的过程。

五、结 论 与 展 望

综言之,中国碳市场的发展受到国际制度因素与政策因素的影响,并且这种影响体现的方式是多元且变化的。碳排放本身可以看作国际政治中的一种影响力的来源。二氧化碳过高带来的温室效应会对全球造成影响,无论经济是否发达、军事是否强大,任何国家在天灾面前都是脆弱的,或者说,命运维系于一体。因此,尽管高额的碳排放被视为一种责任,但在某些维度上,这也可以被理解为一种影响力。例如,在本世纪初,俄罗斯利用美国退出《京都议定书》的机会,以签署议定书为条件换得欧盟同意其加入世界贸易组织(WTO)。①

因此,一个成熟而完善的碳市场对于中国的意义绝不仅仅在于低碳经济的转型,也不在于仅仅成为全球减排的标杆与楷模,而在于一个如此体量的成熟市场在全球碳交易体系中自带的塑造规则的能力。以中国目前的碳排放量来看,无论最后一个全球联通的碳市场是否能够实现,任何与碳交易相关的谈判均绕不开中国,这已然是影响力的体现,也是中国将公平合理、维护发展中国家合法权益的规则嵌入全球碳排放体系的良机。

一个完整的碳市场作为根基将显著提高市场的确定性。世行在2016年的《碳定价与现状》中谈到国际碳市场合作的障碍,其中市场的不确定性被列为第一点。这是对所有碳市场途径(连接,抵消使用和国际贸易)的基本障碍。对于国内的政策和法规没有充分落实减排目标的国家来说,成为碳市场上的净卖方的可能性,将会成为增大这种市场不确定性的障碍。以CDM作为反例,如果仅仅作为碳排放量的卖方,项目的数量并不能提升其在碳价值链上的地位。

显然,当市场的不确定性过强的时候,与他方的合作肯定难以深入。中国应当从自身发展碳市场的逻辑出发,考虑以自身的影响力在市场化减排领域引领全球气候治理。

首先,需要推广新的气候治理的理念。减排成为一种道义性的命题有其必然性,但是之所以一些国家可以在博弈中借此维护自身的权益,与该议题的设置形式密切相关。对于发展中国家而言,其发展本身难以规避大量的碳排放。因此,如果失去在气候治理议题上的发言权,这些国家就切实地面对先发国家"抽走梯子"的窘境。中国提出的"人类命运共同体"理念具有崇高的国际道义力量与道义优势,对于后发国家来说平等互利、共生共赢的国际体系是极富有吸引力的。而新的气候治理理念的推广必然需要依托国内较完善的碳市场,在此基础上适当帮助其他发展中国家建立高效的市场化减排机制,方能同这些国家协调谈判立场,更好地维护共同利益。

---

① Laura A.Henry and Lisa McIntosh Sundstrom, "Russia and the Kyoto Protocol: seeking an alignment of interests and image", 2007, *Global Environmental Politics*, Vol.7, No.4, pp.58—59.

其次,如前文所提,当前中国碳市场已经出现些许区域合作的态势。那么,结合当前中国推行的一带一路倡议,可以将这种区域合作进一步制度化。即先辐射亚洲周边几个国家,日本、韩国以及东南亚诸国,考虑在这些邻国中进行区域碳市场连通。例如,可以效仿十年前的 CDM 机制,与周边邻国中的一些发展中国家进行以项目为导向的碳市场合作。而对于日本、韩国这些国家来说,可以考虑有限地将部分行业的碳市场连通。在实现相邻地区碳市场联通之后,我国可以进一步发挥"一带一路"的优势,逐步为一带一路上的国家提供更好的市场化减排机制。

第三,在有了碳市场作依托之后,就某些即将被碳市场所覆盖的行业,中国应当重视国际上关于该行业的减排机制的讨论与设立,并积极参与。2016 年第 39 届国际民航组织大会建立了全球第一个行业减排市场机制。这可以看作是《巴黎协定》后所达成的另一低碳共建之成果,也是对全球最优减排路径的一种实践与尝试。当然,这本身也与欧盟 2008 年试图对经过其上空的航空公司征收碳税无果有一定的联系。航空本身也是中国碳市场计划要覆盖的行业,因此哪些行业碳市场的连通可以率先突破国界的限制,是中国等主要发展中国家需要结合国内和国际因素统筹考虑的议题。

《巴黎协定》下我国碳市场
面临的外部挑战与构建思路[*]

曾文革　江　莉[**]

【内容提要】《巴黎协定》及其细则的生效为 2020 年后碳市场国际格局与碳市场减排机制翻开了新篇章,全球气候治理进程中碳市场领域下碳减排责任、碳减排目标及碳减排治理方式等重要制度发生了深刻改变。如何通过建立碳市场机制提升我国减排力度与开发低碳转型潜力,兼顾全球气候治理国际合作进程适度参与的合规责任,形成内外双向互动的有效机制,是我国必须面对的迫切问题。鉴于此,中国应当加强碳市场制度建设,调整试点地区与非试点地区的合作,参与碳市场机制的规则和标准制定,以应对国际碳市场的新挑战。

【关键词】 巴黎协定;碳市场;气候治理;国际法

【Abstract】 The Paris Agreement and its implementation guidelines have opened a new chapter in the international pattern of carbon market and the mechanism of carbon market emission reduction after 2020. The process of global climate governance has undergone profound changes in the carbon market field, such as carbon emission reduction responsibility, carbon emission reduction targets and carbon emission reduction management methods. How to meet the huge potential and space needs of China's low-carbon transformation through the establishment of carbon market mechanism, and how to participate in the international cooperation process of Global Climate Governance appropriately and form an effective mechanism of internal and external two-way interaction is an urgent problem that China must face. In view of this, China should strengthen the construction of carbon market system, adjust the cooperation between pilot and non-pilot areas, and participate in the formulation of rules and standards of carbon market mechanism in order to meet the new challenges of international carbon market.

【Key Words】 Paris Agreement, Carbon Market, Climate Governance, International Law

---

　＊ 本文系 2020 年国家社科基金项目"人类命运共同体理念下巴黎协定实施机制构建研究"(项目编号:20BFX210)的阶段性成果。
　＊＊ 曾文革,重庆大学法学院教授、博士生导师;江莉,重庆大学法学院博士研究生。

前　言

2015 年,《联合国气候变化框架公约》的 196 个缔约方一致同意通过的《巴黎协定》与《2030 年可持续发展议程》正式形成 2020 年后全球的具法律约束力的应对气候变化行动安排;在 2018 年波兰卡托维兹气候变化大会上通过的《巴黎协定》实施细则,达成 2025 年气候资金承诺、2023 年全球盘点等《巴黎协定》的进一步安排,推动了全球气候治理法律机制的完善,为下一步建立碳市场机制奠定了基础。面对"逆全球化"浪潮冲击国际气候治理合作格局背景下全球变暖趋势不改,各地气候灾害频发挑战与《巴黎协定》及其细则的达成与实施给作为全球最大的温室气体排放国的中国在国际气候治理履约活动的信息披露和透明度要求、气候变化影响相关的损失和损害及责任等方面环境政策与环境制度产生的困局,中国亟待采取措施以应对全球气候恶化与国际气候合作挑战。因此,如何构建符合我国责任与能力的碳市场制度体系,坚持"共同但有区别的责任"原则下的气候治理国际合作,满足气候治理透明度框架的要求,加强国际减排风险应对能力,有效推动气候变化的国际合作和共同行动,是一个值得探讨的问题。

一、《巴黎协定》下碳市场发展的新趋势

通过《巴黎协定》全球公私行动者获得了以国际碳市场机制转移缓解成果途径参与国家自主确定的减排贡献目标的新机制,卡托维兹大会对相当调整的进一步明确与波恩会议对《协定》第 6 条的讨论进一步显示了全球采用 ETS 解决全球变暖和气候变化根本问题的雄心勃勃,确定了全球 2020 年后气候治理的碳市场基本框架,打破了金融稳定与气候变化的"地平线悲剧"。

（一）《巴黎协定》重新确立碳市场机制

继《联合国气候变化框架公约》确立共同但有区别原则处理国际碳减

排国家间公平问题之后①,《京都议定书》进一步区分国家类型并制定了三种灵活交易机制②,各国通过碳交易机制转移其减排承诺,其中第 12 条规定的 CDM 作为发达国家、发展中国家的碳交易制度体系,在国际碳交易中分量较重③,但由于美、日、俄等主要排放国家未能批准或加入第二承诺期,以及长久以来发展中国家与发达国家分歧议程停滞不前等情况导致议定书执行效果障碍,在此基础上,2015 年通过的《巴黎协定》第六条④开启了碳市场机制的新起点,通过建立两种碳市场机制,分别是第六条第二款至第三款确立的减缓成果的国际转让和第六条第四款至第七款确立的可持续发展机制(Sustainable Development Mechanism),描述了各缔约方在联合国框架下进行国际排放交易的基础,即以"自下而上"的新履约模式为基础,形成一种兼顾交易缔约方自愿与其他参与缔约方允许的国际减缓成果转让,以及一种经《巴黎协定》缔约方会议(CMA)授权指导,且允许缔约方及其授权公私实体自愿使用的可持续发展市场机制。根据《巴黎协定》在碳市场机制等领域取得的较多共识,COP22 明确提出了两年内完成《协定》第六条有关市场机制谈判的谈判时间表⑤,COP24 虽未能如期完成"可持续发展机制(SDM)"和"国际减排成果转让"(ITMO)的规则、模式、程序或指南的设计,但在一定程度上解决了《巴黎协定》的资金难题,达成了合作机制规则、形式和步骤等重要内容,为《巴黎协定》的落实奠定了坚实基础,使全球碳市场合作机制规则细化成为可能。尽管《巴黎协定》及其实施细则一揽子计划部分措辞仍旧为具体解释留下宽泛的空间,各参与缔约方 INDC 确立方法缺乏统一,但通过转变自上而下的强制减排方式,以灵活表述明确各参与缔约方责任义务,采用在各国达成一致意愿基

---

① Caroline Zimm & Nebojsa Nakicenovic,"What are the implications of the Paris Agreement for inequality?" *Climate Policy*,(2020) 20:4, pp.458—467.

② Kyoto Protocol to the Framework Convention on Climate Change, art. XII, Dec. 10, 1997.

③ Morgan, Jennifer P., "Carbon Trading under the Kyoto Protocol: Risks and Opportunities for Investors," *Fordham Environmental Law Review*, Vol.18, No.1, Fall 2006, pp.151—184.

④ UNFCCC. Paris Agreement, art. VI. 2015.

⑤ UNFCCC. 1/CMA.1: Matters relating to the implementation of the Paris Agreement.

础上定期复盘加展望的渐进制度规划鼓励各国气候变化应对行动协同，将更大范围的国家与私营参与者纳入减排活动，体现出重视缔约方参与意愿的倾向，提高碳市场参与吸引力，以渐进原则替代强势控制原则从而克服制度脆弱性，最终促进碳市场机制在税收与补贴交易、核销、监督管理与评估、限额交易规则等领域的新发展。

（二）《巴黎协定》新市场机制成为未来全球气候治理的重要路径

从表面上看，不断涌现的谈判分歧与利益集团的博弈困境是全球气候治理进程突破难点，但究其根源，在于气候治理本身对资金支持、非政府力量支持、制度吸引力与有效性的严重依赖性，并由此产生参与者合作意愿和合作能力的欠缺，导致气候政策与方案在社会与政治上的可接受性障碍。建立共赢基础上的碳市场机制正是实现这一可持续发展目标的关键，一方面，碳交易的开展将成为各经济体转变碳排放的重要政策工具，使整个经济体走上低碳道路[1]；另一方面，私营部门往往在项目合作方面有更先进的经验和技术[2]，允许私营部门作为气候融资重要来源的碳市场机制是一种比政府直接干预更具效率、成本性价比更高的实行碳减排机制。回顾气候治理进程，《京都议定书》确定的清洁发展机制在温室气体减排方面发挥了市场机制的作用[3]，但其将于2020年结束其第二承诺期，《巴黎协定》第六条在一定程度上被视作清洁发展机制的继承者[4]，且通过《巴黎协定》第六条第二款和第六条第四款中关于合作方法和规则、方式和程序的指导，鼓励发展国际货币市场和私营部门参与，有

---

① Moomaw, William R., and Patrick Verkooijen, "The Future of the Paris Climate Agreement: Carbon Pricing as a Pathway to Climate Sustainability," *Fletcher Forum of World Affairs*, Vol.41, No.1, Winter 2017, pp.69—78.

② Meibo, Huang, and Zhu Dandan. "Post-2015 Global Development Agenda: Content, Influence and China's Participation," *China International Studies*, 57, 2016, pp.133—152.

③ Sebastian Lang, Mareike Blum & Sina Leipold, "What future for the voluntary carbon offset market after Paris? An explorative study based on the Discursive Agency Approach," *Climate Policy*, (2019) 19:4, pp.414—426.

④ Lin, Albert C. "Carbon Dioxide Removal after Paris," *Ecology Law Quarterly*, Vol.45, No.3, 2018, pp.533—582.

助于这一过渡。①因此《巴黎协定》第六条所确立的新市场机制被寄予助力解决气候治理可持续性问题的厚望。②随着《巴黎协定》打破联合国国际条约的最快缔结纪录,迅速满足"55 个缔约方加入且排放量总计超过全球 55%"的生效条件,新市场机制已是箭在弦上。尽管目前有碳排放大国退出的风险,但美国宣布退出数日加州、纽约州和华盛顿州等各州便建立"美国气候联盟",加州政府和欧盟也定期就碳市场设计与实施举行对话,在全球推广零碳交通解决方案,并将和我国等其他碳市场合作,新市场机制地位并不受影响。具体而言,SDM 等同于一个更具包容性的 CDM 机制,ITMO 等同于一个更具潜力的区域市场互联互通机制。各国实施通过碳交易市场机制,为国际间碳要素的有序自由流动提供庇护,促进绿色市场自由交流,实现全球气候治理目标。未来国际间市场机制可能发展为双边、多边的碳交易市场链接,甚至形成全球统一碳市场。这种新市场机制既成为未来全球气候治理的重要路径,也标志全球气候治理进入一个新的阶段。

(三)《巴黎协定》下我国统一碳市场的建立具有必然性

碳市场提出了将财富增长与可持续发展协调起来的挑战,《巴黎协定》则显示了帮助克服这一挑战的潜力③,《2030 年议程》与《巴黎协定》使全国统一碳市场在我国具有广阔的发展前景。④从气候能源治理方面来说,由于我国节能减排仍然面临严峻的考验,环境污染案件仍然频发,因此我国需要依靠这一机制给碳排放主体以减排的压力和动力,并据此转变经济发展方式,改善生态环境,推动我国的生态文明发展进程。就碳排

---

① Davies, Emily. "Recommendations for an International Carbon Currency Market under Article 6 of the Paris Agreement," *Carbon and Climate Law Review*, 12.2(2018), pp.132—139.

② Müller, B., & Michaelowa, A., "How to operationalize accounting under Article 6 market mechanisms of the Paris Agreement," *Climate Policy*, 2019, pp.1—8.

③ Manga, Sylvestre-Jose-Tidiane, "Post-Paris Climate Agreement UNFCCC COP-21: Perspectives on International Environmental Governance," *African Journal of International and Comparative Law*, Vol.26, Issue 3(2018), pp.309—338.

④ Michaelowa, A., Hermwille, L., Obergassel, W., & Butzengeiger, S., "Additionality revisited: Guarding the integrity of market mechanisms under the Paris Agreement," *Climate Policy*, 2019, pp.1—14.

放权交易市场发展方面来说,部分缔约方履行其减排承诺,需要一个透明、制度化的平台得以从中国等发展中国家获得定价合理的排放份额,从而达到低成本减排目的,我国自身也可以通过碳排放交易达到碳减排的目标,可以在共赢的基础上尽自己所能为他国国家低碳发展提供力量和资金支持。一方面,《巴黎协定》通过采用与《联合国气候框架公约》以往不相一致的国家新分类,强调部分有能力实现绝对减排或限排的发展中国家责任,对于我国而言是一项挑战,在《协定》明确支持全球碳市场机制的背景下,这一责任的承担与中美减排协议中我国承诺的实现,有必要通过建立统一碳市场来达到气候行动和可持续发展的双赢。另一方面,欧盟、美国、日本、澳大利亚、韩国等各国已拥有各自可供学习的成功的碳交易市场机制建立经验,在波恩会议"中国角"举办的碳市场系列边会上,我国既表示了坚持碳市场作为控制温室气体排放政策工具,也获得了参与者的一致关注与认可,其原因之一在于我国拥有较大碳交易量优势,通过搭建统一有效的碳交易平台,提高软硬件配置,统一碳排放标准,增强碳排放权市场交易多样性,助推碳交易的可持续发展,更有机会进一步把握全球碳交易定价权与规则制定走向,因此,将建立《巴黎协定》下的我国统一碳市场作为气候治理主要路径之一具有必然性。

二、我国构建碳市场面临的外部挑战

全球经济增速放缓与逆全球化思潮涌起,使气候治理受到的冲击不断增强。统一碳市场的建立作为履行国际减排承诺与低碳转型发展的必然选择,在气候谈判遭遇摩擦与全球碳市场制度建立受挫的背景下,发挥着日益重要的作用,也使得不断加剧的外部挑战逐渐暴露。对碳市场建立外部影响因素进行分析总结,有助于我国在碳市场领域国际话语权与国内环境治理的进程中避免成为受害者。

（一）《巴黎协定》下的自主贡献模式使碳市场发展的刚需不足

《巴黎协定》采用的国家自主结合透明度框架和全球盘点的新方案,将许多程序方法制定留待未来决策,其程序方法意味着对该模式的维护至关重要。[1]一方面,《巴黎协定》采取的自愿基础上的合作方法与可持续市场机制相较于《京都议定书》基于强制减排义务的碳交易机制,不可否认存在一些倒退[2],在气候协定的广参与、高意愿和尽遵守[3]三个气候有效性目标达成方面缺乏平衡[4],在通过低意愿要求换取普遍参与的同时,依靠国家努力减排的实效性有待实践检验。具体而言[5],第六条第一款支持国际合作以实现国家自主贡献,第六条第二款和第六条第三款为使用国际转让的减缓成果来实现协定下的国家自主贡献提供了一个合作框架,第六条第四款至第六条第七款是与国家自主贡献配套于的新市场机制,整个第六条仍缺乏国家自主贡献中的碳会计核算标准或体系、重复扣减与 CMA 审核规则,尽管这一自主减排模式通过波兰气候大会"实施细则一揽子计划"在管理透明度等问题上获得进展,但由于谈判方难以弥合的分歧而未能取得盘点、市场机制等个别问题上的进展,碳市场发展相关议题和文件仍有待未来讨论制定。另一方面,自主减排模式替代强制减排模式,可能成为削弱《巴黎协定》强制性的最大推动力,原有余力扩大减缓贡献的国家可能基于利用国际碳市场机制转移减缓成果获利的考量,不愿提高排放目标造成信贷损失[6],自愿减排基准是否纳入有条件的组成部分也尚无解决方案[7],转移"自下而上"模式的法律约束力缺陷造成履约

① Bodle，Ralph，et al. "The Paris Agreement：Analysis, Assessment and Outlook," *Carbon & Climate Law Review（CCLR）*，Vol.2016，No.1，2016，pp.5—22.

② Tabau，Anne-Sophie. "Evaluation of the Paris Climate Agreement according to a Global Standard of Transparency," *Carbon & Climate Law Review（CCLR）*，No.1，2016，pp.23—33.

③ Barrett，S.，"Climate treaties and the imperative of enforcement," *Oxford Review of Economic Policy*，2008，24(2)，pp.239—258.

④ Vegard H. Torstad，"Participation，ambition and compliance：can the Paris Agreement solve the effectiveness trilemma?" Environmental Politics，2020，29：5，pp.761—780.

⑤ UNFCCC. Paris Agreement，art. VI. 2015.

⑥ Schneider，L.，& La Hoz Theuer，S.，"Environmental integrity of international carbon market mechanisms under the Paris Agreement," *Climate Policy*，19(3)，2019，pp.386—400.

⑦ Michaelowa，A.，Hermwille，L.，Obergassel，W.，& Butzengeiger，S. "Additionality revisited：Guarding the integrity of market mechanisms under the Paris Agreement," *Climate Policy*，2019，pp.1—14.

效果紧张,同时带来领导力脆弱问题,导致《巴黎协定》下的自主贡献模式不足以成为推进全球碳市场发展的动力。

(二)地区性碳市场缺乏有效链接,碳市场国际合作举步维艰

世界上尚未形成互联互通的统一全球碳市场,国际碳排放权交易市场呈现出全球碳市场分割、各区域竞相发展的特点。在众多碳交易市场中,主要有四个专门从事碳金融的交易所(体系),分别是欧盟排放交易体系(EUETS)、英国排放交易体系(UKETS)、澳大利亚新南威尔士州(NSW)温室气体减排体系、美国芝加哥气候交易所(CCX)和blue next碳排放权全球环境交易所。国际气候治理依然呈现分裂格局,地区性碳交易市场较分散,缺乏有效链接,碳排放企业参与积极性不足,碳排放配额流动性与交易市场的活跃度较低,多部门管理碳排放的制度体系,特别是缺乏协调的多部门管理机制,也让参与主体无所适从。甚至一些国家或国家集团的单边行动,如对国际气候援助资金的大幅削减,给碳市场国际合作造成阻碍。资金作为《巴黎协定》履约的关键工具,事关发展中国家的履约能力,却成为目前最大困难,绿色气候基金2012年达到300亿美元的原计划,经历了长时间的捐献催促与妥协让步。即使国际科学界不断强调治理迫切性,但多边进程仍然走在与警告急切性相反的步调上。[1]COP24达成详细"实施细则"的同时,在市场机制问题上仍旧未有进展。碳市场的国际合作意味着参与者区域的扩大,这向碳市场制度建设提出了更大挑战,使得全球性碳市场机制或是区域碳市场机制的合作参与者权力合法性、行动效率性、监控者责任有待加强,参与者除缔约方以外还有其他组织、企业、银行、投资者或跨国实体,而作为一定程度上妥协产物的协定下制度框架的精简既难以评估参与者真实减排能力,也为碳市场的国际合作制造了麻烦。

(三)我国统一碳市场发展不均衡,法治建设相对滞后

尽管全国碳市场已于2017年底启动[2],但中国碳市场建设面临发展

---

[1] van Asselt, Harro, and Stefan Bossner. "The Shape of Things to Come: Global Climate Governance after Paris," *Carbon & Climate Law Review*（*CCLR*）, No.1, 2016, pp.46—61.

[2] 国家发展改革委:《全国碳排放权交易市场建设方案(发电行业)》,2017年12月19日;《发改委:我国已正式启动全国碳排放交易体系》,人民网—财经频道,2017年12月19日。

严重不均衡的问题。一方面,经过五年的地区性试点,在试点地区已经积累许多有益市场经验,配套制度与政策相对完善,主要体现为鄂沪京津渝粤苏闽深九省市的碳交易系统建设与运营;另一方面,非试点地区的碳市场建设尚处于初始阶段,市场化经验匮乏,面对碳排放权交易中的不确定性问题,缺乏应对能力,非试点地区的碳交易管理办法、碳市场方案与平台建设也进展缓慢,市场活跃度与吸引力也相对低下。缺乏平衡的碳市场发展基础可能导致国家型碳市场统一发展困境,这又将与统一碳市场减排目的位移发生直接的因果关系。即便是从试点地区的碳市场法治建设经验来看,深圳市、上海市、广东省、湖北省、福建省六个地区已出台地方规章,但一方面,现有法律法规与电力体制改革、绿色电力交易和用能权、节能与可再生能源补贴等方面的法规协同性弱,规范性文件的法律位阶低于地方性法规,存在争端解决的适用风险。另一方面,缺乏企业排放报告管理、市场交易管理、核查机构管理方面的法律法规,碳市场配额分配标准、不同地区间配额统一结转规则等内容的公平性尚未解决,存在交易中的法治滞后。

三、我国碳市场构建的进展与面临的紧迫问题

自 2017 年 12 月我国碳市场建设从发电行业正式启动至今,中国试点碳市场已成长为配额成交量规模全球第二大的碳市场,截至 2020 年 8 月末,七个试点碳市场配额累计成交量为 4.06 亿吨,累计成交额约为 92.8 亿元。[①]但是我国碳排放交易市场的建设是从地方试点起步的,"十四五"期间还需推动全国碳市场建设,且在 2020 年 9 月 22 日第 75 届联合国大会期间,中国提出将提高国家自主贡献力度,采取更加有力的政策和措施,二氧化碳排放力争于 2030 年前达到峰值,并首次提出努力争取 2060 年前实现碳中和的目标,这对中国而言需要付出艰苦努力才能实现。[②]生态环

---

① 生态环境部:《中国试点碳市场累计成交量 4.06 亿吨　规模为全球第二》,人民网,2002 年 9 月 25 日。
② 环境部气候司:《"十四五"期间将进一步扩大碳市场规模》,澎湃新闻,2020 年 9 月 29 日。

境部 2019 年 4 月发布《碳排放权交易管理暂行办法》发布征求意见稿以后,目前建设方案细节与管理办法制定的实际进展都尚未达到成熟阶段,存在政策制定有效性降低、政策协调和沟通成本增加的风险,因此有必要从制度角度入手,认清构建形势,克服导致进展落后的原因,加强制度框架设计合理性并提高我国机制建设的国际竞争力。

（一）碳排放权交易立法层级亟待提高,法律支撑亟待完善

目前,我国碳排放权交易立法体系分为国家与地方两个层面①,在国家层面以《碳排放权交易管理暂行办法》为核心,以《温室气体自愿减排交易管理办法》为指导,以《单位国内生产总值二氧化碳排放降低目标责任考核评估办法》、《全国碳排放权交易市场建设方案(发电行业)》等规范性文件为主要内容,而《应对气候变化法》②、相关交易管理暂行条例与交易配额总量设定和分配方案则处于酝酿状态之中;在地方层面,多是以地方性法规、地方政府规章和地方主管部门制定的核定核查办法③、交易及配套规则、碳市场与碳排放权抵消管理办法以及其他碳排放权交易规则及细则等配套政策文件与技术支撑文件,为碳市场各项工作规范有序和健康发展提供基础保障。因此,我国关于碳排放权交易的相关立法大部分是地方政府规章或规范性文件,低层级立法容易给碳排放权交易管理造成障碍。加上碳交易往往具有跨地域、多行业的特征,部门规章难以作为多主管部门与多地政府之间衔接与协调工作的法律依据。

（二）各地处罚机制和具体措施标准不一

碳排放权交易管理的低层级立法现象引起大多数法律规范处罚措施的不到位,通常只能规定两种处罚,即限期改正和罚款,尽管有些地方规范性文件规定主管部门可以对迟延履约的企业处以罚款的内容,但在立法上一定程度的失据容易导致排放单位无视法规,影响碳排放权交易

---

① 中华人民共和国国家发展改革委员会办公厅:《国家发展改革委办公厅关于开展碳排放权交易试点工作的通知》,2011 年 10 月 29 日;《关于切实做好全国碳排放权交易市场启动重点工作的通知(发改办气候〔2016〕57 号)》,2016 年 1 月 11 日;《全国碳排放权交易第三方核查参考指南》,2016 年 1 月 11 日;《全国碳排放权交易市场建设方案(发电行业)》,2017 年 12 月 19 日。

② 生态环境部 2019 年 8 月例行新闻发布会,2019 年 8 月 30 日。

③ 北京环境交易所、北京绿色金融协会:《北京碳市场年度报告》,2019 年 2 月。

制度的执行力。例如,只有北京市与深圳市①等少数地方采用了地方性法规方式明确碳排放权单位罚款的情形与数额。而广东、上海②等多数省市未能通过地方性法规的形式明确对排放主体的罚款,例如通过规范性文件实施碳排放权交易管理的天津市只赋予了主管部门责令限期改正的权限,浪费监管资源、影响监管效果。限期改正这制度设计本身就存在期限难以明确的先天缺陷,一方面,期限过长,重点排放单位会怠于改正,限期改正最终会变成无期改正,另一方面,期限过短,当企业不能或不愿及时改正成为常态,可能带来适得其反的效果。大多数省区市建立了针对行政区域内具有履约责任的重点交易参与人未及时足额交纳规定的各项费用、提供虚假交易文件或凭证等行为的惩罚机制,包括约谈、警告、暂停交易资格与扣除保证金等。例如北京通过地方法规针对1万吨碳以上的排放单位逾期提交第三方机构核查报告的罚款5万元以下,对超额排放行为则处以限期履约加市场均价的3—5倍的灵活值罚金处置。又通过北京发改委的政府性文件对前述罚款情形给予了5—10日的宽限日。但湖北省又采用了15万元以下的固定封顶值罚金方式,同时鄂粤闽深四省市增加了超额排放强制扣除的配套处罚机制③,其中湖北省和福建省要求双倍扣除。由此看来,对于我国缺乏统一有效的碳排放交易处罚措施与机制,容易引起全国内跨地区交易处罚措施与机制的混乱化,甚至带来主管部门的互相扯皮,因此需要进一步强化全国统一碳市场的问责机制。

(三) 政府监管与信息披露制度不足

目前全国各省区市结合实际情况,建立了包括碳排放权配额分配、交易履约规则等在内的碳交易监管法律法规,初步形成一套服务于碳排放权交易市场的制度框架,但由于碳减排周期长、盈利缓慢、交易风险很大,而抑制碳排放交易风险的政府监管和信息披露制度还不成熟。在我国碳市场的建立过程中,多个法规或规章均对碳交易的信息披露与部门监管制度作出了相关规定,然而,一方面,全国统一有效的碳排放权交易监管

---

① 参考《深圳市碳排放权交易管理暂行办法》、《深圳经济特区碳排放管理若干规定》内容。

② 参考《上海市碳排放管理试行办法》内容。

③ 参考《广东省碳排放管理试行办法》、《湖北省碳排放权管理和交易暂行办法》与《福建省碳排放权交易管理暂行办法》内容。

机构与制度的缺乏,在国家层面将国家发展改革委作为对温室气体自愿减排交易活动进行管理的国家主管部门①,并详细列出项目实施机构与国家发改委的主要义务②,如何运用诚信保证金、涨跌幅限制与持有限制等信息披露制度力量抑制交易风险仍是未知数,也缺乏一个能够站在监管最前沿、担负碳市场日常交易活动一线监管职责、对于碳市场风险防控起到至关作用的政府监管单位,导致碳的初始分配不当并引起部分参与者轻易履行,碳配额过剩碳价低迷的监管不到位现象;另一方面,不同的地方法规或规章存在不同的规定,部分省区市根据交易规则,制定了以公开成交量、成交价格等碳排放权交易行情或制作各类日报表、周报表、月报表和年报表的方式进行信息披露,部分省市则以公众参与听证程序等方式对碳市场的减排情况和履约企业奖励情况予以披露,从而运用第三方监督力量促进碳定价的实现,但信息披露制度不足带来的信息公开不当或失实可能严重影响碳市场交易信息的监管强化与打击参与者的减排信心。例如,天津市发改委曾发布公告称履约率达到百分之百,但有企业表示在当年并未履约,信息披露制度的不足可能导致参与者对市场的误判。

四、我国构建碳市场的未来思路

在我国统一碳市场由地方成果融入全国建设的现阶段,为了保证碳市场发挥低碳减排的作用,唯有以积极态度面对理论研究与实践能力的差距,克服外部挑战,形成制度设计与实施之间的良性互动。

(一)充分认识碳市场机制在全球治理中的作用,明确碳市场作为绿色金融手段的重要地位

当前国际环境治理动态无法确保全球从当前化石能源经济向可再生能源经济转变③,为了实现可持续的解决方案,各国政府需要企业的支持

---

① 《温室气体自愿排交易管理暂行办法》第4条。
② 《清洁发展机制项目运行管理办法》第12、13条。
③ Manga,Sylvestre-Jose-Tidiane. Post-Paris Climate Agreement UNFCCC COP-21: Perspectives on International Environmental Governance,*African Journal of International and Comparative Law*,Vol.26,Issue 3(2018),pp.309—338.

来推进其气候政策,而企业则需要政府明确的政策[1],碳市场作为一条气候可持续的路径,各个国家和地方各级政府、企业和民间社会必须共同努力,为有效的政策确定碳定价水平,并确保政府、企业和民间社会的利益。首先,面对全球环境危机升级、国际减排责任加重与资源经济发展受阻的矛盾交织局面,粗放型发展模式的不可持续与脆弱问题导致我们别无选择,积极优化和调整经济向低碳模式转型成为当务之急,只有坚持绿色低碳发展道路,广泛开展低碳行动计划,才能具备进一步提升经济增长的质量与争夺未来低碳经济高地的计划与准备。其次,碳市场机制的建立不仅有助于完成履约任务,减缓和适应全球气候严峻形势,更有利于借助市场化运营与市场制度实施为国际碳减排提供可持续的减排产品与收益渠道,是我国转变经济发展方式的现实需要。鉴于我国经济与碳排放大国的现实状况,助力绿色低碳的可持续发展,既是因应国际气候变化形势与气候治理制度格局的策略选择,也是满足我国可持续发展内在需求的正确选择。然后,碳市场可以在动员社会资本自觉参与碳减排活动、加速企业减排积极性、保证减排效益全球流动方面发挥关键作用,且随着碳市场相关机构和碳金融衍生品的发展,在不断提高市场效率与对外开放的同时,我国碳市场将吸引更多的资金和机构进入,减排或低碳相关产业发展也必将进入加速期。最后,在欧盟与美国不断进行重审与提升其配额交易机制的同时,碳市场的低成本减排功效也受到不断地检验[2],但气候变化在带来的风险威胁金融体系基础的同时,其时间尺度超出了投资决策的通常范围[3],绿色金融有助于化解这一"地平线悲剧",欧洲、美国加州等地的经验也显示碳市场可以成为绿色金融手段。中国需要依靠自身的绿色金融发展才能融入世界绿色金融潮流之中,通过碳市场机制刺激绿色金融投资,提升投资者和企业的社会环境责任,因此面对以低碳交易为核

[1] Moomaw, William R., and Patrick Verkooijen. "The Future of the Paris Climate Agreement: Carbon Pricing as a Pathway to Climate Sustainability," *Fletcher Forum of World Affairs*, Vol.41, No.1, Winter 2017, pp.69—78.

[2] Rudolph, Sven, and Toru Morotomi, "In the Market," *Carbon & Climate Law Review*(*CCLR*), No.1, 2016, pp.75—78.

[3] Mark Carney, Governor, Bank of England, Chairman, Fin. Stability Bd., Financial instability and the tragedy of the climate horizon, Address at Lloyd's of London(28th September 2015). This article represents a lecture by Mark Carney to Lloyd's of London.

心经济结构调整的全球发展趋势与国内自身紧迫的结构性环境问题,要制定和引导碳市场作为绿色金融的手段。

(二)积极参与《巴黎协定》碳市场机制的规则和标准制定,加强碳市场的链接与国际合作

基于碳市场机制可促进气候友好型商品与服务的发展、助力清洁技术的调用,碳市场机制无疑是最重要的气候治理机制[1],因而对碳市场机制有关规则与标准的制定显得至关重要。尽管全球碳市场仍处于萌芽阶段,地区、国家和区域碳市场机制的多样性与交易形式的复杂性使得对未来全球碳市场的预测存在较大难度,《巴黎协定》所制定的碳市场机制还有待后续谈判补充规则与标准,但为了改变温室气体排放现状与能源消耗现状,积极参与制定工作为表达我国减排诉求与碳市场领导力意愿的传达提供了通畅的路径,帮助我国决策者了解谈判各方的规则目标,权衡各方诉求,可以使我国决策者制定出更有利于国家发展的宏观战略。因此,无论从紧密联系国际市场环境,还是从自身减排需求出发,我国应该积极参与碳市场机制的制定,为碳排放标准的谈判提出切实可行的建议方案,成为规则的参加者与制定者。同时,碳市场的链接程度与国际合作成熟度直接决定了碳市场这一政策减排工具所能带来的社会与经济影响。我国应该树立负责任的大国形象,加强碳市场的链接与国际合作,合作内容包括资金、人才和技术合作,即建立资金、技术转让和人才引进等机制,在坚持"共同但有区别的责任原则"基础上发挥协调作用,维护多边机制。

(三)借鉴美欧碳市场机制的制度经验,利用国际资源提高碳市场能力建设

无论欧盟的区域性还是美国的州内和州际碳交易体制,在实践中均取得一定成效,其成功的经验,可为我国碳市场机制相关立法所借鉴。尽管美国因《低碳经济法》议会通过受阻导致国家层面立法缺失,但各州政府以其州立法权为碳市场的建立制定了地区性立法,例如加州出台《AB32法》建立了加州地区型ETS,为美国的碳市场建立奠定了条例与指南相结

---

① Droege, Susanne, et al., "The Trade System and Climate Action: Ways Forward under the Paris Agreement," South Carolina Journal of International Law and Business, Vol.13, No.2, Spring 2017, pp.195—276.

合的制度体系,并通过 CARB 出台了碳市场的交易规则,给予 MAC 市场管理委员会市场管理权力,加州 ETS 的特色制度在于"免费发放＋拍卖"相结合的机制,其免费发放的配额实际上起到一个稳定碳价的作用。再如东部地区温室气体倡议作为州际 ETS,建立了各州自治的强制减排监管机制,通过出台示范规则,允许各州吸收示范规则的内容自行立法管理。以及昙花一现的芝加哥 ETS 曾采用强制减排的会员参与机制达到其减排目标。覆盖 30 国的欧盟 ETS 经 14 年实践经验,确定了严格的排放总量不超过限额前提下的转让机制,给予碳排放权的柜台交易,现场交易与期货交易以法律地位,接受不同法律规则的规制,例如现场交易接受货物贸易法规的规制,期货交易受到金融法规的监管;建立了配额预支与延期机制,允许排放单位提前预支下一年度配额或储存配额至下一年度,碳价格则由碳市场进行决定;明确了惩罚机制,对于超额排放实体给予每吨 40 欧元甚至 100 欧元的严厉罚金处罚;采用了交易日志监督与排放单位定期报告机制,交易日志对每一排放单位的配额、转让、使用与存储进行详细管理,排放单位则被要求于每年 4 月末提交上一年度的排放报告。欧盟将《巴黎协定》视作一个混合协定,分别以欧盟及各成员国名义作出承诺,并借由其野心机制(ambition mechanism)推动欧盟相关立法进程[①]。基于我国尚处于碳市场发展初期的决策阶段现状,结合国际碳市场建设的能力建设环境考量,进而判断我国建立全国碳市场所应具备的条件与不足,得知:第一,我国应开展低碳培训,即通过社会化、地区企业性的能力建设培训,聚焦重点碳市场参与公私实体的实际需求,加大碳市场相关人才的培养,提升气候治理法规、政策与国家产业措施的社会支撑能力,推动碳市场机制社会与经济价值的社会观念普及,磨炼碳市场机制开发和运作过程中涉及的核算报告、核查应对与碳资产管理能力,为全国碳市场能力建设提供重要支撑。第二,我国应重视碳政策与碳交易机制的研究开发,即通过对环境权益与碳权抵质押的物权法律属性、实践案例、市场管理立法要件的系统性分析,提出碳市场金融合作机制、碳价稳定机制、碳减排成本效益评估标准与机制等相关政策建议,助益全国碳市场的建设。第三,

---

① Oberthur, Sebastian, "Perspectives on EU Implementation of the Paris Outcome," *Carbon & Climate Law Review*(*CCLR*), No.1, 2016, pp.34—45.

我国应支持并举办各类型的低碳活动,从而搭建能力建设交流平台,即通过聚焦于碳排放权与碳金融的论坛、会所、公益组织,促进碳市场管理单位、碳排放企业、碳金融交易中介公司、第三方核查评估机构,以及其他政府主管部门、科研团体和国际组织机构等单位之间的碳市场能力建设经验交流。第四,我国应积极参与碳市场能力建设的国际合作,即通过各国政府与国际排放贸易协定、欧盟气候变化行动司、世界银行等非政府机构的国际交流,探索碳市场能力建设的现实前景,通过国际合作促使国内适应工作得到进一步提升。

(四)进一步推进我国碳市场完善,建立科学完备的统一碳市场规则体系

碳市场作为在社会生态文明建设中具有重要地位的新兴市场,不仅是我国优化碳排放权资源配置的重要保障,更是实现低成本减排、促进经济低碳转型的依赖路径,一套科学完备的制度体系建设对保障我国碳排放权交易正常运行与满足我国减排目标具有至关重要的意义。我国碳市场建设应注重制度的适用与调整,给予地方治理部门差别化减排制度设置权限,及时激励减排主体采取灵活的措施参与市场竞争,确立较为完善的 MRV 机制与抵消机制,总结我国实践经验与问题,回顾碳市场国际进展并落实相关义务,建立与我国统一碳市场配套的科学完备的碳市场规则体系。因而在《巴黎协定》下,我国要推进国内碳市场的完善,建立中国碳市场的规则体系,一方面,基于对国际条约直接适用于我国国内法现存障碍的考虑①,我国在履行《巴黎协定》下碳市场承诺时,仍需转化为适合我国国情的国内法,为进一步推进我国碳市场的完善开辟道路。另一方面,《巴黎协定》设定的软机制②不足以满足碳市场健康稳定进行的基本条件。我国加快建立和完善碳市场相关规则,应制定核查评估机制,实施严格监管,即通过建立健全碳会计制度,明确第三方核查标准、核查机构要求与规范,确定非准确或真实排放数据责任;规定市场风险控制机制,建

---

① 万鄂湘、余晓汉:《国际条约适用于国内无涉外因素的民事关系探析》,《中国法学》2018 年第 5 期,第 6—21 页。

② Bullock, David A. C. "Combating Climate Recalcitrance: Carbon-Related Border Tax Adjustments in a New Era of Global Climate Governance," *Washington International Law Journal*, Vol.27, Issue 3(2017), pp.609—644.

立碳市场配套的保险措施,预防并应对可能出现的增值税骗税、网络钓鱼和洗钱等欺诈活动,强化交易市场安全能力建设;制定科学规范的信息披露机制,避免零散的披露带来"迷失方向"的风险,在碳市场领域,最有效的披露应该具有在碳市场参与行业和部门的范围和目标上的一致性、给予投资者评估同行和综合风险的可比性、确保披露数据为用户可以信任的可靠性、以使复杂信息易于理解的方式呈现的清晰性,以及在最大化收益的同时,将成本和负担降至最低的高效性,建立一个碳市场行业主导的机构,作为信息披露特别组织,为生产或排放碳的公私参与者设计和提供自愿披露标准,参与者不仅会披露他们现在所排放的,还会披露他们如何规划向未来零排放的过渡。

五、结　　论

碳市场机制可以有效化解气候治理在资金支持、非政府力量地位、治理有效性与可持续性方面的障碍。《巴黎协定》极大推动了全球气候治理法律机制的完善,为建立更全面的碳市场机制奠定了基础。《巴黎协定》第六条建立的减缓成果的国际转让和可持续发展机制两种碳市场机制开启了碳市场机制的新起点,第13条建立的透明度下审查批准机制促进了公私行动者的可持续参与,《2030年议程》在一致性前提下对此框架发挥协调增效作用。对碳市场建立外部影响因素进行分析总结,有助于我国在碳市场领域国际话语权与国内环境治理的进程中避免成为受害者。但《巴黎协定》采用的国家自主结合透明度框架和全球盘点的新模式、碳市场多边进程的受挫、我国碳市场建设的不均衡发展是我国碳市场建设中必须面对的挑战。建立全国统一碳市场,一方面要具有超前战略眼光,未雨绸缪,规避风险,积极筹划;推动我国碳排放交易市场发展的宝贵经验对参与国际碳市场和保护国家利益起到重要作用,应不断总结实践经验,查漏补缺,完善我国统一碳市场,建立统一规则体系,另一方面要关注碳市场交易量与价格变化的内外部影响制度因素,要按照稳中求进的原则,采用立法先行的路径,以利于后续全国与地方法律和规则的协调、交易机构的对接、跨区域的综合管理,积极稳妥地推进统一碳市场建设。

特朗普政府退出《巴黎协定》
主要动因的问卷分析和阐释 *

于宏源 李坤海**

【内容提要】 特朗普政府退出《巴黎协定》的国际行为阻碍了全球气候治理进程。从动因来看,退约行为是一系列要素共同作用的结果。本文从实证角度,通过问卷调查,探讨了以政治、经济与社会为基本维度的具体因素对退约行为的影响力与认知差异。从影响力整体来看,以总统的性格特征、政党政治等为代表的政治要素是退约行为的首要动因,化石燃料产业发展仅为其次。其二,美国"发达"的市民社会力量却对气候政策影响相对较弱。具体的因素与退约动因的关联度也存在认知差异,典型表现为:特朗普性格特征影响力与不确定性并重;政党政治在气候政策上的共识呈现内外分化的发展趋势;退出《巴黎协定》与能源复兴、就业率提升的关系受到质疑;保守智库与公共意见在气候政策中的作用被忽视,特别是分化的社会阶层对气候政策的支持度各异。动因的多元性体现了气候政策制定的复杂性。面对美国国际气候政策的不稳定性,全球气候治理体系应该平衡好领导力结构以增强治理弹性。

【关键词】《巴黎协定》;退约;动因;气候治理

【Abstract】 The Trump administration's plan on withdrawal from the Paris Agreement has hampered the global climate governance process. For the motivation, the withdrawal behavior is the result of a series of factors. This paper, from an empirical point of view, through questionnaire surveys, discusses the influence and cognitive differences of specific factors of politics, economy and society as the basic dimensions on the withdrawal behavior. On the whole, the president's character characteristics, party politics and other political factors are the main motivation of the withdrawal behavior. The second is the fossil fuel industry development. However, the developed civil society forces in the United States is relatively weak on climate policy. There are cognitive differences in the correlation between specific factors and the motivations for withdrawal, which typically include: the influence and uncertainty of Trump's personality traits are equal, the consensus of party politics on climate policy shows a trend of internal and external differentiation, the relationship between withdrawal from the Paris Agreement and energy recovery and rising employment rates is questioned, and the role of conservative think tanks and public opinion in climate policy is neglected, especially the different levels of support for climate policy among divided social strata. The diversity of motivations reflects the complexity of climate policy making. In the face of the instability of U. S. international climate policy, the global climate governance system should balance the leadership structure to enhance governance flexibility.

【Key Words】 "Paris Agreement"; Withdrawal; Motivation; Climate Governance

* 本文系国家重点研发计划项目"气候变化风险的全球治理与国内应对关键问题研究"(项目编号:2018YFC1509001)的阶段性研究成果。

** 于宏源,上海国际问题研究院比较政治和公共政策研究所所长、研究员;李坤海,上海财经大学法学院博士研究生。

2017 年以来,特朗普政府实施的一系列退约行动引起了国际社会广泛关注,其中包括宣布退出《巴黎协定》。虽然新任总统乔·拜登(Joe Biden)在气候政策上,将应对气候变化作为其上台后的"优先事项"①,并于 2021 年 2 月 19 日正式重返《巴黎协定》,但能够在多大程度上弥补特朗普政府去气候化政策的不足,并助力全球气候治理进程发展依然困难重重。《巴黎协定》是当前最重要的全球性气候多边公约之一,重要发达国家的缺席使得公约落实遭受重重阻碍。美国作为曾经唯一退出《巴黎协定》的缔约方,又重返该协定,背后是一系列影响因素共同作用的结果。虽然美国迎来了新任总统,但国际气候政策的制定与发展依然要根基于经济、社会等基本国情,与历任总统任期期间气候政策考量因素也存在一定的"共性"。因此,对特朗普退出《巴黎协定》动因的全面分析,能够把握美国国际气候政策的影响要素结构,对当前全球气候治理体系、中美气候关系发展都具有重要参考价值。

特朗普政府退出《巴黎协定》的动因是多因素共同影响机制下"权衡"的结果。从既有研究现状来看,我国当前对特朗普政府宣布退出《巴黎协定》的动因探讨主要是以定性研究为主。例如温尧认为美国退出《巴黎协定》、伊核协议等系列制度紧缩行为与美国霸权调适密切相关,是重塑美国全球"霸权"地位的推动所致。②冯帅不仅认为退约行为是美国政党之争、去奥巴马政府遗产的政党"互动"结果③,也认为与奥巴马政府的绿色型气候政策不同,以灰色型气候立法取代绿色型气候立法,是美国"经济利益优先"战略推动的结果。④张晓涛与易云锋认为是全球能源供需格局变化,美国需要重塑能源产业话语权推动的结果。⑤虽然有不同角度的动

① 赵斌、谢淑敏:《重返〈巴黎协定〉:美国拜登政府气候政治新变化》,《和平与发展》2021 年第 3 期,第 37—58＋136 页。
② 温尧:《退出的政治:美国制度收缩的逻辑》,《当代亚太》2019 年第 1 期,第 4—37、155—156 页。
③ 冯帅:《美国气候政策之调整:本质、影响与中国应对——以特朗普时期为中心》,《中国科技论坛》2019 年第 2 期,第 179—188 页。
④ 冯帅:《特朗普时期美国气候政策转变与中美气候外交出路》,《东北亚论坛》2018 年第 5 期,第 110—126 页。
⑤ 张晓涛、易云锋:《美国能源新政府对全球能源格局的影响与中国应对策略》,《中国流通经济》2019 年第 8 期,第 72—79 页。

因解读,但是各种动因解释是以我国学者外围视角进行评价,无法对各种动因影响力进行比较分析。需要进一步探讨的是在众多因素中究竟何种因素对特朗普政府退出《巴黎协定》的影响更大? 以及各种具体因素的内部分歧性如何? 基于此,笔者对上述主要动因进行了提取,以实证分析视角,在对美国华盛顿主要智库专家和部分前官员的访谈和调查问卷的基础上,进一步对上述动因进行全面分析。

一、调查对象与研究方法

(一)调查对象

气候治理政策的调整与改变是政治与科学、国家领导与民众不断协调的过程,不仅关系上层政治,也关系社会稳定。在问卷调查对象选择上,本笔者不仅将主要国家层面的部门官员纳入范围,也将主要气候治理研究机构等智库官员与专家引入问卷调查的调研对象。具体而言:首先,笔者分别对前国务卿科林·鲍威尔的幕僚长、国防分析师拉里·威尔克森(Larry Wilkerson)上校、来自美国国际开发署、国务院、环境保护署、国家海洋和大气局的匿名官员、美国气候联盟执行主任朱莉·塞奎拉(Julie Cerqueira)、哥伦比亚大学地球研究所气候科学、意识和解决方案项目(Climate Science,Awareness and Solutions Program)主任詹姆斯·汉森(James Hansen)、全球安全研究所联席所长盖尔·路福特(Gal Luft)等进行了访谈。其次,笔者对来自美国能源部、国务院、环保署、国务院海洋与大气局、国际合作开发署、布鲁金斯协会、美国战略和国际关系中心、美国外交关系全国委员会、美国世界资源研究所、美国大自然保护协会、美国企业研究所、美国东西方研究所、哥伦比亚大学、斯坦福大学国际战略和安全中心等机构的前官员与专家进行了问卷调查。

(二)研究方法与问题设置

综合考察特朗普气候决策过程中众多影响因素,如何衡量这些因素对特朗普政策的影响程度对于分析特朗普政府政策的发展趋势有很大帮助。国际视角下的气候治理因素主要包括全球地缘政治变化与互相博弈、气候治理领域无政府状态与国际法治的"软治理"等,但是从美国国内的视角来探析特朗普政府退出《巴黎协定》的主要动因,需要从经济基础、上层政治以及社会因素进行分析。首先,本研究问题内容主要针对以上三个维度的不同因素,即政治维度的总统性格因素、决策团队的影响、政党政治以及美国对外战略目标;经济维度的能源产业、就业问题和美国经济竞争力;社会维度的保守智库与公众意见。确定了问题设置因素之外,依然需要探讨这些因素中哪些对特朗普气候决策起到关键作用,而哪些仅在一定程度上对特朗普去气候政策化造成影响,因此笔者主要设置两个问题:一是"谁是影响美国气候政策的关键人物?"二是"当前美国气候政策决策过程如何?"在问卷上设定了"0—3"的影响均值打分。此外,考虑到经济、政治与社会因素并不是一成不变的,并且不同部门与智库代表机构的官员对美国气候政策的转变也受到自己固有智识水平、意识形态水平的影响,所以本调查也鼓励被访问人员增加关于美国气候决策影响因素的新观点,例如"政治观念"这一影响因素主要是从被调查人员提出的意见中统计而来的。

(三)调查数据整理

本次问卷调查共回收有效问卷80份。从笔者对华盛顿主要智库的专家和前官员调查问卷的打分均值(数值从0到3)来看,对于本次特朗普政府气候政策调整影响最大的因素为特朗普决策性格(2.58),对于政策调整影响最小的因素为公共意见(0.94)。根据统计结果显示,影响因素由大到小分别为(按均值排序):特朗普决策性格(2.58)、化石燃料产业(2.33)、政党政治(2.31)、政治观念(1.94)、经济竞争力(1.91)、保守倾向智库(1.68)、特朗普政府决策团队(1.63)、美国新的全球战略调整(1.67)、就业率因素(1.14)、公共意见(0.94)。(图1)

此外,特朗普气候政策因素的均值排序只是对各因素之间进行比例权重,但是由于调查对象都是基于自己对气候政策的理解进行影响均值的衡量,并且个体存在对多项因素难以权衡出现的多种选择,所以笔者以方差数据来对特朗普气候政策因素的分歧进行了排序,以弥补该调查问卷的单纯主观性弊端。根据统计数据的方差,特朗普决策性格(142.6)、化石燃料产业(98.4)、特朗普政府决策团队(92.6)、公共意见(92.3)、政党政治(89.6)、保守倾向智库(89.5)、就业率(62.3)、经济竞争力(56.6)、美国新的全球战略调整(53.2)、政治观念(10.7)。(图2)

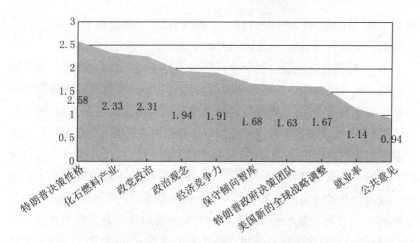

图1　影响特朗普气候政策因素的均值排序

资料来源:作者自制。

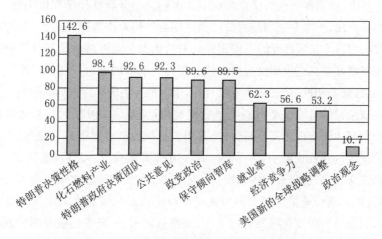

图2　特朗普气候政策影响因素的方差排序

资料来源:作者自制。

二、对特朗普退约的问卷结果综合分析

(一)政治维度

从调查结果来看,政治因素被认为是影响特朗普退出《巴黎协定》最重要动因，其中以特朗普性格特征、政党政治、政治观念最为突出。但是，从数据稳定性分布而言，对政治因素的个体认知差异较大。

第一，特朗普决策性格特征兼具影响力与不确定性。首先，特朗普决策性格特征以绝对优势占据影响因素均值第一。特朗普的商人身份使其性格中有着鲜明的"商人思维"，这种思维是以实用主义为主导的，映射到其政策倾向，则以重利为特点。正如有评论指出，"特朗普的政策以对现实利益的维护和获得为主要目的，而对全球性秩序、公益、美国国家形象及权力权威等需求则退为其次"。①特朗普决策特征的不羁表现在对于传统政治规范及各种政治制度和规矩等，要么置之不理，要么进行各种挑战，制造麻烦。②这种性格特质在对待气候变化国际合作问题上显现得淋漓尽致，追逐经济利益优先性是一切战略基本出发点，这也是其之所以敢力排众议撕毁《巴黎协定》的原因之一。

其次，特朗普决策性格在影响因素影响力与分歧性排序都位于第一，说明一方面，智库专家和前官员认为特朗普性格对决策影响最大，同时特朗普决策行为充满高度的不确定性。对特朗普决策性格的认知分歧源于美国气候政策具有周期性与易变性。克林顿政府的上台，美国以"增进安全、促进繁荣和推进民主"为主要目标，全面推行美国领导世界的战略。虽然在政策目的可能出于巩固美国霸权地位，但是这一时期的气候政策以双边和多边外交促进了环境合作，其中包括执行联合国框架下的"二十一世纪议程"，并且签署了《京都议定书》。小布什政府上台之后，遭遇"9.11"恐怖主义袭击，反恐成为国内安全的首要议题，气候治理政策出现单边回落，美国以履行减排义务会损害美国经济为由退出了旨在减少温室气体排放的全球气候变化框架公约——《京都议定书》。奥巴马政府明确表示接受全球变暖的科学事实，并准备在此基础上制定一系列低碳和环保政策，奥巴马政府将应对气候变化问题提到了执政纲领的高度，并重申美国将致力于构建全面应对气候变化的系统框架。其大力推进绿色新政、清洁能源改革并且推动了《巴黎协定》的达成，从过去的气候被动外交转变

---

① 赵树迪、黄任望：《"特朗普特质"与中美关系前景初探》，《太平洋学报》2017 年第 6 期，第 100 页。

② 尹继武、郑建君、李宏洲：《特朗普的政治人格特质及其政策偏好分析》，《现代国际关系》2017 年第 2 期，第 17 页。

为气候主动外交,是美国历史上参与全球气候治理积极性较高时期。特朗普上任后,出现了一系列气候政策的"退群"现象,其目的在于树立自己的政治治理策略,抹去奥巴马政府时期的政治遗产。通过退出巴黎协定、废止清洁能源计划等策略使得气候治理的周期性波动更加明显。与选举时期相比,特朗普对气候变化甚至整个环境治理的承诺远远不能实现。当前国际社会充满诸多不确定性,多边与双边、极端事件、公共紧急事件都使得政策不断变化,经济问题也受到社会、文化、自然等多重因素制约,特朗普本身追求的经济利益优先,对气候政策的紧缩是否会随着国际社会变化做出相应调整也存在诸多不确定性。总之,从数据来看,特朗普决策性格特征是导致退约的首要因素,但在复杂的国际关系局势下,特朗普的气候政策也充满着不确定性。

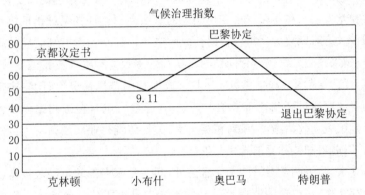

图3　美国主要总统气候政策的周期性变化

资料来源:作者自制。

第二,政治观念和政党政治对美国气候政策的影响均较高,但政党政治共识在气候政策上的共识呈现内外分化的发展趋势。政治观念与政党政治紧密相关,问卷调查发现智库专家和前官员在政党政治与政治观念影响政府决策影响力上,观点比较一致,政党政治与政治观念在均值中分列第三第四。然而,两者方差分别排在第五和第十。一方面说明被访问对象普遍认为,坚持自由主义、保守主义等意识形态下的政治观念的影响是基础性的,一般贯彻政策实践的始终,处于相对稳定的影响状态。例如自由主义倾向于达成气候公约或建立气候组织,而保守主义倾向于退出气候公约。另一方面,政党政治方差较大则表明了前官员和智库专家对美国两党对峙的政治形态与气候政策关系的认知分歧较大,所以本文着重介绍后者—政党政治因素。

首先,美国存在两党对峙的政治现实,出于政治需求,在气候变化科学事实上存在观点异化。美国的政党制度以两党制为主,两党所代表的利益集团不同导致其政策诉求有较大的不同。一般意义上,共和党往往代表传统产业的利益诉求,而民主党则代表新兴产业集团。例如,2010 年10 月,皮尤中心在一项测验中提出一个问题:全球变暖有确凿的证据吗?对此,79% 的民主党人表示肯定,而共和党人只有 38%。①据盖洛普(GALLUP)2017 年统计,"美国约有 84% 的民主党人对气候变化表示较为强烈的担忧,而共和党人只有 40%"。②由于民主党人事实上已经取得了环保问题上的道德高地,共和党人也基本放弃了争取环保选民的支持,因此共和党人越来越质疑气候变化问题的真实性。这种党派分化现象到了特朗普政府时期更为严重。特朗普政府坚持推翻一切奥巴马时期的政治遗产,越来越质疑气候变化问题的真实性。多数共和党人支持退出《巴黎协定》,22 个美国共和党参议员③联名敦促特朗普尽快退出《巴黎协定》。特朗普政府通过高调宣布带领美国退出《巴黎协定》,在国内站稳了他力图推翻民主党政治遗产、反对精英主义、关切传统行业底层劳动人民的立场,并以此巩固共和党的选民基础。

其次,除了两党对峙的不同看法外,同一党派内部的不同政治意识形态也存在相应分歧,说明内部差异的不同也是造成政党政治这一影响因素方差较大的原因。例如皮尤调查中心之前在 2019 年 8 月发布的调查数据表明自由民主党/共和党、保守民主党/共和党关于气候变化的认知存在不同程度的内部差异(见图4)。除了民主党气候治理热情普遍高于共

---

① Cook, B., "Arenas of Power in Climate Change Policy-making," *The Policy Studies Journal*, Vol.38, No.3, 2010, pp.65—472.

② GALLUP, "U.S. Concern About Global Warming at Eight-Year High", http://www. gallup. com/poll/190010/concern-global-warming-eight-year-high. aspx., 登录时间:2019 年 6 月 2 日。

③ 参议院多数党领导人米切尔·麦康奈尔(Mitch McConnell)指责《巴黎协定》,并指出说:"奥巴马总统做出了一个他无法兑现的诺言,他许了一张空头支票,并且跨越中产阶级直接承认了协议,这个协议会在 13 个月内被废掉。"

和党外,而共和党人的观点则因意识形态、年龄和性别而产生分歧。该调查中心又在 2020 年的最新调查中表明大约 2/3 的温和派或自由派共和党人(65%)认为,联邦政府在减少气候变化影响方面做得太少,相比之下,保守派共和党人(24%)只有大约 1/4 这样认为。与年长的共和党人相比,千禧一代和年轻一代的共和党人更有可能认为,联邦政府在应对气候变化方面做得太少。①总之,党派认知冲突导致的结果是将环境保护(气候变化)、经济发展、国家安全等置于不同的优先序列。美国气候政策不仅缺乏两党的政治共识,而且内部也日趋分化,这也可以解释为何近年来美国的气候政策出现"时上时下"的波动频率更大。

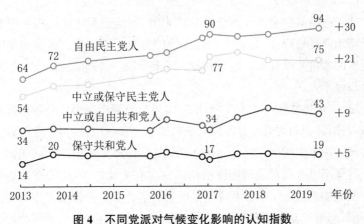

图 4　不同党派对气候变化影响的认知指数

资料来源:Brian Kennedy, MegHefferon, "U.S. concern about climate change is rising, but mainly among Democrats", Pew Research Center, 8/28/2019。

此外,与对特朗普决策性格特征、政党政治、政治观念影响看法不同,智库专家与前官员并不看好特朗普政府决策团队在政策决策中的影响力,其均值排名为第七。国家管理职能涉及经济、社会等多层面,决策团队人员对不同维度的事项治理意向不同,但总体而言,从调查结果来看,决策团队意见远不如特朗普个人性格特征的影响大。关于"美国全球性战

———————

① Kennedy, B. and Courtney, J., "More Americans see climate change as a priority, but Democrats are much more concerned than Republicans," *Pew Research Center*, 2/28/2020.

略"这一因素对退出《巴黎协定》影响性来看,均值排名第八,方差排名第九,说明美国前官员与智库专家认为"美国全球性战略"不是直接影响美国退出《巴黎协定》最关键要素,且争议性不大。这可能意味着美国新的全球性战略可能更集中于国际贸易、数字货币主权之争等问题领域,而不是围绕气候变化问题领域本身。与我国国内不同的是,我国对美国"全球战略"看法一般被认为是政治、经济、文化、社会等全方位的战略影响,对全球治理体系具有侵略特征,美国退出《巴黎协定》也是"美国优先"的重要内容。国内外关于美国全球战略的不同看法,说明了中美国际政治共识鸿沟依然较大。

(二)经济维度

就经济因素影响力调查结果总体来看:传统能源产业的振兴考量仅次于特朗普性格特征,是退出气候公约的首要经济因素。经济竞争力与就业率的考量并没有被普遍看作是一个特别重要的推动因素,并且对两者分歧也不大。

第一,传统能源产业重新"上位",需要扫清制度障碍。与特朗普决策性格一样,其影响均值与方差都位于第二位,表明化石燃料产业因素在特朗普政府决策中的地位上升,但同样存在较大争议。《巴黎协定》引起的低碳化发展不可否认对全球能源结构调整具有重要影响,传统煤炭企业让位于低碳能源是全球生态可持续发展的必然趋势。美国历来作为传统工业强国,能源产业是国家重要经济命脉,加入《巴黎协定》使美国具有国际法意义上的减排义务,对传统石油、煤炭部门的产业结构冲击最大。提升产业的竞争力、增加就业、实现能源独立是特朗普政府经济政策的重点。石油、煤炭、天然气企业为美国共和党选举提供了数千万美元的捐赠,作为支持共和党选举的传统产业(诸如穆雷能源公司等煤炭矿业公司)也不断推动退约行动,因此,特朗普希望退出条约,摆脱国际法义务约束,依靠传统能源等传统产业的发展能够大大增加美国的就业。而提升美国的经济和就业的同时,也是特朗普通向连任之路的重要保障。此外,页岩气革命看到的"暴利"使得美国从能源进口国转变为出口国,液化天然气出口可以凭借较低的价格满足亚洲市场巨大的需求,在欧洲市场也可以和俄罗斯天然气竞争,以发展页岩气代替可再生能源可以使美国在能源地缘政治博弈中赢取更多的话语权。

但是,调查数据的方差表明对于特朗普退出《巴黎协定》与能源复兴的关联认知争议依然较大,美国退出《巴黎协定》与重振美国传统能源产业的前景存在诸多不确定。从相关数据事实来看,特朗普退出时宣称《巴黎协定》严重阻碍了能源产业发展的绝对性存在质疑。主要体现在以下两个方面。首先是过分夸大美国传统能源产业受挫。多边气候公约自20世纪90年代才开始提上国际议程,能源结构低碳化调整仅在逐渐变化,未来几十年世界依然依赖化石燃料的供给,特别对于广大发展中国家或者能源禀赋较差的国家而言,化石燃料的使用度并不一定呈现下降趋势。根据美国能源署发布的数据,在2016年,美国电力部门直接雇佣的工人有190万人左右,其中110万员工(约占总人数的55%)属于传统能源(如煤炭、石油、天然气)部门。而将近80万员工在低碳部门工作,包括可再生能源、核能以及低排放天然气等等,奥巴马政府时期对可再生能源的开发、使用与经济成效一般。①其次,能源需求的全球动态变化可能比《巴黎协定》规定的减排义务的影响更大。美国的煤炭消费已经从2005年的10.2亿吨下降到2016年的7.39亿吨,是近四十年的最低。同期煤电占电力的比重从50%降到25%,表明美国的发电来源已发生了结构性的转变。②所以《巴黎协定》导致美国能源产业经济下降的因果关系也并不具有绝对说服力,相关被调查人员的认识分歧也说明了气候政策可能短期对国内能源结构调整方面产生制约,但绝不是压制能源产业的绝对因素。

但有趣的是,与经济相关的其他两项"经济竞争力"及"就业率"均值排名仅为第五和第九,方差分别是第八与第七,这反映了专家在经济竞争力和就业率对特朗普气候政策调整的影响程度较低这一认识上态度相对统一。美国在20世纪就将国内不具备比较优势的产业进行了国际转移,这样一种国际分工的变迁对美国而言,一方面节约了生产成本,提高了产品国际竞争力,另一方面,产业转移也导致了国内传统产业的就业率下降。但是随着互联网智能技术的发展,美国服务业的全球霸占,就业机会通过

---

① 邹晓龙:《美国退出〈巴黎协定〉后的能源政策及中美能源合作》,《东亚评论》2019年第2期,第122—139页。
② 魏蔚:《特朗普政府退出〈巴黎协定〉能否重振美国能源产业?》,《中国发展观察》2017年第13期,第54—57页。

产业升级得到弥补。2008 年金融危机后,经过十几年的经济建设,美国经济在新一轮商务经济等服务贸易产业链中可以形成新的就业圈。所以,《巴黎协定》与美国经济竞争力强弱或者就业率高低之间的联系远不如政治因素影响大。

综上,前官员与智库专家认为化石燃料为主的传统能源产业的振兴是退出《巴黎协定》的重要原因。美国出口量在国际社会一直占据重要地位,国际对传统能源的需求依然较大,使得美国通过出口的方式达到能源优势换取经济优势的驱动力不可小觑。但是对于"退出《巴黎协定》必然导致能源产业振兴"这一逻辑还存在认知差异,前景存在诸多不确定。此外,对于提升产业竞争力与就业率的目的并没有特朗普宣称的紧迫,美国经济结构的多元化发展也使得在经济发展模式调整和就业率增长上都不是绝对依赖于能源产业。

(三)社会维度

第一,美国保守倾向智库对特朗普政府气候政策的影响排序处于中游,且分歧不大。说明保守智库虽不及政治因素与经济因素影响大,但还是产生了一定的宣传等作用。美国智库曾是美国早期积极参与全球气候治理的重要推动作用。例如美国学者从 20 世纪 70 年代就提出了环境问题(如雨林消失、资源短缺、人口爆炸等)会造成政治不安全。例如 2002 年美国威尔逊中心出版了《环境变化报告和安全报告》,在报告中,该中心将以下变量和美国国家安全利益联系在了一起,包括:酸雨、生物多样性、森林采伐、生态资源的匮乏与压力、温室效应、自然灾害、核废料、人口过剩、海面升高、土地退化、臭氧层、跨国污染等。[1]孟修斯(Jessica Matthews)认为环境与国家安全利益存在紧密的因果关系,即自然资源、人口和其他环境变量将可能对经济表现产生巨大影响,继而成为政治稳定的潜在杀手。[2]

但对比笔者 2011 年和本次问卷调查结果,2011 年的调查结果显示,

---

① Franklyn Griffiths, "Environment in the U.S. Security Debate: the Case of the Missing Arctic Waters", https://www.files.ethz.ch/isn/136132/ECSP%20report_3.pdf#page=15,登录时间:2020 年 2 月 15 日。
② Mathews, J., "Redefining Security", Foreign Affairs, Vol. 68, No. 2, 1989, pp.162—177.

在华盛顿的智库专家和前官员对气候安全议题的关注度处于高点。2011年关于气候变化直接安全带来的影响方面,粮食短缺、水资源短缺和自然灾害等的均值都在 2.0 以上。而到了 2018 年,这些具体的影响因素并未出现在排名前十位之中。说明了早期智库大力推动美国积极参与全球气候治理不同,现在的保守智库也产生了去气候化的宣传思想与理念。例如美国共和党智库传统基金会长期对气候变化抱持消极态度。知名保守派智库传统基金会(The Heritage Foundation)是对美国政治政策最具影响力的研究机构之一。2016 年美国大选期间该基金会曾作为特朗普的智囊团为其总统选举备战,并在特朗普当选后积极介入其行政团队,发挥着重要作用。该基金会发布了一份名为《巴黎协定的后果:毁灭性的经济成本与几乎为零的环境收益》(Consequences of Paris Protocol: Devastating Economic Costs, Essentially Zero Environmental Benefits)的报告。①报告认为《巴黎协定》与奥巴马政府提交的国家自主贡献计划将会给美国经济带来冲击并严重影响国内就业,其后果可能导致:到 2035 年美国共计损失就业岗位 40 万个,其中制造业岗位 20 万个;到 2035 年美国国内生产总值共损失 2.5 万亿美元;到 2035 年美国居民用电价格升高 13%—20%,且每个四口之家的收入损失超过 2 万美元。传统基金会认为即便美国达标减少碳排放全球变暖的形势也不会有明显好转,这将给其他排放国家带来"搭便车"的可能性。这些扭曲的经济解释直接影响了特朗普的气候政策。美国保守主义智库的背后一般大多是一些利益财团,包括近年出现的一些新型科技集团和金融集团。这些财团出于保护经济利益并获得更大收益的需要,通过智库发表调研报告,影响社会舆论,左右政府决策以实现自己的利益。

第二,公众意见均值排在第十位,方差排第四,说明被访问人员认为其对特朗普政府政策的影响最小,公众意见影响力备受忽视,但也存在较大的认知争议。首先,美国一直缺乏支持气候变化广泛的科学民意基础,

---

① Kevin Dayaratna, Nicolas Loris and David Kreutzer, "Consequences of Paris Protocol: Devastating Economic Costs, Essentially Zero Environmental Benefits", http://www.heritage.org/environment/report/consequences-paris-protocol-devastating-economic-costs-essentially-zero?_ga = 2.150757877.234179648.1499306877-1687370587.1499306877,登录时间:2019 年 6 月 12 日。

美国民意也容易受自然灾害的影响而出现波动,因此对美国气候决策的影响程度和方式不够稳定。根据皮尤中心的统计,奥巴马第一任期的2009年只有57%的美国人认为地球温度上升有充分的科学证据,2013年7月,这个数据上升为69%,特别是40%美国人认为气候变化是美国的主要安全威胁,比较2011年之前有较大增长。然而由于最近几年美国民粹主义和反全球化媒体的发展,2016年美国耶鲁大学气候项目调查说明,目前仍有接近三分之一的美国人认为全球变暖的主要因素是自然环境变化因素,仅有八分之一(13%)的美国人坚持人类活动导致全球变暖这一科学共识。①此外,特朗普退出《巴黎协定》声明中提及的俄亥俄州的扬斯镇、密歇根州的底特律和宾夕法尼亚州的匹兹堡都是将他送上总统宝座的重要城市。这些城市经济发展迟缓,但都是工业重镇,拥有广大的从事传统行业低技能工作的选民,这显示了特朗普利用该声明巩固其在工业城市的民众支持率为目的。

其次,公共意见对气候政策支持度存在内部结构较大差异。美国的中下层民众对气候变化的态度并不一致,且受到气候灾害变化的影响大。美国公众的环保意愿成效有限。美国作为自由市场经济的原型,新自由主义改革的力度越大,民众的经济担忧就越强,这种担忧很容易转化为反碳政治思潮②,这使得政客可以根据自身的喜好来决定气候政策议程,2016年以来席卷欧美的民粹主义政治运动即是很好的印证。加上中产阶级人口比例不断下降,导致支持全球性议题的人口数量随之下降。根据传统政治经济学理论,中产阶级是全球化和全球性议题的传统支持力量。但是根据皮尤中心研究调查显示,皮尤中心发现从1970年起到2015年,上层阶级收入家庭的收入增幅比中产阶级家庭的增幅更多。上层阶级收入家庭1970年的收入中位数比例为29%,到2014年增长到了49%。1983年一个上层阶级收入家庭的财产相当于三倍的中产阶级家庭,到了

① Yale Programme on Climate Change Communication: "Climate Change in the American Mind", http://climatecommunication.yale.edu/publications/climate-change-american-mind-may-2017/,登录时间:2019年7月1日。

② James Everett Hein and J. Craig Jenkins, "Why Does the United States Lack a Global Warming Policy? The Corporate Inner Circle Versus Public Interest Sector Elites", Environmental Politics, Vol.26, No.1, 2017, pp.97—117.

2013年这一比值增长到了几乎七倍。①中产阶级家庭的财富收入与上层阶级家庭的差距越来越大,而人口数量和财富能力下降影响了其对美国参与全球治理的支持程度。此外,对气候变化更加感同身受的公共意见可能集中于海平面上升危及范围的沿海社区,这些社区尤其容易受到洪水和风暴潮的影响。皮尤调查中心数据2018年的分析发现,居住在距海岸线25英里以内的美国人中,有三分之二(67%)认为气候变化至少在一定程度上影响了他们所在的社区,而居住在距海岸线300英里以上的美国人中,有一半认为气候变化在一定程度上影响了他们所在的社区。②

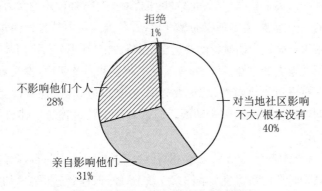

图5 美国公众对气候变化影响看法

资料来源:Cary,Funk Brian and Kennedy,"How Americans see climate change in 5 charts",Pew Research Center,4/19/2019。

综上,从社会角度看,美国的中、下层民众对气候变化的支持态度并不足够坚实,这导致美国的政客可以毫无顾忌地根据自己的认知和利益排序来决定其气候政策。加上保守智库的宣传干扰,政策执行变得更加容易。在退出《巴黎协定》之后,我们虽然看到了民众运动,但这种民众运动并未在国会和政府造成足够的影响,主要停留于地方(如加州)的气候运动。民众舆论一直缺乏对应对气候变化坚挺的支持,政客们也已经认

① Pew Research Center,"The American Middle Class Is Losing Ground," http://www.pewsocialtrends.org/2015/12/09/the-american-middle-class-is-losing-ground/,登录时间:2019年12月1日。

② Cary,F. & Kennedy,B. "How Americans see climate change in 5 charts," Pew Research Center,4/19/ 2019.

识到底层民众对气候的漠不关心,这也助长了美国社会思潮向不利于《巴黎协定》的方向转变。

三、主要结论与全球气候治理的未来展望

从《京都议定书》到《巴黎协定》,气候治理实现了"自上而下"到"自下而上"治理模式的大转变,在后巴黎时代美国退约风波使得前期谈判成果有效性扑朔迷离。美国从 20 世纪 90 年代对全球气候治理的大力推进,到近些年的一般遵循,再到现在的制度紧缩,是国际国内外各种因素互动的过程与结果。我国当前对特朗普退出《巴黎协定》动因分析有所涉及,但都是从我国视角上的定性评价,带有一定主观色彩。基于此,本文对美国本土主要人员进行访问调查,以此为对比,更加清晰、客观地探讨美国本土关于特朗普退约的多重影响动因。通过对数据的整理与上述分析,主要有以下结论:

第一,总体来看,从政治、经济及社会三者横向因素而言,政治因素是特朗普政策转变的最重要影响因素。政治、经济、社会三要素密切相关,经济、社会因素虽然在一定程度上对特朗普退出《巴黎协定》起到一定影响,但最终退约的决定依然受到总统性格特征、政党政治等政治因素影响最大。具体到中美气候外交关系而言,美国政治、经济及社会维度都在不同程度上对特朗普退出《巴黎协定》的决定起到不同程度的作用,这些因素存在影响力大小与周期性变化的特点,对我国也将产生重要影响,我国需要针对特朗普退出动因进行针对性政策制定,从整体到局部统筹兼顾。

第二,政治因素总体影响均值最大,但内部要素存在认知差异。特朗普性格特征影响均值与不确定力均位列第一。一方面,特朗普商人性格特征使其应对国际问题追求利益至上,忽略气候治理等全球治理问题领域的公益性。另一方面,特朗普性格特征易受到内外部因素影响,使得决策走向与发展可预测性与稳定性难以估量。政治观念与政党政治紧密联系,共和党和民主党在气候政策周期性变化说明美国去气候化的退约深受保守主义(共和党的执政理念)影响,但共和党与民主党党派内部也日益呈现不同的政治意识派别,加大了气候政策的不确定性。其他政治因

素,如特朗普政策团队及美国全球性战略,对特朗普影响并不大,也说明美国全球战略的重点领域可能更专注于贸易、数字等领域,与气候公约间因果关系一般。

第三,经济因素整体影响度次于政治因素。其中传统化石燃料能源产业的重振是影响较大因素,并且主要是为了扩大出口来巩固页岩气革命带来的天然气福利。对于特朗普宣称的由于低碳化转型导致美国国内传统能源部门的"巨大"损失存在过分夸大嫌疑,美国传统能源产业依然占据重要比例。并且低碳转型与消费需求转变有很大关联,对其所称承担《巴黎协定》减排义务造成损失这一因果关系确信度不高。其他经济因素,如经济竞争力、就业率,影响较小。美国在2008年金融危机后经济上曾存在缓慢复苏,且服务业、电子商业的发展也带来了诸多经济福利,存在经济产业转型,退出《巴黎协定》与缓解就业率的关联度并不高。

第四,以市民社会发达著称的美国,社会力量对于气候政策的影响度却是最小。其中影响均值稍高的是保守智库,但也主要是通过发布去气候化政策报告等软影响。公共意见内部关于气候变化的认知由于受到阶级演变等影响呈现分化,但总体上公共意见对国家气候政策决策影响度甚微。

第五,通过对美国退出《巴黎协定》的动因分析,可以看出政治、经济、社会虽然存在影响力大小不同,但都存在气候保守主义因素,在其共同推动下使得特朗普退出的国内阻碍较小。中国国际影响力依然处于关键上升期与塑造期,美国紧缩的同时给我国参与气候外交腾出更多领导力空间,既要积极参与全球公共气候政策的制定谈判,巩固与稳定仍然活跃于政治舞台的气候外交力量,也要正确处理好中美气候外交关系,加强多党合作、发展清洁能源投资促进机制、保持与美国地方及民众的气候友好外交关系。

展望未来,美国全球气候政策倒退确实阻碍了气候治理体系各项成果的有效运行,加上当前疫情、国家内部事务等不稳定因素影响下,美国以高政治姿态回归使得全球气候治理的不确定性进一步增加。但同时也看到,在美国对全球气候治理的绝对领导力影响下降的同时,气候领导多元化的格局形成也不失为全球气候政策重塑的新机遇。全球应对气候变化呈现道阻且长的常态化的趋势,包括目标的零碳化、状态的"紧急化"、领导模式持续多元化与复合化等。2019 年 12 月 2—13 日,联合国第 25 次缔约方大会(COP25)①在西班牙马德里举行。主要讨论 2020 年前后对气候雄心有影响的问题。大会通过了涵盖《智利—马德里行动时刻》和碳市场问题在内的"一揽子"决议,但仍未能就碳市场机制的实施细则方面达成一致,在增强气候雄心与气候资金等关键问题上也缺乏共识。面对美国去气候化政策带来的国际气候领导力剩余空间,部分国家或地区已经开始制定相应政策或战略表明气候治理雄心,以提高气候治理的国际地位。欧盟为其中典型代表。2019 年欧盟议会宣布进入"气候紧急状态"(Climate Emergency)。2019 年 7 月,欧盟委员会候任主席冯德莱恩在欧洲议会的演讲表示,欧盟将 2030 年减排目标从 40% 提升到 50%—55%,同时推出《欧洲绿色协定》(*Green Deal for Europe*)、《欧洲气候法》(*European Climate Law*)、欧洲可持续投资计划(Sustainable Europe Investment Plan)、气候银行(Climate Bank)、边境碳税(Carbon Border Tax)等举措,从税收、投资、监管等多方面促进欧盟的减排进程。②于中国而言,与美国以各种理由实行全球气候正常紧缩不同,中国气候外交却在不断上升期。2019 年举行的纽约气候大会上,首次和新西兰一起作为牵头人提出了基于自然的解决方案。中国也是对可再生能源投资最多的国家,可再生能源装机占全球的 30%,在全球增量中占比 44%,中国新能源汽车保有量也占全球一半以上。③这意味着美国气候政策的倒退不绝对等同于全球气候政策的倒退,各国家或区域联盟依然可以采取更加灵活的气候减排方式。除了联合国气候大会这一重要政治论坛外,更多的最小化多边主义将成为重要的新方式。

---

① 《联合国气候变化框架公约》第 25 次缔约方大会(COP25)有五大目标:重启国际碳市场;为应对气候变化造成的损失和损害寻找资金;制定发达国家为发展中国家提供长期融资的路线图;要求发达国家对其《巴黎协定》生效之前应采取的气候行动负责;促进性别、人权和原住民权利因素纳入所有气候行动。

② 董一凡:"雄心、焦虑、利益、分歧:欧盟密集出气候新政背后",https://www.thepaper.cn/newsDetail_forward_5585409,登录时间:2020 年 2 月 1 日。

③ 中国新闻网:"中方将与各方一道推动完善全球气候治理体系",https://m.gmw.cn/2019-12/17/content_1300816604.htm,登录时间:2019 年 12 月 2 日。

浅析英国气候变化安全化及启示[*]

冯存万[**]

【内容提要】 气候变化安全化是当前国际社会气候治理的主要发展方向之一。英国的气候变化安全化政策实践始于 20 世纪 90 年代末,并于 2007 年成功推动气候变化进入联合国安理会议程。基于一定的发展基础和支撑条件,英国建立了包含注重多边合作、强化减排目标、推动气候援助、保障能源安全及调整军方职能等多个支柱的多元化政策部署机制。英国的气候变化安全化理念及进程在很大程度上代表了未来国际社会应对和适应气候变化的走势。巴黎气候大会后的英国气候变化安全化建设既面临诸多挑战,也更加值得关注,其启示意义在于证明作为顶层设计和结构主导因素的政治能力是关乎气候变化安全化的关键因素。

【关键词】 气候变化;英国外交;国际安全;低碳经济

【Abstract】 The UK is one of the critical actors and has been playing a leading role in the securitization construction process of climate change. In the late 1990s the UK started to accelerate the securitization of climate change and successfully improved it into the agenda of UNSC in 2007. Based on certain foundation and supporting elements, the UK has established a comprehensive institution including such pillars as mitigation and adaption, climate assistance, energy security insurance and military function adjustments. To a great extent the UK's concept and process of securitization of climate change represent the future trend of the international community in coping with and adapting to climate change. The securitization construction of climate change in the UK since the Paris Climate Conference has been confronted with various challenges and deserves more adjustment and exploration. The enlightening significance of UK's securitization construction of climate change lies in proving that political ability, as the leading factor of top-level design and structure, is the key factor related to the climate governance across the world.

【Key Words】 Climate Change, UK Diplomacy, Securitization, Energy Security

---

　* 本文系国家社科基金项目"英国退欧影响下的欧盟发展新态势与中欧关系研究"(项目编号:17BGJ054)的阶段性研究成果。
　** 冯存万,武汉大学政治与公共管理学院国际关系专业副教授。

在气候变化议题的重要性和迫切性日渐提升的全球治理语境中,英国是对气候变化最为关切且政策投入力度最大的发达国家之一。基于较早的气候变化研究传统以及多元化的政策考量,英国认为推动气候变化安全化是开展气候治理的必要选择,近年来在该领域作出了诸多探索并获得一定的成就。进入21世纪特别是第二个十年的气候治理过程中,英国的气候安全政策既在国内体系中有长足的进展,也在国际体系中获得广泛的关注。但是,英国政府与政党体系的频繁变更及英国与欧盟关系发生的剧烈波动,在很大程度上影响到英国在国际社会进一步推广和提升其气候变化安全化政策的效果。因此,英国的气候变化安全化政策建设虽然具有充足的政策依据和理念支撑,但其后续路径却仍存在较大的疑问。从更为宏观的层面来看,英国的气候变化安全化政策实践在欧美国家中具有显著的代表性,深入分析其理念及发展过程,对于了解国际社会气候谈判与治理的现状及走势具有重要的意义。

一、气候变化安全化内涵及理论阐释

气候变化安全化过程肇始于20世纪末。1988年于加拿大多伦多召开的"变化的环境:对全球安全的启示"国际会议首次将气候变化议题引入国际政治议程,通过强调气候变化与国际冲突之间的关联激发国际社会对气候变化之安全意义的关注。在此后近20年时间里,国际社会从政治和学理两个角度对气候变化与国际安全之间的关联展开了较为激烈的争辩,但总体而言这些争论主要集中在气候问题对经济与环境的影响方面。以减排温室气体和适应气候变化为主的政策及谈判路径虽然直面气候变化之成因及后果,但它所能达到的实践成就尚无法满足应对气候变化的本质要求。自2007年开始,气候变化谈判进入跌宕起伏的艰难时期,黯淡的谈判前景迫使诸多缔约方转而寻求更优路径,气候变化安全化由此进入欧美国家的政策选择范围。国际气候谈判进程负笈前行并于2015年巴黎气候大会缔结了具有法律约束力的全球减排协定,在一定程度上代表着气候变化安全化路径初见成效。

科学分析和经验认知是促使国际社会推动气候变化安全化的根本条

件。政府间气候变化专门委员会发布的历次综合报告认为,20世纪中叶以来,人类活动排放的温室气体成为全球气候变化的主要诱因。虽然气候变化并不直接引发冲突,但当气候变化导致土地流失或生存困难时,就势必导致风险与冲突增加。在面临食品或水资源短缺、疾病暴发、人口或迁移等压力的地区,气候变化会加重甚至诱发新的紧张局势。近年来的研究更进一步发现,气候变化与地区冲突之间的关联日益明显,例如国际维和行动目的地与气候变化冲击最脆弱地区也呈现高度吻合的状态。①基于上述认知结论,气候变化被广泛视为危及国际安全与人类安全的全球挑战,需通过包括冲突预防和安全建设在内的综合方式加以治理,也即是说,安全化是充分了解并合理应对气候变化的必要环节。但是,如何将气候变化安全化从科学认同转化为政治共识并进入政策运作环节,依然是一个亟须国际社会深入探究并付诸实践的问题。

与国际社会从经验认知和科学分析对气候变化安全化的必要性阐述相对照,哥本哈根学派对气候变化安全化提供了直观的理论模型。②该学派认为,安全化可以使某个问题的重要性得到提升,在其被定义为"安全事务"后获得绝对优先的讨论地位。将特定问题安全化的过程需满足"语言"和"行为"两个条件:首先,安全化的行为主体必须处在权威地位并拥有相应的社会资源;其次,安全化必须与一定的威胁相关联,以保证行为主体运用特别的物质或制度去保护某些价值免受威胁的安全化行为是正当且合法的。因此,气候变化安全化可以理解为这样一种建构过程:若干国家及国际组织确立或强化气候变化与安全之间的因果关联并将其塑造为国际安全问题,进而通过具有安全因素的气候政策实践来降低或消除气候变化的风险。

有部分理论研究认为气候变化安全化既无必要更无益处,其理由是如果采用类同于传统安全的模式解读并应对气候变化,可能会导致目前以应对和适应行动为主的气候政策转向以确保能源安全和预防大规模迁

① Francois Germenne, Jo Barnett W, Neil Adger and Geoffrey Dabelko, "Climate and Security: Evidence, Emerging Risks and a new Agenda," *Climate change*, Vol.123, 2014, pp.1—9.

② Shirley V. Scott, "The Securitization of Climate Change in World Politics: How Close have We Come and would Full Securitization Enhance the Efficacy of Global Climate Change Policy," *Review of European Community & International Environmental Law*, Vol.21, Issue 3, 2012, pp.220—230.

移为主的军事行动,这不仅有损于当前的气候治理,甚至会影响到与此相关联的发展目标。①尽管存在若干争议,但国际社会支持气候变化安全化的呼声逐渐高涨并接近主流位置,若干欧美国家的国防部门及重要智库在制定国家安全战略时也将应对气候变化作为主要目标,以减少由此带来的风险、降低军事威胁,强化经济可持续发展。②需要注意的是,气候变化安全化在强调国际安全意义的同时,更突出人类安全的价值指向。这意味着,虽然推进气候变化安全化必然顾及传统安全及与之密切相关的军事要素,但并不是将军事手段作为应对气候变化的主要路径,而是突出通过安全价值来强化应对与适应气候变化行动,并将维护和促进发展作为首要的政策模式。总之,气候变化从提出到被国际社会广泛关注,进而被提升到国际安全层面,具备了典型的安全化特征,即气候问题经历并超越了作为环境问题之单一分析角度的漫长阶段,其本质上的复杂性和挑战性及其对安全措施的客观需求被国际社会逐步了解,并成为与环境、经济、发展、政治、军事等诸多要素存在相互影响与关联的安全议题。③在此过程中,英国在认知理解、议程设置及政策发展等多个方面作出了努力,成为气候变化安全化进程中最具代表性的缔约方之一。

二、英国气候变化安全化的发展与演进

英国之所以积极推行气候变化安全化,是基于一系列国内外因素的战略考虑使然,这些因素决定了英国推行气候变化安全化是一种必然的政治与政策选择。

---

① Betsy Hartmann, "Rethinking Climate Refugees and Climate Conflict: Rethoric, Reality and the Politics of Policy Discourse," *Journal of International Development*, Vol.22, Issue 2, 2012, pp.233—246.

② Michael Brzoska, "Climate Change as a Driver of Security Policy," *Climate Change, Human Security and Violent Conflict*, Vol.8, Issue 1, 2012, pp.165—184.

③ United Nations General Assembly, Climate change and its possible security implications Report of the Secretary-General, September 11. 2009. See http://www.security-councilreport.org/atf/cf/%7B65BFCF9B-6D27-4E9C-8CD3-CF6E4FF96FF9%7D/sg%20-report%202009.pdf.

第一,气候变化直接威胁英国本土安全。英国特殊的地理环境使其处于气候变化的直接威胁之下,因气候变化而引发的洋流变更、降雨增剧及海平面上升是英国长期以来重点关注的安全问题,而21世纪以来频繁出现的极端气候事件则更使得英国公众和权力部门高度戒备。例如2007年风暴袭击与洪水泛滥造成英国经济受损达30亿英镑,此后的几年内极端气候事件更对英国民众生活造成严重困扰,气候变化及由此而加剧的极端气候事件频率被政治家作为气候变化冲击英国国家安全的佐证。①时任英国能源及气候变化大臣米利班德指出极端天气正在将英国拖入巨大的灾难之中,并警告"气候变化将威胁国家安全,因为它会带来社会动荡,水资源与食物争端,波及数以百万计的移民。"②2015年7月,英国外交部发布《气候变化:风险评估》报告,英国外交部副部长安娜蕾(Baroness Anelay)指出:"我们想到维护国家安全时,总是考虑最坏的情景,并以此来指导我们的政策。我们必须用同样的方法来考虑气候变化。与那些熟知的风险不同,气候变化的风险会随时间变化而持续增加。为了有效管理这些风险,我们需要有长远的眼光,并在当下就行动起来。"③高频率的极端气候事件直接促进并强化了英国政府及民众的气候安全意识,这是对推行气候变化安全化具有积极意义的要素之一。

第二,气候变化对英国的海外利益安全有重大影响。作为拥有强大海外联系的世界强国,英国遍布海外的利益网络普遍受到气候变化的冲击。从外交联系纽带来看,英联邦成员国中有一半以上的国家属于发展中国家,尤其是一些小岛屿国家,面临着气候变化所产生的巨大威胁。其中,若干小国的经济、社会、环境与民生福祉在气候变化的冲击下严重倒退。2015年的英联邦峰会曾经将聚焦气候变化作为会议两大主题之一,这次峰会宣布成立英联邦气候资金获取中心,英国同澳大利亚、加拿大等发达国家分别承诺向发展中国家提供资金援助,以帮助欠发达国家和最

---

① Department for Environment, Food and Rural Affairs, "The UK Climate Change Risk Assessment 2012 Evidence Report, Defra Project Code GA0204," 25 January 2012. p.vii.

② http://www.theguardian.com/politics/2014/feb/15/uk-floods-climate-change-disaster-ed-miliband.

③ 《气候变化:风险评估》报告在英国伦敦发布,http://www.cma.gov.cn/2011xwzx/2011xqxxw/2011xqxyw/201507/t20150713_287863.html。

易受影响的小岛屿发展中国家应对气候变化。从能源供应的角度来看，对英国海外能源及贸易安全有举足轻重作用的亚非国家在气候变化过程中所遭受的影响最为明显。2013年，英国环境、食品与农村事务部曾委托普华永道公司开展调查，结果显示，气候变化虽然会给英国带来一些机遇，但与此同时，其他地区或国家因气候变化而对英国所产生的直接影响及危害，将远大于这些机遇，例如能源或食品进口受阻并导致市场价格波动等。①因此，英国采取气候变化安全化措施成为其保障市场以及能源供应链、维护海外利益安全的必然政策选择。

第三，英国的国际政治地位及角色意识。作为联合国安理会常任理事国之一，英国在参与世界政治事务辩论及引导相关政治议程方面具有不可忽视的影响力。尽管面临着二战结束以来自身国际地位相对降低的客观事实，但其独特的"国际角色"意识一直是英国的外交追求并深刻影响着气候政策选择。英国认为，如果不能扭转并保证自身在国际气候体系中的地位，那么英国就不可能在国际社会应对气候变化的进程中获得"应有的影响力"。②卡梅伦政府发布的2010年外交政策公报也直接体现了英国的这一外交思路，公报指出："应对气候变化行动必须是体现英国价值观的外交政策核心目标。气候变化不仅影响我们的安全和繁荣，还涉及我们对其他国家的责任。"③此外，全球气候谈判体系的特殊性也是激励英国推进气候变化安全化、发挥积极国际影响力的重要诱因。与国际安全的传统议题不同，气候谈判体系在起步阶段即有众多国家参与其中，在某种意义上说，气候政治自始就是一种体现全球性的多边谈判体系。④因此，英国面对的气候治理是一个宽泛的政治参与体系，更是直接体现与提升英国国际

---

① Price water house Coopers, International Threats and Opportunity of Climate Change for the UK. 2013, p.36, p.42.

② David Campbell, "How UK Climate Change Policy Has Been Made Sustainable," *Social & Legal Studies*, Vol.24, Issue 3, 2015, pp.399—418.

③ https://www.google.co.uk/url?sa = t&rct = j&q = &esrc = s&source = web&cd = 7&cad = rja&uact = 8&ved = 0ahUKEwj54sPZwrjLAhVGZg8KHXIvB08QFghLMAY&url = https% 3A% 2F%2Fwww.gov.uk%2Fgovernment%2Fuploads%2Fsystem%2Fuploads%2Fattachment_data%2Ffile%2F208081%2FForeign_Policy.pdf&usg = AFQjCNEmZbqlJAEITN3msCqCCCe-GmxJ4Fg&bvm = bv.116573086,d.ZWU, 访问时间 2016 年 1 月 5 日。

④ Anthony Brenton, "Great Powers in Climate Politics," *Climate Policy*, Vol.13, No.5, 2013, pp.541—546.

立场及影响力的外交舞台,而推动气候变化安全化则是帮助英国在这一舞台得以立足的重要举措。

第四,英国的政党竞争相对保证了气候变化议题的持续关注。英国的两大政党工党、保守党均对气候变化问题较为重视,并将应对气候变化作为政治竞争的手段之一,从而在客观上促进了英国气候变化安全化的持续发展。[①]其中,英国工党领袖表示,气候变化已经关乎国家安危,它不仅能挑起世界不同地区的矛盾,导致社会的不稳定,还将危及成千上万英国人的生活安定。保守党领袖也持续关注气候变化,并呼吁政界高层推行积极的气候安全政策,包括支持达成全球减排协议与推动《气候变化法》的实施等。2015年2月,英国工党、保守党及自由民主党领袖签署联合宣言,进一步统一对气候变化的立场,力求建立低碳经济、实现能源转型,并支持英国在国际气候治理中发挥积极作用。[②]英国政党政治中的普遍认同在很大程度上强化了气候问题在国家安全议程中的地位,既促进了政府、国防部门及公民的气候安全意识,更营造了气候变化安全化的国内政治环境。

上述因素激发并保证了英国推进气候变化安全化的政策进程,依据其政策部署及理念发展,这一进程大致可以分为如下三个阶段。

1997—2006年　气候安全化的起始阶段

20世纪90年代初,国际社会的安全格局和议题发生重大变化,环境问题特别是气候变化日益凸显其安全价值。为迎合这一趋势,英国于1997年建立了世界上第一个以适应气候变化之影响为主题的研究机构(UK Climate Impacts Programme,UKCIP),牛津大学牵头并联合英国多家部门及机构针对气候变化影响与适应、气候科学、脆弱性研究、知识共享与培训交流开展工作。此后,英国推出若干项应对气候变化的措施,如2000年通过颁布《气候变化国家战略》将气候变化问题提上国家日程;2001年率先推出气候税以刺激可再生能源的发展。随着国际气候谈判进程的曲折波动,特别是美国退出《京都议定书》等事件的冲击,英国开始在

---

① Simon Rollinson, "Changing Dynamics of Environmental Politics in Britain: a case study of the UK Climate Change Act," *POLIS Journal*, Vol.3, Winter 2010, p.2.

② UK Conservatives, Labour and Liberal Democrats pledge to cooperate on climate change, http://www.energypost.eu/uk-conservatives-labour-liberal-democrats-pledge-cooperate-climate-change/,访问时间2016年5月25日。

"气候安全—国际安全"的维度上拓展气候变化谈判议程,以挽救和强化国际气候谈判体系。2005 年下半年,英国利用担任八国集团主席国的身份推动气候变化问题成为当年峰会的议程内容,并在会后签署的联合公报中纳入了涵盖气候变化、清洁能源和可持续发展的一项政治声明和行动纲领。在这次峰会上英国邀请中国、印度和巴西等新兴经济体参加了气候变化部长级非正式对话,于一定程度上促进了发达国家之间、发达国家和发展中国家之间气候安全共识的形成。2005 年成为英国在多边机制中践行气候变化安全化的起点,对此后在更广泛领域的发展作出了尝试,而 2006 年再次颁布的《应对气候变化国家战略》则对依托欧盟、世界银行等国际合作平台开展气候变化安全化这一方式给予更为明确的肯定。①

2007—2010 年　气候变化安全化的发展阶段

在既有实践的基础上,英国在国内和国际两个层面同时推进气候变化安全化并取得突破性作展。2007 年 4 月,英国常驻联合国代表向安理会主席递交信函,列举了气候变化可能影响全球安全的六个方面,包括引发边界争端、移民问题、能源和其他资源短缺、社会压力和人道主义危机,指出气候变化已成为人类面临的重大安全威胁,而安理会应当成为各国就气候变化的安全影响开展辩论的场所。在面临争议的情况下,英国主张"气候变化并非只影响到狭义的国家安全,而是关乎国际社会的集体安全,"②同时声明将气候变化问题提交安理会讨论的目的是"提高人们对国际社会未来所面临的一系列重大安全威胁的认识"。由于既往的理论争辩已在很大程度上强化了气候变化的安全共识,因此,尽管英国的主张引发了较多争议,但这类争议更多聚焦为联合国安理会是否应成为气候变化安全影响的辩论场所,而不是集中于气候变化是否会引发冲突的本质问题。③从这一角度来看,英国的安全化倡议已经具有相当的国际舆论基

① Climate Change The UK Programme 2006,CM6764 SE/2006/43,p.4.

② Angela Liberatore,"Climate Change,Security and Peace:The Role of the European Union," *Review of European Studies* Vol.5,No.3,2013.

③ Angela Oels,"From 'Securitization' of Climate Change to 'Climatization' of the Security Fielf:Comparing Three Theoretical Perspective",in Jürgen Scheffran,Michael Brzoska,Hans Günter Brauch,Peter Michael Link and Janpeter Schilling,eds.,*Climate Change,Human Security and Violent Conflict,Challenges for Societal Stability*,Volume 8 of the series Hexagon Series on Human and Environmental Security and Peace,Springer,p.189.

础。在英国的推动下,联合国安理会首次把环境问题作为讨论内容,就能源、安全和气候变化之间的关系进行公开辩论,使得"气候安全问题被纳入了地缘政治、安全和冲突等议题的范围",这是英国气候变化安全化获得重大突破的标志性事件。① 为防止这次辩论招致过激反应,英国外交大臣贝克特强调,这次辩论及此后相关的联合国安理会行动不会影响联合国其他机构的工作。② 在成功地将气候问题纳入国际安全议程后,英国推行气候变化安全化的目标进一步向国家安全靠拢,2008 年 3 月出台的《英国国家安全战略:相互依存世界中的安全》,将气候变化描述为仅次于恐怖主义的第二大安全议题,并指出解决引发气候变化的原因、降低其风险、及早筹备及应对其潜在后果对于确保安全而言至关重要。③ 2008 年 11 月通过《气候变化法案》将温室气体减排目标写进法律,该法要求英国政府致力于削减二氧化碳以及其他温室气体的排放量,到 2050 年在 1990 年的基础上减排 80%。2010 年,二战后英国首届联合政府成为推进气候变化安全化的重要政治动力,力求将英国建设成"应对气候变化的中坚力量。"④ 英国于同年成立国家安全委员会,由此建立了较为完善的应对气候变化国家安全机制,该机制将气候变化确定为"风险多元体",使其安全意义和政策走势更为明朗。

2011 年至今　气候变化安全化的强化阶段

2010 年后,英国继续向国际层面推进气候变化安全化。尽管 2011 年出台的《建造稳定海外安全战略》报告并没有在机制上给予应对气候变化以足够的重视,但此后的一系列举措依然显示了英国在这一方面的决心。例如,2012 年 3 月英国邀请联合国、美国及其他国家的气候与军事科学专家召开了"21 世纪气候与能源安全对话"会议,探讨国家、地区和国际的多层次政策合作机制,同时,英国也加紧了气候变化安全化的宣传攻势,为

---

① 李靖堃:《国家安全视角下的英国气候政策及其影响》,《欧洲研究》2015 年第 4 期。

② Dane Warren, "Climate Change and International Peace and Security: Possible Roles for the U. N. Security Council in Addressing Climate Change," Sabin Center for Climate Change Law White Papers, Columbia Law School, 2015.

③ The National Security Strategy of the United Kingdom Security in an Interdependent World, Cabinet Office, UK, 2008, p.18.

④ E3G, UK Election Briefing, May 2010, "The new UK Government's approach to climate security".

国际社会缔结具有约束力的全球碳减排协议而积极努力。2014年3月31日，联合国政府间气候变化专门委员会发布了《气候影响、适应和脆弱性》报告，英国外交大臣威廉·黑格同气候变化特使戴维·金爵士针对报告中最新发现的紧迫性，集中对减少碳排放国际合作的议题发表连续声明，强调只有通过合作达成全球协议，才能确保安全应对气候变化的挑战。①2015年7月，戴维·金领衔的英、美、中、印四国科学家联合推出调查报告《气候变化：风险评估》，英国外交部根据此报告提出若干条建议，包括：参照核武器扩散问题评估方式建立气候变化的风险评估模型；增强气候变化科学研究；号召国际社会将应对气候变化的决策层次提高到国家及国际层面。②在这一时段，推进气候变化安全化的机制建设已经成为这一时期英国气候外交的核心任务之一。

从20世纪90年代推行气候问题研究开始，英国启动并于2010年后加速推动气候变化安全化进程，使得这一政策目标在英国政府的宏观调控之下实现了渐进发展。

三、英国气候变化安全化的机制部署及定位

气候变化本身的复杂性从根本上决定了其安全化进程的渐进性与长期性特征。尽管英国是推动该进程最具前瞻性和代表性的国家之一，其近30年的政策实践也不足以保障其建立充分完善的机制结构与成果。不过，依据其近年来的政策发展轨迹，特别是结合其《国家安全战略及战略防御与安全评审2015：一个安全与繁荣的英国》③，我们依然可以发现一幅较为清晰的气候变化安全化机制部署图景，这一部署体现为如下五个方面。

---

① 参见英国外交与联邦事务部网站，https://www.gov.uk/government/news/foreign-secretary-welcomes-second-ipcc-report-on-climate-change.zh，访问时间2018年10月20日。

② http://www. csap. cam. ac. uk/media/uploads/files/1/climate-change-risk-assessment-full-report-chinese.pdf，访问时间2016年3月14日。

③ National Security Strategy and Strategic Defence and Security Review 2015: A Secure and Prosperous United Kingdom.

第一,依托联合国与欧盟构建气候变化安全化多边体制。由于英国无法单独应对气候变化问题,因此只有提升其他国家对气候变化问题的关注程度才有可能使国家在应对气候变化问题上进行合作。①联合国是英国气候外交及安全化政策的根本平台,英国在将气候变化议题引入联合国安理会的议程中起了关键性的作用。尽管自从 2007 年以来,安理会针对有关气候问题仅有三次辩论(2007 年、2011 年和 2019 年),且辩论焦点主要在于安理会是否应成为气候变化的辩论场所,但英国推动气候变化安全化的努力仍然取得了不可忽视的回应。近年来国际社会对联合国安理会应将气候变化纳为关注领域的呼声日高,有学者指出,应该对《联合国宪章》第三十九条给予动态解释,以适应当前气候变化影响国际社会经济及社会安全的客观事实。②相应地,国际社会特别是学术界对联合国可能采取的应对气候变化措施也展开了分析。可以预见,联合国安理会框架下气候变化议题将得以进一步强化,这将为英国的外交努力营造更为积极的国际环境。欧盟是英国推行气候变化安全化的主要依托平台。③欧盟是认同气候变化安全化之必要性并积极尝试各类政策选择的推动者之一。2008 年,欧盟委员会指出,军事部门可以在气候变化安全化的过程中扮演一定的角色,但应该主要是作为一种推动危机管理和应对灾难事件的手段。④此外,欧盟"推动国际社会在温室气体减排方面采取更为严格和高企的目标,同时也将适应行动提升到了优先地位。"⑤在某种意义上,"如果英国是一个严肃对待气候问题的缔约方,那么英国

① 刘青尧:《从气候变化到气候安全:国家的安全化行为研究》,《国际安全研究》2018年第 6 期。

② 《联合国宪章》第二款第七条规定,安理会不得干涉成员国的内部事务。联合国宪章的第 39 条规定,安全理事会应断定任何和平之威胁、和平之破坏或侵略行为之是否存在,并应作成建议或抉择依第四十一条及第四十二条规定之办法,以维持或恢复国际和平及安全。因此,安理会在采取行动之前必先决定气候变化已经对国际和平与安全形成了威胁,对此威胁的解释界定权则全部赋予安理会。

③ 在国际气候谈判的实践中,一国排放量则是对其谈判实力有重要影响的变量之一。英国温室气体排放量只占全球总量的 1.5%—2%,而作为整体的欧盟排放占比则为 11%。因此,欧盟开展气候外交的影响力要远大于其成员国。

④ European Commission, *Climate Change and International Security*, 2008, p.10.

⑤ Brito Rafaela Rodrigues de, "Climate change as a security in the European Union," *Portuguese Journal of International Affairs*, Vol.3, 2010, pp.41—50.

就不能离开欧盟。"①英国在气候变化安全化的路径选择上更加倚重欧盟，集中通过促进欧盟减排目标的提升来实现对气候变化安全化的追求，在后京都时代的谈判过程中起到积极的推动作用。②英国不仅支持欧盟于2008年制定了面向2020年的减排目标，更在2009年哥本哈根大会后建议欧盟将减排比例上升至30%；而在有关欧盟2030年的减排目标中，英国再次呼吁将减排目标提升至40%。同时，英国在推动欧盟与新兴经济体达成和签署气候变化协议的过程中作出了积极贡献，比如英国作为轮值主席国在2005年推动欧盟与中国签署了中欧气候变化伙伴关系、欧盟-印度清洁发展与气候变化协议，等等。

第二，强调与新兴经济大国的合作。各缔约方减排责任的确定及落实是国际气候谈判中最为艰难的核心议题，新兴经济大国在气候谈判及安全化进程中承受着巨大减排和发展压力，其追求气候正义及维护发展利益的呼声曾被部分缔约方视为阻滞气候治理的最大障碍。英国虽然主张所有缔约方都参与国际减排行动，但并不要求发展中国家承担与发达国家相同的责任，这是基于"共同但有区别的责任"原则而采取的务实气候外交战略。英国在倡导给予中、印等排放大国相应自主空间的同时，也突出强调了自身的减排目标和雄心，从而营造了相对理性的安全行为体角色。同时英国也基于自主外交的传统和能力，通过开展气候治理双边合作，推动并维护着气候变化安全化进程。当前，中国是英国对新兴经济体气候外交的代表性合作者。从实践观之，中英双方的合作主要集中在技术交流领域，但其规划内容与预期目标则更为广泛，从英国的相关政策文件来分析，中英双边气候合作不仅帮助增强中国应对气候变化的能力，同时也意图获得相应的商业机遇并从中受益。③

第三，积极推行多边气候治理援助。英国若要在确保全球升温不超过2摄氏度的行动中作出贡献，则既要减少本国碳排放量，更要向那些最贫穷国家及最脆弱国家提供必要的援助。历年来英国将应对气候变化作

①　http://www.theguardian.com/environment/damian-carrington-blog/2014/nov/21/po-litical-consensus-on-climate-change-has-frayed-say-ed-miliband，访问时间2016年3月10日。

②③　Sevasti-Eleni Vezirgiannidou, "The UK and Emerging Countries in the Climate Regime, Whither Leadership?" *Global Society*, Vol.29, Issue 3, 2015, pp.447—462.

为对外援助的重点项目,其实际出资援助力度在发达国家中居领先地位。2015 年 9 月,英国首相卡梅伦宣布将从国际发展援助(ODA)中划拨 58 亿英镑,注入 2016—2021 年度国际气候基金(International Climate Fund),并决定将于 2020 年至少拨付 17.6 亿英镑,以确保英国于 2020 年前在国际气候基金实现每年融资 1000 亿美元目标的过程中起到积极的作用,提高当前的气候援助力度。①同时,英国坚持将气候变化基金的 50%用于减少温室气体排放,50%投放于适应气候变化领域。②2016 年英国在批准《巴黎协定》期间,也突出强调了对发展中国家开展气候援助的重要性和计划援助力度。国际社会对气候治理援助的关注程度不断提高,英国援助力度也保持稳定的增长态势,这与其气候变化安全化的政策指向是基本一致的。

第四,采取气候与能源相关联的安全机制建设。气候变化问题的产生与传统化石能源的使用密切相关,而其未来走势则直接关系到清洁能源转型及能源安全的保障。从能源供应的角度看,英国承受着巨大的安全压力,预计 2020 年英国对进口石油的依赖将达到 45%—60%,对天然气的进口依赖则会上升到 70%。英国潜在的能源供应地如西非或中亚等地所受的气候变化影响较为突出,甚至存在爆发冲突的可能,这将对英国的能源供应安全产生重大挑战。因此,尽管面临着欧债危机以来经济复苏缓慢的问题,英国依然积极支持联合国气候变化资金支持的建议,特别是承诺为发展中国家提供绿色基金,设立专项基金并帮助发展中国家应对气候变化。同时英国也在积极寻求同发展中国家的合作机遇,通过资金援助或技术转移等方式推动清洁能源的发展。而从能源转型及开发新能源的角度来看,英国则积极通过多个途径推动能源革命,突破新自由主义的理论桎梏,积极干预市场和企业的能源及环境行为,对工业、农业以及商业等部门提出了更为具体的减排及转型要求。依照英国政府的要求,工业部门和相关企业必须通过广泛使用智能电表和深化其他节能措施来减少对化石能源的需求。英国政府还向公立部门和私营部门提供优惠政策,鼓励它们更多地使用节能技术与设备。2013 年 6 月,英国政府出

①② https://www.gov.uk/government/news/prime-minister-calls-on-fellow-leaders-to-back-climate-change-deal,访问时间 2016 年 3 月 2 日。

台新规定,要求所有上市公司必须上报本公司的温室气体排放量,并向大众公开自身的碳排放管理体系。在低碳技术方面,英国于2011—2015年间投资200多万英镑作为低碳技术的创新资金,加大对低碳技术研究的支持力度。与此同时,英国也大力开发和发展碳捕获及封存技术,并且试图通过对电力市场进行改革,减少电力部门的温室气体排放量。当前,作为欧盟成员国,英国也积极参与欧洲能源创新研究和创新资助项目,分享低碳能源技术、知识和开发项目,利用自身优势,主导了包括生物质能、海上风电等在内的跨欧洲低碳计划发展。

第五,推动军事部门参与及职能调整。推动军事部门的参与也是英国实施气候变化安全化的主要发展方向之一。一方面,英国军事部门积极参与气候变化及安全的问题研究,进一步夯实气候变化与国际安全之间的关联。英国国防部的研究表明:气候变化是人类社会的关键议题,它与全球化、全球失衡和创新同为诱发未来世界30年内产生聚变的重要因素。[①]据此研究结论,英国认为军事部门不仅要应对国家目前面临的挑战,也要为未来可能的挑战做准备,其中包括对气候变化进行战略分析研究。另一方面,英国将军事部门界定为主要的温室气体排放源之一,要求军事部门在2020年实现减排34%的目标,由此打造世界范围"善行的力量"(A force for good in the world),进而强化其气候变化安全化的目标预期。目前英国军事部门对气候变化安全化的参与方式包括:对气候变化在世界有关地区的影响进行评估,并将其作为未来军事力量部署和训练的参考要素;对军事基地在气候变化影响之下的脆弱性进行评估;修订军事部门装备购置与升级程序,确保国防装备可以胜任一系列应对气候变化行动;要求军事部门扩充职能以满足英国境内极端气候事件的救援需求。

基于一定的发展基础和支撑条件,英国启动了气候变化安全化进程,并建立了包含注重多边合作、强化减排目标、推动气候援助、保障能源安全及调整军方职能的多元化政策部署机制。从该机制的结构及功能设计来看,英国推行气候变化安全化之理念及框架建设的目的在于确保气候政策在国际及国家治理议程中的优先性和紧迫性的要求得以满足,至于

---

① https://www.gov.uk/government/news/meeting-the-climate-security-challenge,访问时间2016年3月16日。

对安全化最具敏感性的军事部门及其功能的引入,则是发挥并利用其行动能力来预防潜在冲突并参与极端气候事件灾难救援、进而完善应对和适应气候变化政策机制的必然选择。

四、英国气候变化安全化的路径及成效

英国应对气候变化的理念与行动获得国际社会较为中肯的回应和评价,它所付出的政策努力也在很大程度上强化了国际社会应对和适应气候变化的实践力度,而在可预期的未来,英国仍将持续其气候变化安全化政策。英国的气候变化安全化政策建设是当前国际社会在应对气候变化过程中的一个应对方式和政策路径,也是气候变化议题在国际社会孕育并发展到当前历史时期所出现的新内涵。英国气候变化的安全化建设虽不足以在近期成功实现全球气候治理模式向安全化的全面迈进,但它的发展路径和政策启示具有科学及政治内涵,是全球气候变化推动国际体系在议题认知与政策调整、维护国家及国际安全等方面进行综合处理的一个重要政策模型,而这一模型的建设成效及未来趋势,仍面临着诸多的挑战,需要从多个角度开展调适。

从国外环境来看,巴黎气候大会达成全球首个具有法律约束力的减排协议,这是对英国的气候变化安全化有重要支撑的外部条件。但是,由于美国特朗普政府在全球气候变化问题上的不合作态度,使得国际气候治理体系的整体机制和效能出现倒退。特朗普政府所持的观点认为,以《巴黎协定》为最后进展的全球气候治理协定损害了美国国家、公司和公民的利益。虽然特朗普并不否认气候变化带来的各类威胁,但并不必然意味着美国政府需要从安全化的高度和角度来应对气候变化。美国对气候变化的消极态度直接冲击了英国推动气候变化安全化的政策理念,同时也导致国际社会对气候变化的安全属性认同出现回落,并直接威胁到气候变化安全化发展的能力与机制建设。在2017年9月的联合国大会上,英国继续秉持从安全高度重视气候变化的路径,特蕾莎·梅不仅将气候变化列入了带来全球危机的清单,并批评美国"故意无视各国共同制定的有利于保障共同繁荣和安全的规则。"全球范围的气候变化安全化发展

趋势也将对英国的气候安全建设政策产生结构性的影响。自《巴黎协定》签署以来,虽然美国政府的退出,全球气候治理体系呈现一定程度的碎片化趋势,但总体而言,中国与欧盟国家对全球气候治理机制的坚持仍成为维系气候治理的核心力量。此外,气候变化的事实也在客观上驱使更多国家加入气候变化安全化的主流中来,根据"全球气候安全指数"的报告,除拉丁美洲、中东和北非等区域在气候变化安全化方面未能取得积极共识以外,南亚、东亚、东南亚和大洋洲、北美、欧洲等地区均已经在气候安全化建设方面取得战略共识。①

从国内环境来看,气候变化对英国国家安全的影响趋势不减,而 2015 年冬季和 2018 年春季创纪录的风暴袭击、洪涝灾害及严寒天气,也更强化了政府及民众的气候危机意识。综合国内外气候治理情势,英国应以更为积极的姿态开展气候变化安全化建设。当然,未来英国的气候变化安全化措施依旧会受到若干方面的不利影响,其中,英国脱欧公投结果及其所导致的政府更迭与机构调整将是最直接的影响源。继任首相特雷莎·梅上台后将能源与气候变化部并入商务、能源与工业战略部,虽然该部门明确将应对气候变化列为主要职责之一,但其政策地位的降低预示着英国气候政策将面临显著弱化或摇摆;英国既定的脱欧公投结果与反复变化的脱欧谈判进程"几乎耗尽了英国政府各项政策的氧气",将极大地破坏英国基于欧盟平台开展气候治理的政策路径;退出欧盟后的英国如若保持之前的英国与欧盟气候变化合作机制,就需要承接和内化欧盟制定的千余条环境保护措施。但从 2017 年 6 月退欧谈判开始至 2019 年 6 月特蕾莎·梅首相辞职下台,欧盟法律的转化工作仍无实质性进展。再如,英国民众的气候治理公民责任依然认识模糊,而这无法保障气候变化安全化的彻底性和可持续性。根据相关的调查显示,一部分英国民众认为气候问题及其安全威胁已被各种政治辩论夸大了实际影响程度和幅度,甚至已经成为政党赚取民众支持的话题工具。②如果脱欧进程导致的经济

---

① Global Climate Security Defense Index, on Climate Change, https://www.americansecurityproject. org/the-global-security-defense-index-on-climate-change-2/, 访问时间 2018 年 12 月 12 日。

② Nick Pidgeon, "Public understanding of and attitudes to climate change: UK and international perspectives and policy," *Climate Policy*, Vol.12, 2012, pp.85—106.

低迷持续下去,英国民众中放弃气候治理而确保经济收益的思潮或许会进一步蔓延,进而弱化气候变化安全化的公民基础。

作为推行气候变化安全化的先行者之一,英国的政策路径对国际社会应对与适应气候变化、发展与维护气候乃至综合安全而言具有多重意义。综合评估英国的气候变化安全化政策建设路径之成效并追寻其成因,对展望未来的全球气候治理趋势有显著的参考价值。第一,安全化路径的稳定性仍存在弱化现象。如前文所述,气候变化安全化需经历从"语言"到"行动"的发展演化,即在"气候变化安全化"的语境建设基础上向政策实践过渡,其中关于气候安全属性的语境建设是当前气候治理的重要步骤。虽然英国的气候安全语境建设已经取得国内的政治共识并在世界范围处于领先地位,但近年来随着英国国内政治生态的波动,尤其是脱欧议题的发酵和持续扩散导致了国内政治的分裂,气候变化问题在英国政党竞争及国会辩论中的地位和频率均有所下降,英国与欧盟之间的气候治理合作也由于法律转化进程的缓慢而存在变数,气候变化安全化的语境建设出现了显著的断档,安全化的路径稳定性存在着不容忽视的挑战。第二,气候变化仍未在本质上实现由环境安全向政治安全的转化。依照巴里·布赞的观点,气候变化的安全化意味着国家需要采取超越常态政治配置的紧急措施,这意味着安全化的政策逻辑要求气候问题应成为国家政治议程中的首要议题,并能以显著的力度修订或改变有关国家的政治议程。然而,在科学研究对气候变化的安全认知保持相对稳定甚至有所提升、生态安全乃至经济与社会持续受到气候变化威胁的情况下,英国的政治议程并不能持续聚焦于气候变化的安全化。实际上,气候变化安全化在英国的政治议程中并不具有优先性或特殊性,比如,英国无法通过应对气候变化而消除国内各政党的政治分歧,而这种分歧又压制了气候变化的安全属性;同样,英国无法通过气候变化安全化而积极处理英国与欧盟关系的再构造,更无法以气候变化安全化为政策选择来协调和主导英美特殊关系的发展。可见,英国的政策实践对于全球气候变化的安全化虽有积极的启蒙意义,但仍未能在政策设计和政策成效方面实现质的飞跃。

英国气候变化安全化是全球气候治理的一种路径尝试,它所揭示的国家在参与应对全球挑战方面的意义具有有限的参考价值,从路径设计的角度而言,英国强调以人类安全、国际安全与国家安全为目标导向,试图通过政治、经济与科技等多重资源的综合调动来推动气候变化安全化,而这一实践的启示则在于,政治能力的不足或缺失则是导致气候变化安全化进展缓慢的主要因素。可见,从环境到安全、从科学到政治的政策建设仍需要在顶层设计及其政治基础方面实现突破,这是气候变化安全化的关键环节,也是国际社会应对气候变化的必由之路。

图书在版编目(CIP)数据

气候谈判与国际政治/黄以天主编.—上海:上
海人民出版社,2021
(复旦国际关系评论;第29辑)
ISBN 978 - 7 - 208 - 17345 - 3

Ⅰ.①气… Ⅱ.①黄… Ⅲ.①气候变化-治理-国际
合作-文集 ②国际政治-文集 Ⅳ.①P467-53 ②D5-53

中国版本图书馆 CIP 数据核字(2021)第 191942 号

责任编辑 赵荔红
封面设计 夏 芳

复旦国际关系评论 第 29 辑
气候谈判与国际政治
黄以天 主编

出 版 上海人民出版社
       (201101 上海市闵行区号景路 159 弄 C 座)
发 行 上海人民出版社发行中心
印 刷 常熟市新骅印刷有限公司
开 本 635×965 1/16
印 张 20.5
插 页 4
字 数 312,000
版 次 2021 年 12 月第 1 版
印 次 2021 年 12 月第 1 次印刷
ISBN 978 - 7 - 208 - 17345 - 3/D · 3837
定 价 80.00 元